Digital Construction Technology of
Complicated Steel Structures

大型复杂钢结构
数字化建造

陈晓明 等 著

中国电力出版社
CHINA ELECTRIC POWER PRESS

内 容 提 要

近年来，我国钢结构建造技术和数字化技术发展迅速，然而针对数字化与建造相结合、打破专业和产业上下游壁垒的数字化建造技术系统研究较为滞后。

本书共 7 章：第 1 章介绍了数字化建造技术的发展，第 2 章介绍了数字化建造深化设计，第 3 章介绍了数字化建造加工技术，第 4 章介绍了数字化施工模拟、监测与控制技术，第 5 章介绍了计算机控制整体安装技术，第 6 章介绍了数字化建造焊接机器人技术，第 7 章介绍了一体化建造管理技术。

本书期望能够为钢结构工程界，包括相关专业的大中专院校师生提供可供参考的数字化建造技术和应用方法。

图书在版编目（CIP）数据

大型复杂钢结构数字化建造 / 陈晓明等著. —北京：中国电力出版社，2017.7
ISBN 978-7-5198-0721-4

Ⅰ. ①大⋯　Ⅱ. ①陈⋯　Ⅲ. ①数字技术–应用–建筑结构–钢结构–研究　Ⅳ. ①TU391

中国版本图书馆 CIP 数据核字（2017）第 096063 号

出版发行：中国电力出版社
地　　址：北京市东城区北京站西街 19 号（邮政编码 100005）
网　　址：http://www.cepp.sgcc.com.cn
责任编辑：周娟华（010–63412601）
责任校对：朱丽华
装帧设计：张俊霞
责任印制：单　玲

印　　刷：北京九天众诚印刷有限公司
版　　次：2017 年 7 月第一版
印　　次：2017 年 7 月北京第一次印刷
开　　本：710 毫米×1000 毫米　16 开本
印　　张：14.5
字　　数：254 千字
定　　价：68.00 元

前　　言

  钢结构以其优异的钢材性能、高度工业化的加工制作工艺及先进的安装设备和施工技术，越来越适应新颖、复杂和多样的建筑结构体系需求，在各类工程中得到广泛应用。

  近年来，钢结构建造技术所取得的成绩和发展趋势令人鼓舞，我国已经建成了一大批世人瞩目的大型、复杂钢结构建筑。但是，整个行业仍存在很多瓶颈和问题需要去突破和创新。"自动化、标准化和专业化"整体水平仍然有待提高，缺乏高附加值的技术密集型和装备密集型制造能力，由此带来的质量问题、工效问题、成本问题和职业健康问题等制约了行业的健康发展。此外，我国设计和施工行业长期处于分离状态，作为建造过程中上下游的两大支柱缺乏站在整体的高度进行协同与互动，施工全生命周期的安全性和可靠性需要提升和加强。在建造管理方面，传统的一味"按图施工"的思路和理念需要寻求突破，积极采用具有协同和联动功能的一体化建造技术来实现钢结构专业内部及专业间的联动，打造大型复杂钢结构精品工程。

  "工业4.0"概念的提出及"中国制造2025"战略的提出和推进，对建筑行业提出了更高的要求。建筑行业也应该适应当前时代的需求，与数字化相融合，将数字化建造技术贯穿于建筑施工的各个环节，既包括前期准备阶段（深化设计、加工制作和施工模拟等），也包括后期实施阶段（施工监控、现场安装和施工管理等），从而真正实现建造工业化。而钢结构无疑是实现这一目标最合适的领域之一。近年来，我国钢结构建造技术和数字化技术发展迅速，然而将数字化与建造相结合、打破专业和产业上下游壁垒的数字化建造技术的系统化研究却较为滞后。在此领域，参与本书撰写的团队经过数年的研究和工程实践，取得了钢结构数字化建造的一点成果，我们将其整理出来，旨在抛砖引玉，以便共同探讨和研究。

  本书从数字化深化设计、数字化加工制作、数字化施工模拟分析与控制、计算机整体安装技术、焊接机器人和一体化建造管理技术等方面阐述钢结构数字化建造技术。本书共 7 章，各章节内容如下：第 1 章介绍了数字化建造技术的发展，由陈晓明、贾宝荣撰写；第 2 章介绍了数字化建造深化设计，由陈晓明、盛林峰、柯敦华、俞晓萌撰写；第 3 章介绍了数字化建造加工技术，由陈晓明、徐文敏、王刚、盛林峰撰写；第 4 章介绍了数字化施工模拟、监测与控制技术，由贾宝荣、周锋、郑祥杰、陈晓明、夏凉风撰写；第 5 章介绍了计算机控制整体安装技术，由陈晓明、许勇、刘泉撰写；第 6 章介绍了数字化建造焊接机器人技术，由薛龙、孟凡全、黄继强、陈晓明撰写；第 7 章介绍了一体化建造管理技术，由贾宝荣、周锋、柯敦华、陈晓明、郁政华撰写。

本书基于我们多年来对大型复杂钢结构数字化建造的理解、研究和实践。由于水平有限，疏漏或谬误之处，希望读者批评指正，不吝赐教！

著者
2017 年 4 月

目　　录

第1章

大型复杂钢结构数字化
建造技术的发展趋势

1.1 大型复杂钢结构的发展

1.1.1 钢结构的特点

钢结构是以钢材制品为主的结构，是主要的建筑结构类型之一。钢材具有强度高、自重轻、整体刚度好、变形能力强等特点，特别适合于建造大跨度、超高层及体型复杂的建筑。

现代钢结构按其造型和用途可分为以下几类：

（1）高（多）层及超高层钢结构，一般用于民用住宅及商用建筑。

（2）高耸钢结构，如塔架、桅杆类结构。

（3）桥梁钢结构。

（4）空间钢结构，一般用于各种屋盖、公共建筑、城市雕塑、工业建筑等。

（5）特种钢结构，如管线、工作平台、容器等具有特殊用途的结构。

钢结构具有以下优、缺点：

（1）材料强度高、自身重量轻。钢材强度较高，弹性模量也高，与混凝土和木材相比，其密度与屈服强度的比值相对较低，因而在同样的受力条件下，钢结构的构件截面小，自重轻，便于运输和安装，适用于跨度大、高度高、承载重的结构。

（2）钢材韧性和塑性好，材质均匀，结构可靠性高。钢结构适用于承受冲击和动力荷载，具有良好的抗震性能。钢材内部组织结构均匀，近于各向同性匀质体，钢结构的实际工作性能比较符合计算理论，可靠性更高。

（3）钢结构制作安装机械化程度高。钢结构构件便于在工厂制作、工地拼装。工厂机械化制作的钢结构构件成品精度高、生产效率高、工地拼装速度快、施工工期短。

（4）钢结构密封性能好。由于焊接结构可以做到完全密封。可以做成气密性、水密性均很好的高压容器，大型油池、压力管道等。

（5）钢材为可持续发展的环保型材料。钢结构建筑承载力高、密闭性好，相比传统结构用料，钢结构的总用料更省，连接方式可以采用螺栓连接，易于拆除并可以回收再利用，是一种可持续发展的环保型材料。

（6）钢结构耐热，不耐火。当温度在 150℃ 以下时，钢材性质变化很小。因而钢结构适用于热车间，但结构表面受 150℃ 左右的热辐射时，要采用隔热板加以保护。温度在 300～400℃ 时，钢材强度和弹性模量均显著下降；温度在 600℃ 左右时，钢材的强度趋于零。在有特殊防火需求的建筑中，钢结构必须采用耐火材料加以保护，以提高耐火等级。

（7）钢结构耐腐蚀性差。特别是在潮湿和腐蚀介质的环境中，钢结构容易发生锈蚀。一般钢结构要除锈、镀锌或涂料，且要定期维护。对于处在海水中的海洋平台结构，需采用"锌块阳极保护"等特殊防腐措施。

1.1.2　钢结构的发展

伴随着钢铁工业的发展，我国钢结构的发展应用也经历了一个漫长曲折的发展过程，自新中国成立到现在大致可以分为三个阶段。新中国成立之初，由于受到钢产量的限制，钢结构仅在重型厂房、大跨度公共建筑及塔桅等结构中应用，其中包括冶金工业厂房、电力工业厂房、体育馆、飞机库屋盖、铁路桥梁、钻井塔、排气塔、照明塔、输电塔、瞭望塔、跳伞塔、导航塔、化工塔、火箭发射塔、通信（塔）桅杆、龙门吊、装卸桥、压力容器、锅炉等；1978 年改革开放以后，随着经济建设的飞速发展，钢结构的应用领域也有了较大的扩展，除已有的领域外，普通大跨度厂房、高层和超高层建筑、轻钢建筑、体育场馆、大型会展中心、机场候机楼、大型客机检修库、城市人行天桥、海洋平台、管线、自动化高架仓库等均采用钢结构；1996 年以后，我国钢产量一直居世界第一，年产量超过 1 亿 t，到 2016 年已达 11.38 亿 t，钢材质量提高，钢材规格增加，极大地满足了钢结构应用的需要。

钢结构得天独厚的优势，国家政策的大力支持，人工成本的快速上升，这些综合因素将使得钢结构在未来的城市建设和基础设施建设中占据相当大的比重，钢结构对传统结构的替代应用将面临新一轮的加速，建筑钢结构市场将保持较大增长规模。从市场前景看，国家加工基础设施建筑投入力度，建筑钢结构的运用将向能源、基础设施、高层住宅等领域倾斜，公路、铁路桥梁建设中钢结构比重将增加，城市地铁和轻轨工程、立交桥、高架桥等城市公共设施都将越来越多地采用钢结构。

1.1.3　大型复杂钢结构的应用

随着我国经济实力的增强，基础设施建设投入不断增速，人们对建筑品质的要求也越来越高，一些代表现代建筑艺术的建筑形式纷纷涌现。若要满足这些现代建筑的需求，与之对应的结构形式也将随之复杂，因此大量大型复杂钢结构形式纷纷被采用。其中，超高层结构和大跨度空间结构是近年来发展最为迅速的两类大型复杂结构。

现代钢结构的特点是"高、大、复杂"，目前已建成的高层建筑最大高度达到800m 以上（哈利法塔 828m），高耸结构最大高度达到 600m 以上（东京晴空塔634m），大跨度空间结构覆盖范围的最大跨度达到200m 以上（上海南站直径 276m，英国伦敦千年穹顶直径 320m）。随着建筑造型的新奇和复杂化，相应的结构体系也越来越复杂多样，刚性与柔性构件组合的钢结构、空间预应力钢结构、悬挂与斜拉钢结构、多种结构体系组合形成的复杂钢结构，已经广泛应用于现代建筑之中。

1. 高层及超高层钢结构

随着材料技术和计算技术的进步，高层及超高层结构体系有了较大的发展，从传统的框架结构体系、框架支撑体系（框架–抗剪桁架、框架–剪力墙、框架–核心筒等），已发展到框筒结构体系（内框筒、外框筒、筒中筒、束筒等）、巨型结构体系（巨型桁架、巨型框架等）等。

20 世纪 30 年代是超高层结构发展的第一个高潮。在此期间采用框架体系所建立的纽约帝国大厦（高 381m，共 102 层）保持了世界最高纪录长达 41 年之久。进入 20 世纪 50 年代后，由于施工技术的提高和结构体系的改进，为超高层结构第二次发展高潮创造了条件。尤其是美国人坎恩在 20 世纪 60 年代提出的框筒结构体系，使得高层结构向着更高高度的发展成为可能，在此期间出现了一系列具有影响力的超高层结构，如美国 20 世纪 60 年代末建立的 417m 高的纽约世界贸易中心（密柱深梁外筒体系，高 417m，共 110 层），1973 年建成的芝加哥希尔斯大厦（束筒体系，高 443m，共 110 层）等。进入 20 世纪末和 21 世纪初，超高层结构更是发展迅速，可以说进入了它的第三个发展高潮。在此期间，国内外涌现出一大批富有影响力的超高层结构，据不完全统计，世界上已建、在建及拟建的400m 以上的超高层建筑已达到 40 多座，结构极限高度不断被刷新，如已建成的迪拜哈利法塔（下部筒体–上部框架的混合结构体系，高 828m，共 162 层），其结构高度已达到 800m 以上，成为目前世界上最高的建筑。在第三次超高层发展高潮中，我国超高层建筑发展速度最快。中国台北 101 大厦（巨型结构体系，高 508m，共 101 层）、上海中心大厦（巨型结构体系，高 632m，共 124 层）和深圳平安金融中心（巨型结构体系，高 597m，共 118 层）等，都是我国超高层建筑的代表。新结构体系的出现，使传统的梁-板-柱结构体系的分析方法和制作安装技术已经不再适应，需要研究新的分析方法、设计方法和施工技术。国内外已经建成的部分超高层建筑如图 1-1 所示。

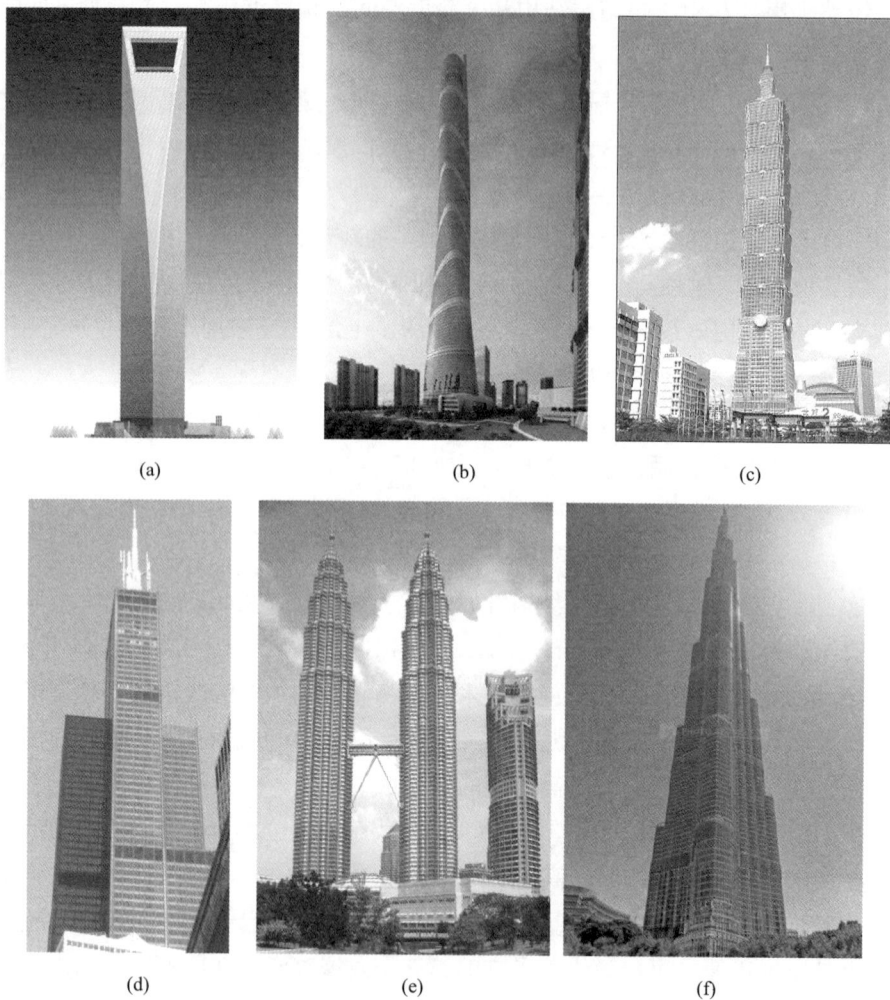

图 1-1 高层建筑实例（一）

（a）上海环球金融中心大厦；（b）上海中心大厦；（c）中国台北 101 大厦；
（d）美国希尔斯大厦；（e）吉隆坡佩重纳斯大厦；（f）迪拜哈利法塔

(g)　　　　　　　　　　　　　(h)

图 1-1　高层建筑实例（二）

（g）深圳地王大厦；（h）天津高银 117 大厦

2. 高耸钢结构

高耸钢结构属于结构高度相对较高、横截面相对较小、横向荷载起控制作用的细长构筑物，其主要应用范围为塔架和桅杆结构。塔桅结构体系发展变化较小，但塔桅的形态发展变化较大，造型越来越新奇、复杂，结构高度也越来越高。波兰华沙的长波无线电桅杆的高度达 642.5m；我国广州新电视塔主体高度 454m，桅杆高度 156m，总高 610m，钢结构总量 5 万 t；日本东京晴空塔在 2012 年竣工，其高度达到 634m，是目前世界第一高塔。随着结构高度的增加，高耸钢结构的风致振动及其控制技术已成为目前广泛关注的焦点问题。国内外已经建成的部分高耸结构如图 1-2 所示。

3. 大跨度空间钢结构

随着体育事业、会展业的发展和人类大型集体活动的日益增多，同样由于材料技术、计算技术及施工技术的进步，近年来大跨度空间结构体系得到迅速发展，结构形式由传统的梁肋体系、拱结构体系、桁架体系等平面结构体系及薄壳空间结构体系，发展到现代的网架、网壳、悬索、悬挂（斜拉）、索膜结构、各种杂交结构、可开合结构、可伸展结构、可折叠结构及张拉集成结构等体系。如瑞士苏黎世机场机库（125m×128m 网架）、美国新奥尔良的超级穹顶体育馆（213m 直径联方型双层球面网壳）、苏联列宁格勒体育馆（160m 悬索结构）、美国亚特兰大奥运会主体育场（240m×193m 张拉集成结构）、美国旧金山体育馆（直径为 235m

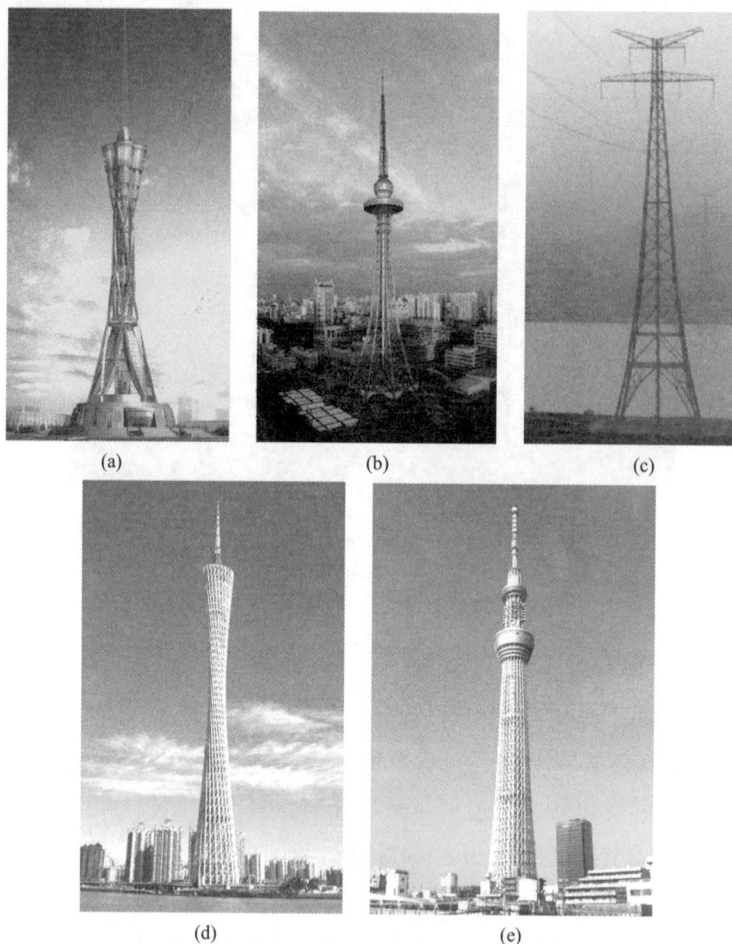

图 1-2　高耸结构实例

（a）河南电视塔；　（b）黑龙江电视塔；　（c）崖门输电塔；　（d）广州电视塔；　（e）东京晴空塔

索穹顶）、美国庞蒂亚克银色穹顶（235m×183m 充气膜）、日本东京都室内棒球场（201m×201m 索-充气膜）、日本福冈穹顶（直径 220m 可开合网壳）、英国伦敦千年穹顶（320m）、我国国家大剧院（212m×146m×45m）、上海南站（直径为 276m 的预应力钢屋盖）、南通体育中心可开合屋盖（直径为 280m）、国家体育中心（330m×220m×69.2m）等，都是当今世界大跨度空间结构的经典之作。

　　现代大跨度空间结构体系可分为三大类，即刚性结构体系（折板、薄壳、网架、网壳、空间桁架等）、柔性结构体系（索结构、膜结构、索膜结构、张拉集成体系等）和杂交结构体系（拉索-网架、拉索-网壳、拱-索、索-桁架等）。国内外已建的部分大跨度空间结构如图 1-3 所示。

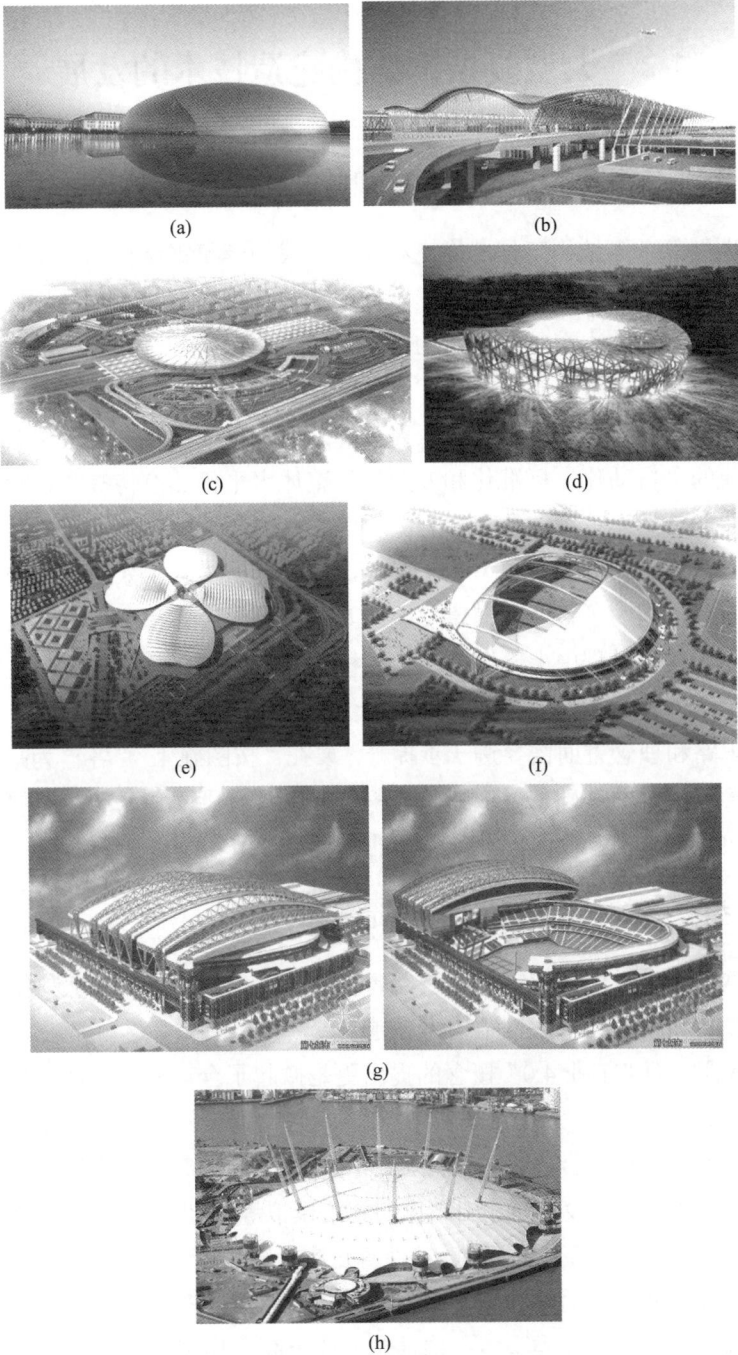

图 1-3　大跨度空间结构建筑实例

（a）中国国家大剧院；　（b）浦东国际机场；　（c）上海南站；　（d）国家体育中心；　（e）国家会展中心；
（f）南通体育中心；　（g）美国西雅图棒球场；　（h）英国伦敦千年穹顶

1.2 大型复杂钢结构建造技术的发展

1.2.1 大型复杂钢结构建造技术的现状

随着大型复杂钢结构工程的推广和应用，我国建筑钢结构的加工和施工技术不断取得突破，已经具备深化设计、制作和安装各种大型复杂钢结构的能力，自主完成了一些著名的大型复杂钢结构工程，如上海世博场馆和北京奥运场馆等复杂的大跨度建筑，上海中心大厦和广州塔等高耸建筑。

钢结构建造技术所取得的成绩令人鼓舞，但是也存在很多瓶颈需要去突破。首先，行业的"自动化、标准化和专业化"整体水平仍然有待提高，我国的钢结构加工制造业仍然为劳动密集型行业，制作的人均产量仅为 80t 左右，缺乏高附加值的技术密集型和装备密集型制造能力，带来了质量、工效、成本和职业健康等方面的问题，制约了行业的健康发展；其次，我国设计和施工行业长期处于分离状态，作为建造过程中上下游的两大支柱产业缺乏站在整体行业高度的协同与互动，施工全生命周期的安全性和可靠性仍然需要提升和加强；最后，在建造管理方面的思路和理念方面需要进一步提升，要在"按图施工""各自为战"传统施工技术及管理模式的基础上寻求突破，积极采用具有协同和联动功能的一体化建造技术来实现钢结构专业内部及专业间的联动，打造大型复杂钢结构精品工程。

1.2.2 大型复杂钢结构的数字化建造需求

现代钢结构由于优异的钢材性能，高度工业化、数字化的加工制作工艺及先进的安装设备和施工技术，钢结构体系越来越新颖、复杂、多样，在各类工程中得到广泛应用。而"工业 4.0"概念的提出更是掀起了全球科技革命的新浪潮，我国政府也开始大力推进"中国制造 2025"，我国的钢结构建造必须适应当前时代的需求，与数字化相融合，将数字化建造技术贯穿于建筑施工的各个环节，既包括前期准备阶段（深化设计、加工制作和施工模拟等），也包括后期实施阶段（施工监控、现场安装和施工管理等），从而真正实现建造工业化。

在深化设计方面，面对大型复杂钢结构"结构形式多样、空间关系复杂；节点形式、构件数量和截面类型多；构件精度要求高，加工难度大"等诸多特点，常规的深化设计方法已不能满足建造精度和效率的双重需求。需要综合利用各种建模软件及软件的二次开发，实现复杂节点、复杂杆件及复杂曲面的数字化深化设计；同时，需要借助 BIM 技术将深化设计与数字化加工有效结合，实现从深化设计到数字化加工的信息传递。

在加工制作方面，传统的加工制作工艺（放样、号料、切割、组装和焊接等）已经无法满足大型复杂异形钢结构的加工需求。需要综合采用计算机辅助设计（CAD）、计算机辅助工艺设计（CAPP）、计算机辅助加工（CAM）等数字化技术，并具备开发柔性加工的机器人设备和工艺的能力和水平，提高加工的精准度和效率。

在施工模拟及施工控制方面，传统的不考虑施工过程结构成型影响的施工分析方法已经不能准确预测大型复杂钢结构复杂的施工工况需求，施工过程的安全性存在极大的隐患。需要综合应用现代数字化施工模拟技术，对不同的结构形式进行跟踪模拟技术，准确预测施工过程中结构的安全性能状态，并通过监测和控制技术确保施工过程的安全可控。

在现场安装方面，需要在传统机械吊装的基础上增加数字化控制的整体安装技术来完善和丰富当前的施工技术，即需要根据不同的整体安装工艺开发相应的计算机整体控制技术，实现大型复杂钢结构的高精度安装。

在现场管理方面，需要借助 BIM 技术为钢结构"深化设计、加工制作、现场安装"一体化和"钢结构与相关专业"一体化的实施提供保障，从而打破专业和产业上下游的壁垒，确保工程进度、安全和质量始终处于受控状态。

第2章

大型复杂钢结构
数字化建造深化设计

2.1 概　　述

钢结构深化设计是以建筑、结构施工图及相关规范标准为依据，结合钢结构制作加工及安装工艺要求，经过二次设计所形成的用于钢结构建造的详细图纸和资料。简而言之，就是把钢结构每一构件的信息，如构件形状、数量、材质、重量及定位信息等，完整表达出来，将钢结构设计施工图，进一步转化为直接用于加工与安装用的详细图纸。深化设计是工程设计与工程施工之间的桥梁。

近年来，随着建筑师对造型优美建筑形态的不断追求，涌现了大量空间异形复杂建筑，比如上海世博轴"阳光谷"、沈抚新城"生命之环"、上海世博博物馆"云结构"、虹桥国家会展中心等工程（图2-1~图2-4）。这些大型复杂钢结构具有：结构形式多样、空间关系复杂；节点形式、构件数量和截面类型多；构件精度要求高，加工难度大等特点。常规的深化设计方法已无法满足施工需要。因此，深化设计必须结合数字化加工技术、安装技术等，发展数字化深化技术。

图2-1　上海世博轴"阳光谷"

图2-2　沈抚新城"生命之环"

图 2-3　上海世博博物馆"云结构"

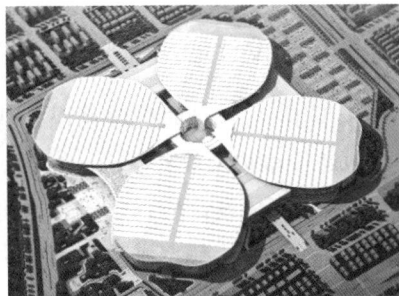

图 2-4　虹桥国家会展中心

同时，建筑信息模型（Building Information Modeling，BIM）技术，也为数字化深化设计提供了技术保障。BIM 是基于三维建筑模型的信息集成和管理技术。该技术是应用单位使用 BIM 建模软件构建三维建筑模型，模型包含建筑所有构件、设备等几何和非几何信息及之间的关系信息，模型信息随建设阶段不断深化和增加。建设、设计、施工、运营和咨询等单位使用一系列应用软件，利用统一建筑信息模型进行设计和施工，实现项目协同管理，减少错误、节约成本、提高质量和效益。通过 BIM 技术平台使深化设计与数字化加工有效结合，实现从深化设计到数字化加工的信息传递，打通深化设计、数字化加工建造等环节。因此，BIM 技术的发展和数字化建造工艺的运用，为工程数字化建造的实现提供了技术保障（图 2-5 和图 2-6）。

图 2-5　浦东国际机场卫星厅 BIM 模型

图 2-6　虹桥国际机场 T1 航站楼改造和交通中心新建 BIM 模型

2.1.1 深化设计通用原则

钢结构深化设计时应遵循以下基本原则：

1. 满足结构设计要求

钢结构深化设计应以建筑、结构设计图纸为依据，对结构设计图中表述不完整的各类钢构件和节点进行精确的空间定位及尺寸计算，对钢构件及节点进行更为详尽的阐述与说明。各类构件尺寸造型及节点连接形式必须符合设计图纸的要求。当出现无法满足结构图纸设计要求的情况时，应及时与设计方沟通，进行调整或优化。

2. 满足施工工艺要求

钢结构深化设计必须考虑加工制作、构件运输及现场安装施工各个环节的要求。深化设计首先应满足制造工艺要求。制造工艺主要包括装配顺序、坡口形式、机加工方法及与数字化设备匹配的数据连接方式等；其次，应满足构件运输要求。运输要求应根据运输方式及沿线路况来确定构件的长、宽、高及质量等，同时应满足经济适用性；最后，应满足现场安装工艺要求。安装工艺主要包括构件分段、连接形式及与其他相关专业的配合等。

3. 满足相关专业要求

相对单位工程而言，钢结构工程只是其众多专业工程之一，不可避免存在与其他专业交叉施工的问题。深化设计期间应全面分析各类问题，并提出合理的解决方案。基于 BIM 技术的数字化钢结构、幕墙、机电、土建协同深化设计是解决这些问题的有效手段和方法。

2.1.2 深化设计常用软件

现在的工程软件越来越注重三维特性，这样不但给人直观的感觉，还能还原设计的真实形态。国内使用较多的钢结构详图设计软件有 Tekla Structures、ProSteel、StruCad、AutoCAD 等。由于产品的出色性能及成功的商业运作，Tekla 占据了大量的市场份额并成为了应用最广的钢结构详图设计软件。

ProSteel 最初是由德国 Kiwi Software GmbH 公司开发的、基于 AutoCAD 平台的专业三维钢结构建模、详图和生产控制的软件系统，现在该软件已归 BENTLEY 公司所有。使用者可以在 ProSteel 软件中方便地建立各种钢结构的三维模型，系统自动生成所有的施工图纸和材料表。ProSteel 提供了丰富的资料界面，可以连接结构计算软件、数控机床、钢结构生产计划和管理软件（图 2-7）。

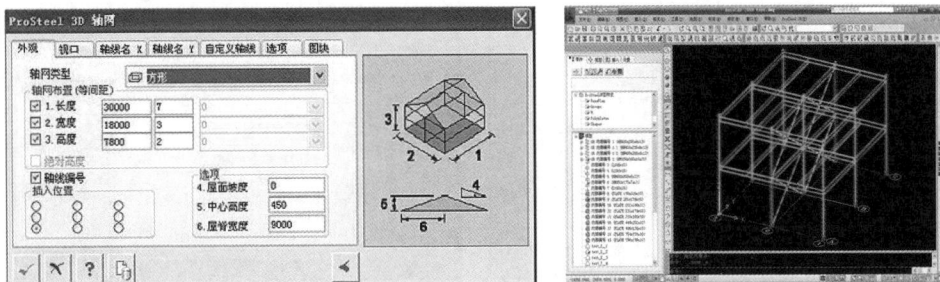

图 2-7 ProSteel 软件界面

StruCad 是英国 AceCad 公司开发的一款三维实体钢结构详图设计系统，它包括 CAD、CAM、CAE 等一系列模块，提供了钢结构从设计到制造的一个完整解决方案。StruCad 系统为专业绘图员带来了一系列独特的、功能强大的建模及详图设计工具，为钢结构详图设计提供了最高效的解决方案，具有切割线编辑功能强化等鲜明特点（图 2-8）。目前，StruCad 软件中的部分功能已经被整合到 Tekla 软件中。

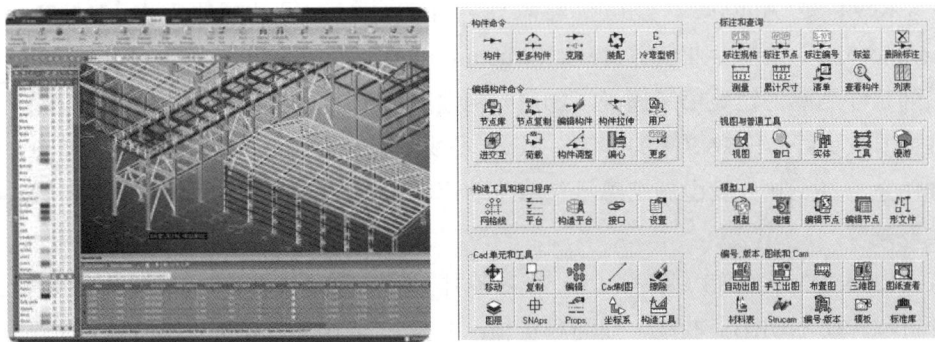

图 2-8 StruCad 软件界面

Tekla Structures（Xsteel）是芬兰 Tekla 公司开发的钢结构详图设计软件，它是通过创建三维模型以后自动生成钢结构详图和各种报表（图 2-9）。由于图纸与报表均以模型为准，而在三维模型中操纵者很容易发现构件之间连接有无错误，所以它保证了钢结构详图深化设计中构件之间的正确性。同时，Xsteel 自动生成的各种报表和接口文件（数控切割文件），可以服务（或在设备直接使用）于整个工程。它创建了新方式的信息管理和实时协作。Tekla 公司在提供革新性和创造性的软件解决方案方面，处于世界领先的地位。

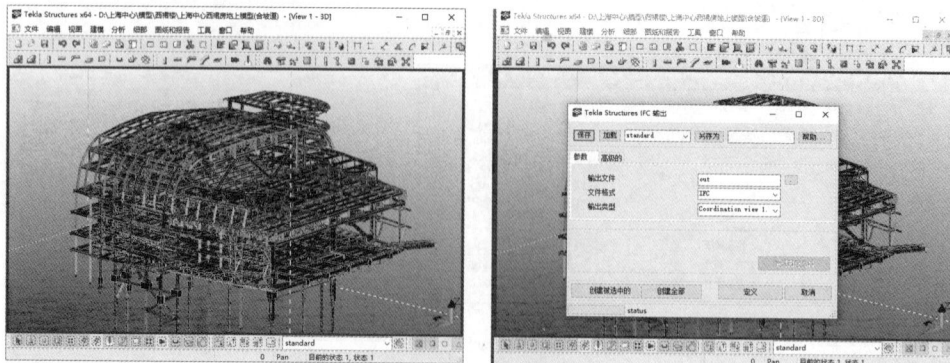

图 2-9 Tekla 软件界面

上述这些软件均具有强大的三维建模及详图输出功能，在钢结构深化设计中发挥了很大的作用，提高了深化效率和准确性。但在一些造型复杂空间结构中，钢结构、幕墙等多专业存在界面空间交错，结构找形困难；弯扭构件、多杆汇交节点、铸钢件等复杂构件，单一的深化软件有时难以应付。因此，有必要结合现有的一些 BIM 软件，发挥各自的软件特长，将其作为一种辅助、补充手段，提升深化设计的工效，比如 Revit、Rhino，机械设计软件 Solidworks 等。

Revit 是 Autodesk 公司一套系列软件的名称，包括建筑专业软件 Revit Architecture、结构专业软件 Revit Structure 以及机电专业软件 Revit MEP。Revit 系列软件是专为建筑信息模型（BIM）构建的，可帮助建筑设计师设计、建造和维护质量更好、能效更高的建筑。Revit 是我国建筑业 BIM 体系中使用最广泛的软件之一。Revit 一般由施工总承包单位使用和维护，能够与钢结构设计软件 Tekla 实现兼容。

Rhino3D NURBS（犀牛）是一个功能强大的高级建模软件，可以创建、编辑、分析和转换 NURBS 曲线、曲面和实体，并且在复杂度、角度、和尺寸方面没有任何限制，然后导出高精度模型供其他三维软件使用，这些可以弥补 Tekla 等在空间曲面建模上的弱势。

Solidworks 则在机械设计领域应用非常广泛，具有强大的设计功能和易学、易用的操作性，能够实现整个产品设计百分之百可编辑，零件设计、装配设计和工程图之间全相关。可运用到复杂钢结构中铸钢节点、多杆汇交节点的深化出图。

当然，除了上述介绍的三维建模软件，AutoCAD 作为最为经典的平面设计软件，在钢结构深化中的作用仍不可替代。结合二次开发的辅助程序，能够完成任何钢结构的深化出图工作。

2.1.3　深化设计工作内容

深化设计工作内容主要包括工程材料清单、结构构造设计、节点深化设计与施工详图绘制等部分。

1. **工程材料清单**

钢构件材料清单：提供材料采购和预算的依据，以及加工的进度控制和管理。这类资料是加工管理不可缺少的依据。加工单位依据它进行加工组织计划、成本控制、进度管理等一系列的管理工作。材料清单是构件加工的基础，一般显示构件的规格、材质、长度、数量、质量等信息。

2. **构件构造设计**

构件构造设计主要是根据钢结构制造和现场安装等施工工艺的要求，以及土建、机电、幕墙等其他相关专业的要求，进行构件构造深化设计。对于一些空间关系复杂结构，经深化设计后往往会发现存在相互干涉、施工困难等情况。出现这种情况时，应在不违背建筑和结构要求的前提下，对原设计进行适当优化调整。这种优化调整，在大型复杂钢结构深化中是一个非常重要的步骤，通过该过程，将设计、构件加工、现场安装有机结合起来，最终将建筑所需要的造型效果完美地设计和建造出来。

3. **节点深化设计**

结构设计图一般绘出构件布置、构件截面及主要节点构造。深化设计需对设计图纸中未描述的节点进行补充设计。节点深化设计一般包括以下内容：

节点连接计算：在节点设计时应严格按照结构设计提供的杆件内力进行计算，确定节点的焊缝长度、螺栓数量、连接板厚等相关节点参数。

节点构造设计：节点构造设计应以原设计节点为依据，结合工厂制造、现场安装工艺需求而作的进一步深化，比如螺栓或焊缝的布置与构造、螺栓施工施拧最小空间构造、现场组装的定位、夹具及吊装连接耳板等设计。

4. **施工详图绘制**

施工详图主要包括详图设计总说明、图纸编号系统制定、构件安装布置图和构件详图等。深化详图应信息完整，能用于指导工厂构件制造、现场安装实施，满足质量验收要求。在大型复杂钢结构的施工中，随着加工和安装技术的发展，数字信息化技术的运用越来越多。这些新工艺、新技术对施工详图的要求不尽相同，数据化是其一大特点，因此，深化详图绘制应与工厂制造工艺紧密联系起来，以满足数字化制造的需求。

2.1.4 深化设计基本流程

传统的深化设计是以图纸的形式来指导建造过程，其流程如图 2-10 所示。

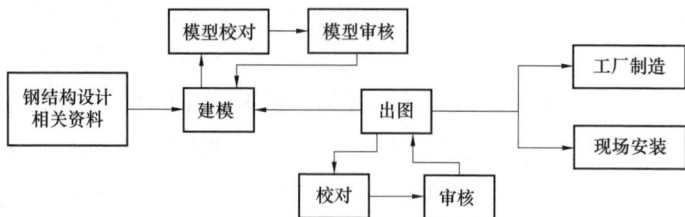

图 2-10　深化设计工作流程图

数字化深化设计是以数据流的形式来指导建造过程，其流程如图 2-11 所示。

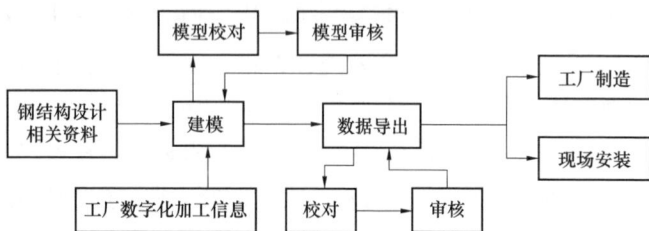

图 2-11　数字化建造深化设计工作流程图

本章将着重介绍几种典型的大型复杂钢结构基于数字化建造的深化设计方法及案例介绍。

2.2　多杆汇交复杂网壳结构深化设计

2.2.1　网壳结构特点

网壳是一种与平板网架类似的空间杆系结构，是以杆件为基础，按一定规律组成网格，按壳体结构布置的空间构架，它兼具杆系和壳体的性质。其传力特点主要是通过壳内两个方向的拉力、压力或剪力逐点传力。此结构是一种国内外颇受关注、有广阔发展前景的空间结构。

网壳结构为建筑提供了一种新颖、合理的结构形式，具有以下优点：

（1）网壳结构兼有杆件结构和薄壳结构的主要特性，受力合理，可以跨越较大的跨度。网壳结构是典型的空间结构，合理的曲面可以使结构受力均匀，结构具有较大的刚度，变形小，稳定性高，节省材料。

（2）具有优美的建筑造型，无论是建筑平面、外形和形状，都能给设计师以充分的创作自由。薄壳结构与网格结构不能实现的形态，网壳结构几乎都可以实现。既能表现静态美，又能通过平面和立面的切割以及网格、支撑与杆件的变化表现动态美。

（3）应用范围广，既可以用于中、小跨度的民用和工业建筑，也可用于大跨度的各种建筑，特别是超大跨度的建筑。在建筑平面上可以适应多种形状，如圆形、矩形、多边形、扇形及各种不规则的平面。在建筑外形上可以形成多种曲面。

（4）可以用小的构件组成很大的空间，而且杆件单一，这些构件可以在工厂预制实现工业化生产，安装简便、快速，适应采用各种条件下的施工工艺，不需要大型设备，因此综合经济指标较好。

网壳结构主要应用在大型体育场馆、展览馆、大型商场等大空间建筑上，如上海科技馆、国家大剧院、上海世博轴等。

2.2.2　深化设计方法

在目前空间网壳设计中，为了达到建筑形态的轻盈、优美，建筑师越来越倾向于使用箱形截面组成的构件。在空间结构中使用箱形构件，对钢结构深化设计和制作加工带来非常大的挑战。同时，在多杆汇交复杂网壳结构中，节点是其中不可或缺的重要环节，合理的设计和制作节点显得尤为重要。

由箱形等非圆管形构件组成的网格状空间异形曲面结构，相邻单元之间都不共面，节点数量众多，空间关系复杂，没规律可循，深化设计难度大。常规的三维建模、详图输出深化方法耗时，工作量大。因此，针对多杆汇交网壳结构的特性并结合数字化制造需求及工艺特点，制定出一套深化设计方法。简单描述为，确立一种能够识别节点和杆件空间相互关系的编号系统，利用拓扑关系分析找出所有点、线之间的关系，通过几何计算得到构件加工控制点原始数据，并进行数据转化生成机器人加工及现场安装所需数据，实现多杆汇交网壳结构的数字化深化设计。

2.2.3　工程案例

上海世博轴位于浦东世博园核心区，由 6 个特征标志性强的阳光谷及膜结构屋顶组成。阳光谷结构体系为三角形网格组成的单层网壳。结构下部为竖直方向，到上部边缘逐步转化为环向（图 2–12）。6 个阳光谷体形不一，高度约为 41.5m，最大底部直径约 20m，最大顶部直径约 90m，总面积为 31 500m^2。钢构件部分采用焊接箱形节点，部分为实心铸钢件节点，截面高度 180～500mm，宽度 65～140mm，节点总数 10 348 个。

图 2-12　世博轴阳光谷效果

1. 原始模型分析

由于建筑采用了比较特别的设计意图，使得阳光谷建筑在结构上存在以下一些特点：

（1）节点位置无规律可循。每个阳光谷在外形上都是一个曲面，因为没有曲面方程，所以节点间的相互关系无法使用简单的表达式描述。

（2）阳光谷节点间都是用直杆连接，因此每个阳光谷都是以三角形为基本几何单元而形成的近似曲面（图 2-13）。

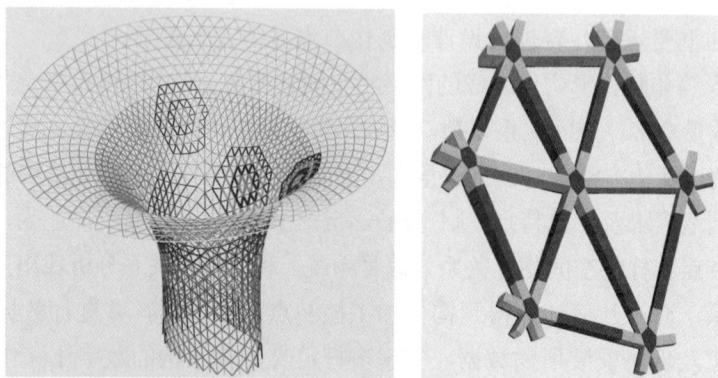

图 2-13　阳光谷模型

（3）阳光谷上的所有杆件都是矩形截面，这样就需要确定截面方向。同时又因为建筑外观是一个曲面，连在一起的杆件从头至尾存在一个渐变的过程，所以必须对每一根杆件截面的方向进行定义。

（4）由于阳光谷是曲面网壳结构，采用杆件与节点构件连接的方式形成完整结构，因此节点呈多杆汇交，由于汇交的杆件都超过 4 根，而且任意 3 根的结构轴线都不共面，因此每个节点必须同时迎合周围所有杆件的空间特性，结构的中心线通过节点端部截面并于之垂直，节点形式如图 2-14 所示。

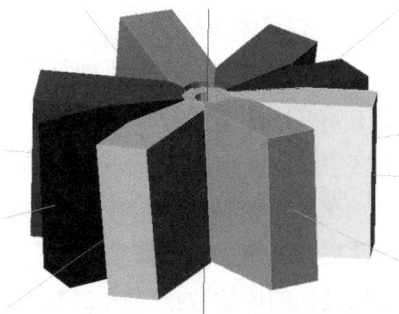

图 2-14　八杆汇交节点示意

（5）节点、杆件的数量众多，再加上结构上承载能力的考虑，即使阳光谷整体上存在几何对称的情况，完全相同的结构构件几乎没有。也就是说，几乎要对每个节点、每根杆件进行定义。

根据以上所述的结构特点，可以针对复杂网壳结构的特征制定深化设计计算的算法。

2. 编号系统建立

首先，需要确立一种编号及识别方法将节点和杆件间的相互关系表述清楚。编号系统力求简洁明了，所以与其编制一套繁琐的编号系统，不如直接将每个节点用阿拉伯数字进行无规则的编号；然后，表述清楚每个节点周围的相关节点编号分别是哪些数字，并将这些编号进行有序排列。

如图 2-15 所示，所有的节点都被分配一个数字，以中间的 01 节点为例，周围有八个相关的节点，编号从小到大分别为 05、09、11、176、665、737、1577、1698。将它们连同中间的节点编号排列为一个数列，中间节点编号列第一位，选取最小的编号排在第二位，其余的以逆时针顺序排列，即可得到这样一个数列：{01，05，1577，176，1698，11，737，09，665}，节点之间的杆件只需要以两端节点的编号联立即可表示。

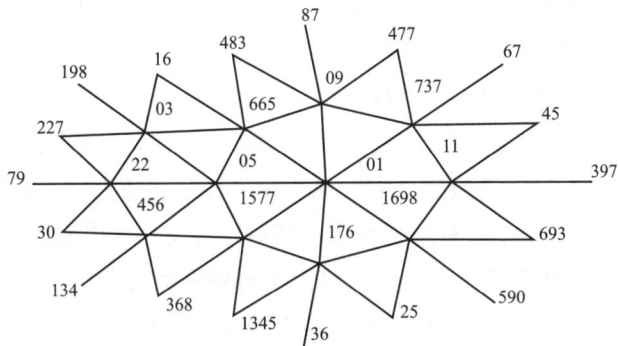

图 2-15　局部编号示意

3. 初始数据提取

深化计算过程将主要围绕构件的几何空间关系，所以整个辅助深化设计的过程中始终围绕着两种数据形式：其一，节点间的相互关系；其二，坐标数据。基于这个原因，在选择原始数据的时候，就必须兼顾数据采集的简易性和实用性。

在建筑的整体结构分析之后会得到一个结构的轴线模型，可以利用结构计算软件提取杆单元信息和节点坐标并形成表格，而这两种表格就可以直接成为辅助深化设计的原始数据（图 2–16）。

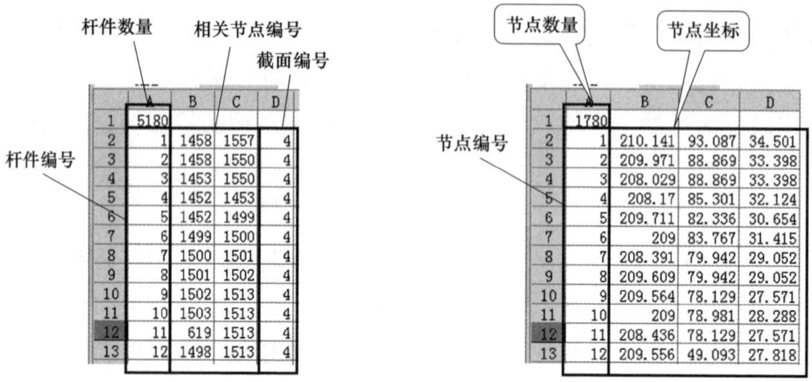

	A	B	C	D
1	5180			
2	1	1458	1557	4
3	2	1458	1550	4
4	3	1453	1550	4
5	4	1452	1453	4
6	5	1452	1499	4
7	6	1499	1500	4
8	7	1500	1501	4
9	8	1501	1502	4
10	9	1502	1513	4
11	10	1503	1513	4
12	11	619	1513	4
13	12	1498	1513	4

	A	B	C	D
1	1780			
2	1	210.141	93.087	34.501
3	2	209.971	88.869	33.398
4	3	208.029	88.869	33.398
5	4	208.17	85.301	32.124
6	5	209.711	82.336	30.654
7	6	209	83.767	31.415
8	7	208.391	79.942	29.052
9	8	209.609	79.942	29.052
10	9	209.564	78.129	27.571
11	10	209	78.981	28.288
12	11	208.436	78.129	27.571
13	12	209.556	49.093	27.818

图 2–16　杆单元信息和节点坐标表格

4. 深化计算分析

（1）拓扑关系分析。拓扑关系分析目的在于找出所有点、线间的关系，而要把某个节点周围所有的相关节点找出来，就必须先在“杆单元信息表格”中做一些取舍；然后，将所有含有指定节点编号的数据行挑选出来，并记录下每个数据行上另外一个节点编号。例如：如果要找出 01 号节点周围所有相关节点的编号（参考图 2–15），只需要搜索“杆单元信息表格”中的 B、C 列中所有含有 01 号的单元格，并记录同行的另外一个节点编号，将所有的记录合起来，就可以得到数列 S1：{05、09、11、176、665、737、1577、1698}。

之后需要解决的就是，将这些节点编号按照一定的空间关系排列出来。仍以 01 号节点为例，01 位于新数列（S2）第一位，在相关节点中选择编号最小的 05 位于 S2 第二位，这时 S2 含有两个元素；然后，再在“杆单元信息表格”中搜索 05 节点的相关节点编号得到数列 S3，将三个数列进行集合运算：$(S1\cap S3)\cap\overline{S2}$，可得到两个编号 665 和 1577，任取其一写入 S2，使其增加一个元素；以此方法继续运算，之后得到的都将只有一个编号，直到集合运算得到空集。最终，得到的

S2 存在两种可能：{01，05，1577，176，1698，11，737，09，665}或者是{01，05，665，09，737，11，1698，176，1577}。每个数列选取前三个元素，对照"节点坐标表格"组合成两个向量并计算其外积，就可以判断那个数列符合排列顺序上的要求。

（2）几何计算原理。在完成了相关节点之间关系的梳理并得到了符合要求的数列以后，就可以轻易地找到同在一个三角形单元里的三个点：数列的第一个编号加上其他排列相邻的两个编号，或者数列的第一个编号加上第二个及最后一个编号。

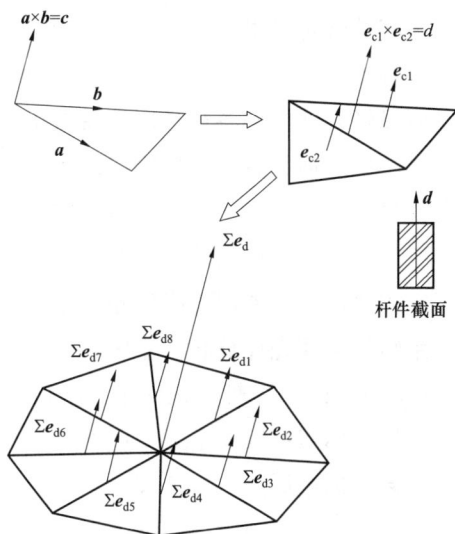

图 2-17　向量运算流程示意

如图 2-17 所示，先将这三个点任意组成两个向量，求其外积并单位化，就得到了这三个点所在平面的单位法向量。以此方法就可以得到指定节点所在的所有三角形单元的单位法向量，但在计算过程中应注意这些向量的指向。将相邻三角形单元的单位法向量相加，即可得到以这两个单元相交线段为结构中心线的杆件的截面方向；再以这些和向量为基础，就可得到该节点的法向量。

在已知端部截面的尺寸和截面距节点中心的距离的情况下，如果将已经得到的向量数据进行选择、组合和适当的处理，即可得到某个色块上外侧端部的角点坐标（图 2-18）。

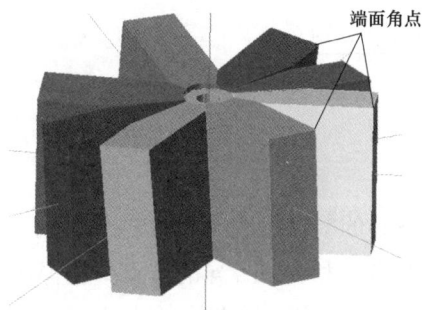

图 2-18　端面角点位置示意

每个端面四个角点的坐标将直接左右节点的外形，因此这些点的坐标对于节点的加工和安装来说就是十分重要的关键数据，但是在加工的时候这些点又需要转化到每个节点的相对参照系下——这个参照系的 Z 轴与该节点的法向量方向相同，而原点的位置就是结构中心线的交点，X 轴和 Y 轴的方向则可以任意选定。

5. 输出数据转化

在节点的制造过程中，由于引入了机器人技术，因此，深化设计的结果以数据为主，主要描述节点各个几何上的控制点的坐标。

在基础定义里已经得到了各节点位置的法向量，而且也知道了周围各杆件截面强轴的方向，同时在得到轴线模型下各轴线交汇点（即节点）坐标的前提下，也可以轻易地得到各杆件所在轴线的空间位置。基于这些基础数据，经过简单的空间解析几何计算，可以轻易地得到构件的各个平面的方程。然后，三个平面相交计算一个控制点，这样机器人加工的所有关键点坐标的原始数据就得到了。

以上简述所计算的数据都是以大地坐标系为参照系的，而在加工时所需的坐标值需要以节点的局部坐标系为参照系的，所以需要经过坐标系转化。通常的坐标系转化需要先计算转换矩阵，而在现在的情况下，可以先得到新坐标系的原点坐标和 x、y、z 三轴所在向量，就可以简化坐标转换步骤：

原坐标点：$(x_0,\ y_0,\ z_0)$

新坐标系原点：$(x,\ y,\ z)$

新坐标系 x 轴所在向量：$(A_x,\ B_x,\ Z_x)$

新坐标系 y 轴所在向量：$(A_y,\ B_y,\ Z_y)$

新坐标系 z 轴所在向量：$(A_z,\ B_z,\ Z_z)$

则在新坐标系下的对应点的新坐标为：

$$\left(\frac{(x_0-x) \cdot A_x + (y_0-y) \cdot B_x + (z_0-z) \cdot C_x}{\sqrt{A_x^2+B_x^2+C_x^2}}, \right.$$

$$\frac{(x_0-x) \cdot A_y + (y_0-y) \cdot B_y + (z_0-z) \cdot C_y}{\sqrt{A_y^2+B_y^2+C_y^2}},$$

$$\left. \frac{(x_0-x) \cdot A_z + (y_0-y) \cdot B_z + (z_0-z) \cdot C_z}{\sqrt{A_z^2+B_z^2+C_z^2}} \right)$$

坐标系统转化完成后，即可开始加工生产。

6. 节点数字化深化

网壳钢结构由若干长度不等的杆件和形状各异的节点组成，如图 2-19 所示。

其中，空间多杆汇交节点由中心圆柱和多个方位和姿态各异的节点牛腿焊接而成，各节点牛腿中心轴线汇交于圆柱轴线上一点（汇交点）。即每个节点可由汇交点的空间位置、各节点牛腿方位和几何信息唯一确定。

基于钢结构设计软件和数模文件，对数据接口进行二次开发，实现自动从钢结构三维设计数模中高效提取汇交点的空间位置、各节点牛腿方位和几何信息。

7. 节点成品精度检测方法

深化提供的数据提交工厂流水线，构件加工好后返回加工数据，对完成节点进行精度检测。由流水线返回的数据为检测后的构件实际坐标值，组合后形成实体构件的数据矩阵（可以认为是实际数字模型），在此通过与原深化设计数据矩阵（可认为是设计数字模型）比对，分析偏差，形成客观的评估结论（图 2-20）。

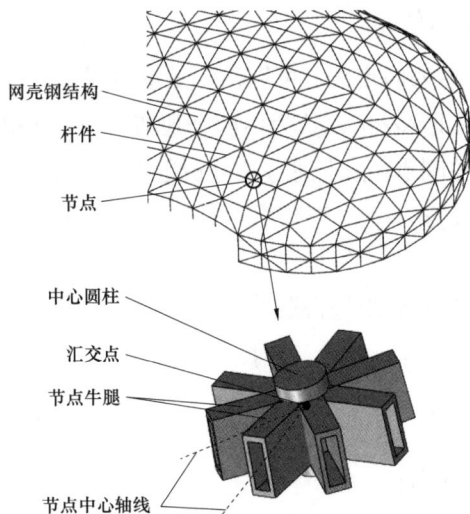

网壳钢结构

杆件

节点

中心圆柱

汇交点

节点牛腿

节点中心轴线

图 2-19　多杆汇交网壳分解示意

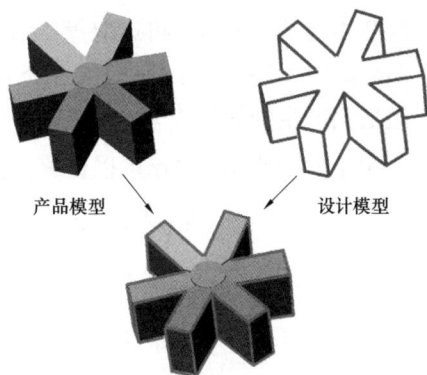

产品模型　　设计模型

图 2-20　理论模型与实体数字模型互合

由于检测坐标矩阵与设计坐标矩阵的参照坐标系互不相同，因此在比较前必须将两套坐标值转化到同一个坐标系下。

首先，利用数据间的相互关系进行分析，利用空间解析几何的一些理论，可以将检测坐标值转化到设计坐标值的参照坐标系下，使得转化后的检测坐标与设计坐标所在的坐标系具有相同的坐标原点与坐标 z 轴。也就是说，两套坐标可以经过绕 z 轴旋转后近似重合。

这时对应于节点上某一个角点，在同一个坐标系下存在两个坐标值：

理论坐标 (x_1, y_1, z_1)

检测坐标 (x_2, y_2, z_2)。

将这两个坐标值转化到球面坐标系下得到 (D_1, α_1, β_1) 和 (D_2, α_2, β_2)，如图 2-21 所示。

这时，两个点之间的偏差可以分解为三个

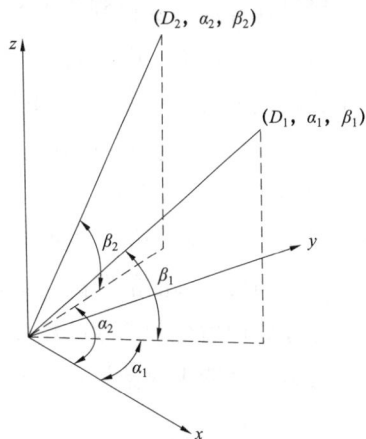

图 2-21　坐标点绕 z 轴旋转变量示意

23

数值：

$$\Delta D = D_1 - D_2$$

$$\Delta\alpha = \alpha_1 - \alpha_2$$

$$\Delta\beta = \beta_1 - \beta_2$$

由于 z 轴和原点已经确定，ΔD 和 $\Delta\beta$ 均为固定值，可以认为是绝对误差；而理论模型和实际产品绕 z 轴互成角度 α，因此 $\Delta\alpha$ 可以认为由两个数值组成：α 和控制点本身的误差 Δ。再选取第二组对应控制点，按上述方法分析数据后，ΔD 和 $\Delta\beta$ 依旧为固定值，而 $\Delta\alpha$ 则由三个数值组成：$\Delta\alpha$，控制点本身的误差 Δ 和由第一组数据产生的累计误差 γ。

由于 α 是常量，$\Delta\alpha$ 可以计算，因此可以得到计算式：

$$\Delta = \Delta\alpha - \alpha - \gamma \text{（对于第一组数据 } \gamma = 0 \text{）}$$

要计算某一个点的误差需要三个元素 ΔD，Δ，$\Delta\beta$，误差计算函数可计为：

$$d = f(\Delta D, \Delta, \Delta\beta)$$

因此，对应于某一组坐标数据 ΔD，$\Delta\beta$，$\Delta\alpha$，α 都是固定值，因此可以将误差函数换算为

$$d = f(\gamma)$$

在确定了允许误差范围后则可得到不等式：

$$f(\gamma) \leqslant c \text{（} c \text{ 为允许最大误差）}$$

经过计算后可以得到关于 γ 的一个数值区间 R。对于某一个节点可以得到若干个数值区间：R_1，R_2，R_3，…如果所有的数值区间存在交集 R_t，则说明当 γ 取 R_t 范围内的任意一个数值，都能使节点上所有控制点的误差计算在允许范围内，即该节点的制作在误差范围内。

得到了 R_t 后进行优化计算，在区间 R_t 内选取一个最优数值，经过计算就可以得到优化后的检测坐标。这时，检测坐标和设计坐标已经充分匹配，计算检测的角点坐标到设计端面的距离，就可以知道成品节点端面的几何精度。

经过处理后得到的成品精度可以直接反映节点端面的加工精度，评价节点安装好后是否会造成视觉效果上的不协调。

2.3　空间异形弯扭结构深化设计

2.3.1　弯扭结构特点

空间异形曲面结构，除了上节所述，通过节点弯扭可实现以外，还可以通过直接构件弯扭来实现。对于空间曲线平缓过渡结构，节点弯扭比较容易实现。而对于曲面无规则、突变多的大型复杂结构，通过节点弯扭将造成节点异常笨重，影响结构受力和建筑美观。因此，一般都采取构件弯扭的方式处理。

空间构件弯扭的结构建筑造型都非常独特，一般存在以下一些特点和难点：

（1）结构采用空间弯扭曲面过渡成形，曲面没有连续性，有的结构杆件空间定位无规律。

（2）构件截面、节点形式多样，空间多杆汇交，节点准确描述难度大。

（3）弯扭构件多、为实现数字化加工，需进行大量的数字化深化。

2.3.2　深化设计方法

在空间异形弯扭结构中，结构的加工精度和现场实时监控及反馈是项目成功实施的关键。传统深化设计方法往往通过在二维图中设置足够数量的剖面来表达构件的空间状态，加工和安装则只能依靠深化图所提供的有限数据进行后续施工，效率低下，施工精度和工期难以得到有效保证。针对上述特点，我们采用XSTEEL 进行 3D 参数化建模，利用 BIM 技术平台整合所有建筑数据信息并进行合模，解决所有结构内部及与相关专业配合的问题，保证模型原始数据准确。通过 XSTEEL 软件二次开发输出工厂制造所需的弯扭构件控制数据、现场施工所需的相关数据等。整个深化、制造、施工过程通过数据无缝对接方式实现无纸化施工。

2.3.3　工程案例

上海世博会博物馆（图 2–22）位于黄浦江畔卢浦大桥旁原上海世博会浦西园区，建筑总面积为 46 550m²。建筑主体由代表历史、冥想和永恒的"历史河谷"，与代表未来、开放和瞬间的"欢庆之云"意象叠合而成。"欢庆之云"（以下简称"云结构"）作为世博会博物馆的标志，飘浮在"历史河谷"之上，体现"同一片天空"——人类和谐共处的理想。

图 2-22 世博博物馆效果

"云结构"长约 90m，宽约 70m，高度约 34m，投影面积约 3000m²。单体由三个自下而上的筒状结构连接而成，云平台结构杆件呈折线形，杆件加节点数量约 6100 件，钢结构总量约 1200t。主要分为云腿（电梯井构造、楼梯）、腹部平台、外挑网架、屋盖网壳（图 2-23）。

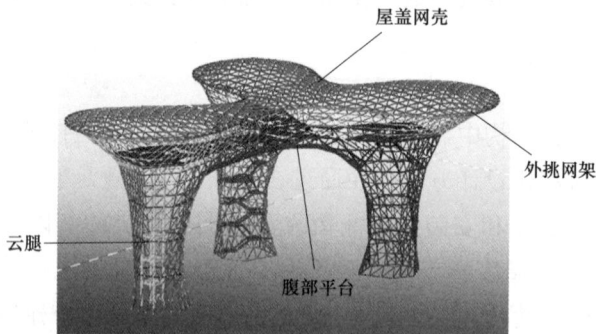

图 2-23 "云结构"主要部位分布示意

1. 结构找型分析

在深化设计前期，根据设计提供的基本原则建立 3D 模型。建模原则如下：根据建筑幕墙完成面，沿法线方向向内退 150mm 得出钢结构外表面中心线模型，云网格杆件空间方向取决于其相邻网格面的法线方向。

根据以上原则建模后发现，由于结构受力需要，钢结构截面差异性明显，杆件相交处节点关系异常复杂（图 2-24），主要存在以下问题：

（1）由于该结构为空间不连续曲面，考虑与幕墙连接，杆件以外表面为定位基准，导致节点位置杆件无法做平，错边，冒口现象严重，节点构造不合理，存在安全隐患。

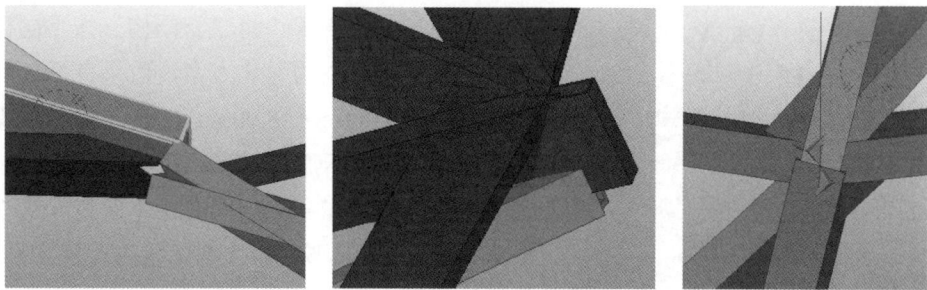

图 2-24　原设计节点模型示意

（2）牛腿数量多，空间定位十分困难。

（3）矩形杆件截面较小（宽度以 80mm 为主），截面板厚太厚，有的矩形截面内部空间只有 10mm，焊接、校正、装配难度大。杆件截面种类太多，无形中也增加了加工难度。

类似结构为保证建筑幕墙外形，结构找型一般都以建筑完成面往内退，这样由于主次构件截面差异大，同时由于"云结构"突变多，造成节点错综复杂，无法实施。因此，确定主杆件外侧做平，利用主次杆件截面差异，将次杆件沿其法线方向向内退一定尺寸，避免节点处错边，冒口现象（同时幕墙与结构间的净空间也能得到保证，对幕墙施工只会更加有利）。

针对部分杆件截面小、板厚太厚导致焊接困难的问题，通过调整截面尺寸，减小板厚来解决，并尽可能归并截面种类。

通过一定的优化，结构显得更简洁，节点处的冒口等现象得到明显的改善（图 2-25 和图 2-26）。

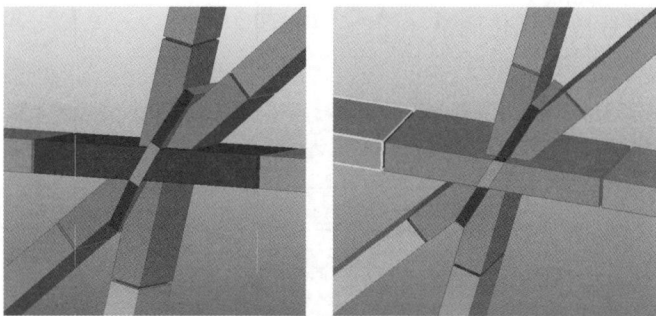

图 2-25　优化后节点效果

2. 构造优化设计

通过对"云结构"详细的分析和节点试验基础上，综合考虑建筑设计、加工

图 2-26 优化后云腿局部效果

制作和现场安装需求，将"云结构"按不同标高区域采用针对性的深化方案，效果良好。

（1）±0.000～+18.000m 标高深化。按原方案建模发现，云腿结构显得凌乱、笨重，建筑效果不佳（图 2-27）。因此，将脊柱和水平横梁拉通，将原异形网格体系优化为梁柱体系，使得结构更合理。同时，重新设定网格定位原则，简化空间结构，便于现场施工。脊柱贯通后呈弯扭状态，加工难度加大（图 2-28）。

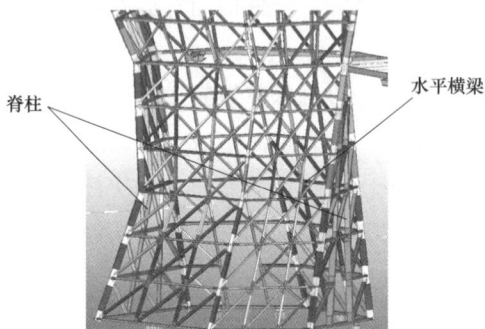

图 2-27 云腿原方案模型

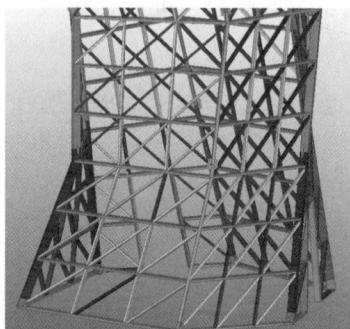

图 2-28 云腿方案优化后模型

（2）+18.000～+24.000m 标高深化。+18.000～+24.000m 是云腿逐步过渡到中间腹部区域，该区域网格布置复杂。同时，在+24.000m 有一钢平台，与网格存在干涉现象，需进行适当优化调整（图 2-29 和图 2-30）。

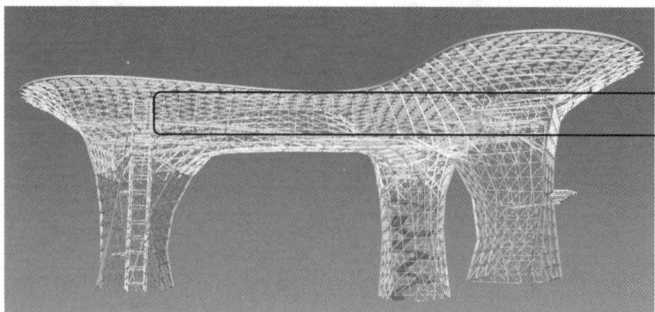

图 2-29 +18.000～+24.000m 分布位置

图 2-30　中部连接体原有深化模型

经三维建模，发现原网格布置不尽合理，杆件夹角太小，非常不利于杆件焊接。通过调整方向布置，网格结构改为由三榀纵向折扭桁架和补缺杆件构成，并调整杆件截面使折扭桁架的弦杆与腹杆主次分明。经过优化，不仅对结构受力有所帮助，建筑效果也更简洁（图 2-31）。

图 2-31　中部连接体优化后模型

+24.000m 位置是云腿与外伸网格的分界面，过渡时结构造型发生突变，节点很难处理。优化时将+24.000m 标高水平环梁贯通，并将其截面调整为异形截面以适应与网格结构连接的节点构造要求（图 2-32）。

图 2-32　+24.000m 环梁优化前后效果对比

+24.000m钢平台在深化建模时，发现与云网格连接处对应关系复杂，部分平台云网格甚至完全碰撞在一起（图2-33）。

图2-33 +24.000m平台优化前模型

因此，首先通过调整平台结构标高保证平台与云网格的有效连接；其次，根据云网格实际空间位置重新调整平台布置。考虑到结构受力需要，并对连接节点做了相应优化调整处理（图2-34）。

图2-34 +24.000m平台优化后模型

（3）顶部檐口深化。檐口位于外伸网格与屋盖网壳交汇处，空间关系异常复杂，原方案通过铸件连接解决空间复杂连接问题，但实际放样后铸件不仅尺寸大，造型不美观，天沟问题也无法兼顾（图2-35和图2-36）。

图2-35 檐口采用平放工字梁效果

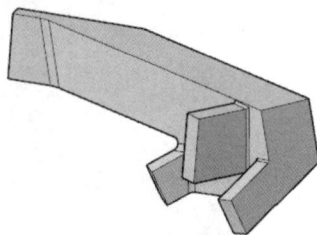

图2-36 檐口采用铸件效果

深化时采取将檐口梁截面放大，解决
与外伸网格、屋盖网壳的连接问题；并将
截面形状改为带凹口异形截面，在解决天
沟问题的同时，使得整个结构显得更为合
理。当然，由于其空间定位的复杂性，檐
口梁需通过不断扭转来适应其空间位置，
给加工带来一定难度（图 2–37）。

图 2–37　采用扭转梁后檐口效果

3. 模型数据管理

一个完善的 3D 参数化模型作为项目施工重要的基准依据用于指导施工，模
型所包含的数据是十分庞大的。如何保证模型数据的准确性，数据管理是决定其
成败的关键。

（1）模型的数据管理。模型的建立是个循序渐进的过程，必须从开始建模时
就通过各种设置对模型数据进行分类和管理。主要内容如下：

1）杆件的各种信息比如截面、名称、构件号、颜色、安装顺序等，均需根据
需要制定各种分类原则，以便后期批量整理和调整。

2）根据结构功能和空间位置进行状态区分，便于管理。

3）利用参数化节点的准确性高、效率高、可调性等优势，大幅提高效率，降
低建模风险（图 2–38）。

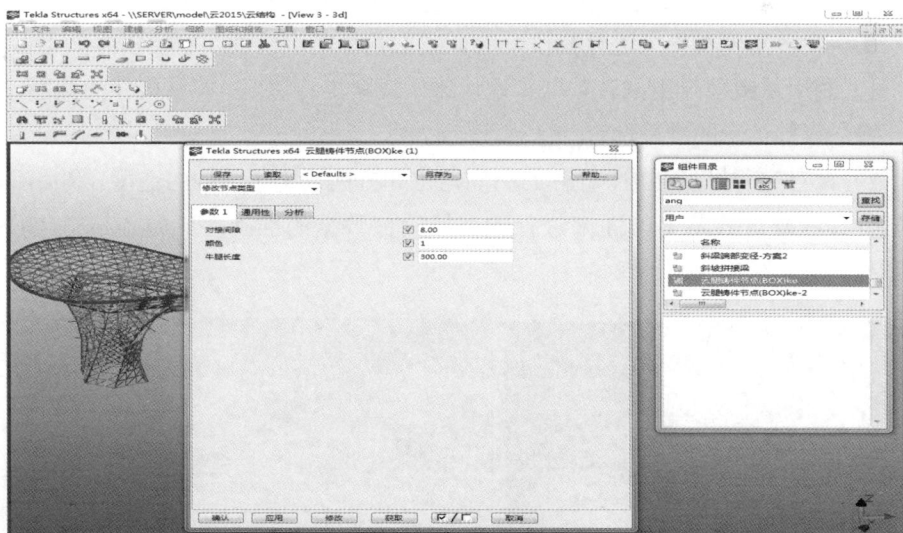

图 2–38　参数化建模

4）制定合理的编号体系，使后期的管理有序进行，防止对工厂、现场施工造成干扰（图2-39）。

分项	构件编号	举例示意	说明
筒1脊柱	T1-*C-***	T1-1C-1	筒1-第1节柱-第1号
筒1水平环梁	T1-**H-***	T1-11H-1	筒1-第1节第1面水平梁-第1号
筒1腹杆	T1-**V-***	T1-11V-1	筒1-第1节第1面腹杆-第1号
筒1电梯柱	T1-*DTC-***	T1-1DTC-1	筒1-第1节电梯柱-第1号
筒1电梯梁	T1-DTB-***	T1-DTB-1	筒1-电梯梁-第1号
筒2脊柱	T2-*C-***	T2-1C-1	筒2-第1节柱-第1号
筒2水平环梁	T2-**H-***	T2-11H-1	筒2-第1节第1面水平梁-第1号
筒2腹杆	T2-**V-***	T2-11V-1	筒2-第1节第1面腹杆-第1号
筒2楼梯	T2-ST-***	T2-ST-1	筒2-楼梯-第1号
筒2楼梯拉杆	T2-STLG-***	T2-STLG-1	筒2-楼梯拉杆-第1号
筒2楼梯梁	T2-STB-***	T2-STB-1	筒2-楼梯梁-第1号
筒3脊柱	T3-*C-***	T3-1C-1	筒3-第1节柱-第1号
筒3水平环梁	T3-**H-***	T3-11H-1	筒3-第1节第1面水平梁-第1号
筒3腹杆	T3-**V-***	T3-11V-1	筒3-第1节第1面腹杆-第1号
筒3采光棚	T3-CGB-***	T3-CGB-1	筒3-采光棚梁-第1号
检修通道梁	JXTD-B-***	JXTD-B-1	检修通道-梁-第1号
检修通道钢板	JXTD-P-***	JXTD-P-1	检修通道-钢板-第1号
检修通道吊杆	JXTD-DG-***	JXTD-DG-1	检修通道-吊杆-第1号
24m平台梁	PT-***-***	PT-CSB1-1	平台-CSB1梁-第一号（根据型号编）
中部连接体桁架	ZB-HJ*-***	ZB-HJ1-1	中部连接体-桁架1-第一号
中部连接体腹杆	ZB-V-***	ZB-V-1	中部连接体-腹杆-第一号
中部连接体水平环梁	ZB-H-***	ZB-H-1	中部连接体-水平环梁-第一号
外伸网格节点	WS-***	WS-A1	外伸网格-节点号
外伸网格杆件	WS-***	WS-A1-B1	外伸网格-节点号-节点号
屋顶节点	WD-***	WD-A1	屋顶-节点号
屋顶杆件	WD-***-***	WD-A1-B1	屋顶-节点号-节点号
檐口梁	WD-QL-***	WD-QL-1	屋顶-檐口梁-第一号

图2-39　编号体系

（2）数据模型的校核。在项目施工的整个过程中采用多种方法、分不同阶段、不同层次、多角度对模型进行校核，保证模型数据的准确性。主要内容如下：

1）利用从模型输出报表数据和设计原始资料进行比对，校核构件的截面、材质、编号等等信息的准确性。

2）针对空间异形结构，杆件的空间定位和方向决定了结构的造型。利用不同的软件和计算方式从多方面来进行验证，确保数据的准确性。如 Rhino+GH、Mathcad 等（图2-40）。

图2-40　相关 BIM 软件

2.4　复杂双曲结构深化设计

2.4.1　双曲结构特点

双曲结构，顾名思义，是在建筑造型中采用了更为复杂的高阶曲面，多应用于大跨度建筑物屋顶结构和异形壳体结构中。前者结构体系大多为大跨度空间桁架或网架体系，其建筑造型主要通过屋面幕墙"找形"，钢结构构件的加工和施工相对简单；后者则直接通过钢结构"找形"，钢结构的加工和现场施工难度非常大。其特点在于结构造型复杂、空间定位难度高、构件加工难度大等。深化设计的瓶颈在于曲面的精确建模和相关施工数据提取传递。

随着我国城市建设的高速发展和钢结构桥梁结构设计、制造、施工等技术的日益成熟，钢结构桥得到了广泛应用。其中，钢箱梁桥一般由顶板、底板、腹板、横隔板、纵隔板及加劲肋等通过全焊接的方式连接而成，桥体内部结构规律性较强，桥体的线形直接通过异形桥板确定。控制桥体形态的因素主要有不规则的平面线形、道路立面成桥线形（纵坡）、横坡，不同施工方案、工况条件下计算出的施工预拱等，所有因素叠加在一起，构建出十分复杂的双曲桥面结构。

2.4.2　深化设计方法

针对钢箱梁桥梁的深化设计，很多钢结构深化设计者进行了大量探索研究和实践。首先，在桥梁设计领域，常规的设计出图软件主要以二维设计为主，其可扩展性较差、软件间的互通性较差，只能实现本软件下的图纸输出，不利于数据的传递和应用；其次，也有选用 AutoCAD 进行放样深化，但工作效率低、劳动强度大，如遇到设计修改时，需核对大量信息以确定修改部位并重复建模，数据管理的方式比较原始，容易产生错漏。

Xsteel 是目前国内钢结构深化设计所使用的主流软件之一，其采用参数化交互式建模方式，空间模型的精确度很高。Xsteel 建模和出图的优势的确比较明显，但它也有自己的短板，其处理空间曲面的能力比较一般，只能处理单曲面或直扭杆件，而且无法实现对杆件的不均匀扭转的控制和相关数据的输出；对于双曲和弯扭杆件的问题，则更是束手无策。

针对双曲结构的特点和难点，通过多软件协同，利用 BIM 技术平台进行数据交互和整合进行建模和详图输出，实现高效和精细化的数据管理。深化过程中，一般选用 Rhino+GH、Xsteel、Navisworks、AutoCAD 等软件协同进行深化设计。

其中，Rhino 是一款基于 NURBS 技术的 3D 三维建模软件，参数化建筑设计发展至今，一直是实现各种参数化设计的主要平台之一。它涵盖了从草图构思到成果表现的全部工具，建模精度非常高，而且具有强大的数据导入导出功能，能实现和其他 BIM 软件的数据对接。Grasshopper 则是基于 Rhino 的一款可视化节点编程建模软件，各种数据和图形的操作均基于可视化的节点工具，使设计者可以更注重设计思维本身，而不仅仅是建模技巧，在建筑参数化领域得到广泛应用。

2.4.3 工程案例

北横通道规划范围西起中环（北虹路），东至周家嘴路越江工程，采用地面、地下及高架的组合形式，全长约 19.4km。综合考虑地形、架设条件及现有结构情况，部分高架采用的是钢箱梁结构。

以北横通道工程—北虹立交为例，由于立交线性及跨径多变，因此全立交基本不存在标准的钢梁断面。全桥钢箱梁悬臂部分以桥宽 8m 为界，8m 以下悬臂长度 2.0m，8m 以上箱梁悬臂 2.5m，悬臂根部高度为 940mm，采用不封底的弧形断面布置。钢箱梁采用正交异形桥面板，顶板最小厚度 16mm，设置 U 形加劲肋，间距 600mm 左右。底板同样采用 U 形加劲肋，间距 700～800mm。箱梁的腹板最小厚度 14mm，根据计算情况对箱梁板厚进行调整。腹板根据受力情况，在受压区设置纵向加劲肋。箱梁的横隔板间隔使用框架式与整体式，间距一般不大于 2m（图 2-41 和图 2-42）。

图 2-41 北虹立交整体效果

图 2-42 北虹立交箱梁断面效果

1. 结构找形分析

钢箱梁桥结构深化设计的关键问题在于如何实现对桥梁整体线形的控制，深化设计过程就是"找形"和相关数据输出的过程，以满足项目施工的各项需求。影响钢桥线形的因素主要有以下几点：

（1）道路平面线形：道路中心线和边线等在地表面上的垂直投影。它是由直线、曲线、缓和曲线、加宽等组成。道路平面线形最基本的是直线和曲线。直线最短捷，但为了适应地形、地物条件，避开路线上的障碍物，并满足某些技术上和经济上的要求，往往插入曲线，以便车辆能够平顺地改变方向。这些曲线多用圆曲线，也称弯道或平曲线。

（2）道路纵坡：沿道路中心线纵向垂直剖切的一个立面。它表达了道路沿线起伏变化的状况。道路纵断面设计主要是根据道路的性质和等级，汽车类型和行驶性能，沿线地形、地物的状况，当地气候、水文、土质的条件及排水的要求，具体确定纵坡的大小和各点的标高。为了适应行车的要求，各级公路和城市道路中的快速路、主干路及相邻坡度代数差大于 1%的其他道路，在纵坡变更处均应设置竖曲线，因此，道路纵向线形主要由直线和竖曲线所组成。

（3）道路横坡：道路横断方向的坡度，一般为 2%，是为了便于排水，特别是在纵向坡度较小时就显得尤其重要了；在弯道上，为了抵消离心力，需要设超高，即内弯低、外弯高。根据《城市道路工程设计规范》CJJ 37—2012 第 5.4.2 条规定：单幅路应根据道路宽度采用单向或双向路拱横坡；多幅路应采用由路中线向两侧的双向路拱横坡；多根匝道并线处其横坡的组成更为复杂。

（4）施工附加预拱度：施工图中一般会提供理论施工预拱度，按连续箱梁一次落架计算（横载+1/2 活载）。实际施工中由于条件限制，可能还会采用简支、悬臂法、整体顶推等施工方法，同时还有施工偏差、温度效应影响等、不同的工况条件下其附加预拱均会产生不同变化。

只有在以上基本数据确定后，才能进行钢桥的建模找型工作。

2. 深化模型绘制

根据不同软件的特征，其大致分工如下：利用 Rhino+GH 进行钢箱梁的找形，复杂曲面零件的创建及相关辅助数据的计算及输出等工作；Xsteel 中进行横向隔板等平面零件的创建及详图创建工作；利用 Navisworks 进行整体核模检查；AutoCAD 作为数据传递、校核、详图输出等的共享平台。

（1）核对总平图及单联钢桥施工图信息，确定道路平面线形（含道路中心线、结构中心线、道路边线等）准确及在总平图中相对位置信息准确。

（2）确定横隔板的平面定位：根据施工图提供的劲板设置原则，确定劲板平面布置。为便于后期管理，沿顺桥向给每道横隔板进行流水顺序编号。

（3）整合道路纵坡、施工附加预拱度等数据，构建空间拟合道路中心线（结构中心线）。

（4）利用横隔板平面定位和道路中心空间线形、道路横坡数据、横隔板截面信息，计算对应横隔板的空间控制线形（一般为 2 次抛物曲线）。

（5）利用横隔板空间控制线形进行桥体的放样。横隔板的间距一般约为 2m，如果桥体放样精度不够，可在计算时人为增加基准面的数量。也可根据后续加工时立体胎架设置需求有针对性地设置，实现数据的高效传递。

（6）根据具体构件分段原则，综合考虑钢箱梁的内部构造，对桥体进行细部构件单元划分。对构件单元内的其他双曲零件进行放样，如顶底板上贯通的 U 肋、I 肋等（放样顺序应先确定零件中心线，用于放样体模型及数据提取）。

以上过程中的数据处理和运算均采用 Rhino+GH 完成，GH 采用可视化编程进行算法建模或数据运算，当运算逻辑与建模过程联系起来时，通过参数的调整可以直接改变模型形态，可调性很强，不仅效率高，而且可大大减少由于修改带来的大量重复工作（图 2-43 和图 2-44）。

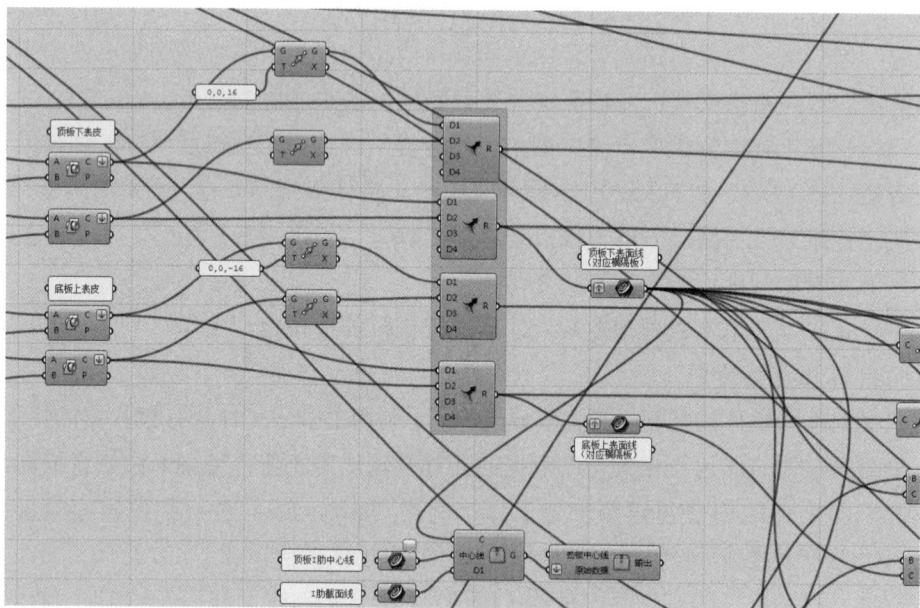

图 2-43　GH 编程示意

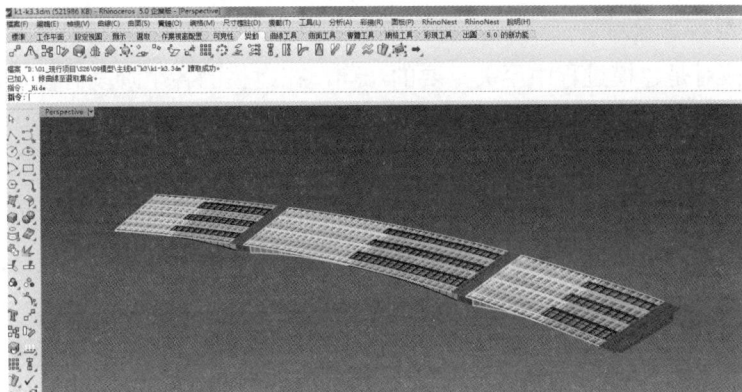

图 2-44　Rhino+GH 模型

（7）将横隔板空间控制线形进行按轴线展平，利用 AutoCAD 对横隔板进行分类和整理，根据横隔板的特征，如空腹隔板、实腹隔板、中横梁隔板、端横梁隔板等进行分类并适当添加内部劲板布置辅助线，为后续建模提供必要信息。

（8）利用 Rhino+GH 将分类整理后的横隔板数据信息导回原始空间位置，重新输出带空间定位信息的横隔板辅助线并导入 Xsteel，通过自定义参数化节点方式进行横隔板及附属劲板等平面零件的创建。

（9）利用 GH 计算并输出钢箱梁面板、纵向劲板等复杂曲面零件的截面、质量、材质、定位等数据信息，转化为 Ascii 模式导入 Xsteel 模型，以辅助零件的形式存在，同时通过对 Xsteel 材料模板的自定义调整，实现深化详图中构件材料表信息的生成和输出。原始数据详见附件。

（10）利用 Rhino+GH 生成其他辅助数据，辅助 Xsteel 建模。

在以上两种软件的配合过程中，Rhino 给 Xsteel 带来了很大的帮助，充分利用了算法建模批量化数据处理效率和精确度上的绝对优势，大大提高了工作效率（图 2-45）。

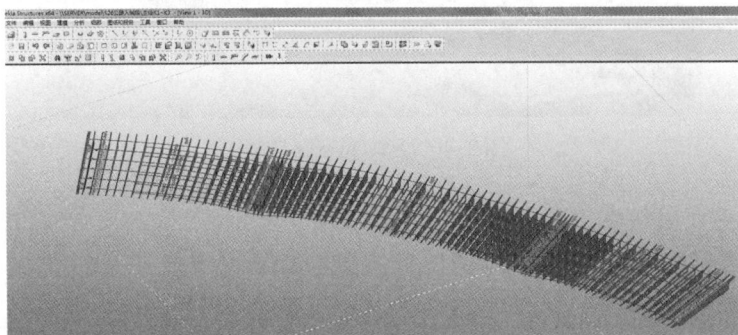

图 2-45　Xsteel 模型

3. 模型数据核对

数据核对是建模过程中至关重要的一环，在建模的各个阶段对模型进行多次数据核对是非常有必要的。

（1）通过 GH 计算不同里程对应道路中心线坐标数据，扣除施工附加预拱度对线形的影响，逆向核对模型数据与道路纵坡数据的匹配关系。核对横隔板横坡数据的准确性，单联钢箱梁的横坡有时不一定是单一的定值，也可能是渐变的，需一一核对。

（2）利用 GH 导出横隔板及对应钢箱梁控制点数据（也是加工所需胎架定位数据和施工控制数据），通过 AutoCAD 或其他软件重建模型与 Rhino 模型进行比对，保证输出数据的准确。

（3）将 Rhino 模型和 Xsteel 模型导出，在 BIM 平台中进行数据整合（本项目中采用了 Navisworks），对模型的碰撞、错漏、完整性及相关专业配合等多方面信息进行核对（图 2-46）。

（4）导出 Xsteel 模型中的零件材料清单报表，根据零件的功能划分类别，核对零件的板厚、材质等信息的正确性。

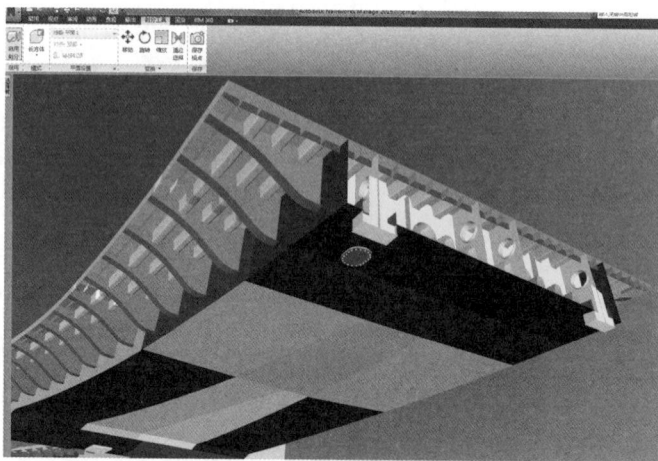

图 2-46　Navisworks 核模

4. 施工详图创建

模型数据校核无误后，方可进行详图创建工作。

（1）建模过程中，需要对相关零件编号前缀进行设定。设定的原则主要是便于核对和管理，可根据具体项目特点灵活调整。

（2）Xsteel 中创建的部分在模型中直接生成图纸信息。零件剖面均以横隔板为依据，剖面符号应和设定的隔板编号相对应，便于后期的数据整理和匹配。

（3）Rhino 中创建的部分利用 GH 脚本运算，自动生成相关图纸信息。

（4）最后，利用 AutoCAD 将 Rhino、Xsteel 中的两部分图纸信息，整合成完整的深化详图。

第 3 章

大型复杂钢结构
数字化建造加工技术

3.1 概　　述

在全球科技革命的大背景下，德国提出了"工业 4.0"，美国制订了先进制造业国家战略计划，中国政府大力推进"中国制造 2025"。钢结构制造业作为劳动力密集型产业，顺应时代潮流，已经有越来越多的企业重视利用信息技术对产业进行升级。通过引入智能化设备和信息管理系统，大幅提升生产效率、产品合格率和资源综合利用率。数字化建造技术的应用将助推钢结构制造业从劳动密集型向装备及技术密集型的快速转型升级。

钢结构数字化建造需要企业建立完善的计算机集成系统。该系统将贯穿钢构件产品制作全过程的计算机辅助设计（CAD）、计算机辅助工艺设计（CAPP）、计算机辅助加工（CAM）等高度集成应用，在设计、采购、仓储、制造、发运、财务管理等流程中实现业务一体化；利用产品管理系统（PDM）和计算机资源管理系统（ERP）将设计软件和排版软件高度集成，使采购申请单、零件套料图及限额单、材料出入库清单、构件报验清单全面实现无纸化；将自动化和智能化设备大量使用于生产流水线上，以减少人工成本、减轻劳动强度、提供安全作业环境、提高生产效率、降低产品不合格率。

实现数字化建造，覆盖全厂的通信网络是前提。钢结构数字化建造需要企业建立覆盖全厂的计算机网络，通过光纤连接到各生产车间和办公室；借助计算机网络，实现物理制造空间与信息空间的无缝对接和映射，为精细化和智能化管控提供前提条件。

实现数字化建造，高度集成的计算机辅助设计、加工系统是基础。钢结构数字化建造需要企业具备高度集成的计算机辅助设计、加工系统，通过 CAD、CAPP、CAM 等技术的运用，实现产品深化设计、生产工艺设计、数控切割和钻孔数据自动生成的数字化。

实现数字化建造，企业资源计划管理系统（ERP）是保障。钢结构数字化建造企业的 ERP 需要与智能制造系统和设计系统高度集成，将设计信息自动转化为采购信息、库存信息和加工信息，为企业加强财务管理、提高生产运营水平、降低生产成本提供保障（图 3-1）。

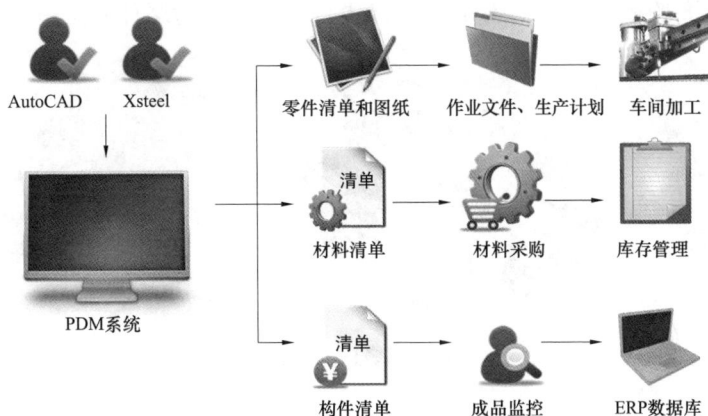

图 3-1　ERP 设计数据流向

3.2　空间多杆汇交焊接节点数字化加工技术

空间网壳结构是一种将空间杆系通过与多个结点连接构成的建筑结构，是大型场馆屋顶和各类需要空间曲面造型装饰建筑物的主要实现形式。当采用非圆管截面杆件交汇节点，各牛腿相对中心区存在着上扬角、圆周角和扭转角关系，空间关系非常复杂。多杆交汇，各个节点相互关联，任意一个节点牛腿出现偏差，而且由于构件细巧，细微偏差也会无形放大，不仅影响构件的安装，建成后的外观效果变差；偏差过大，还会对结构安全带来不利影响，因此，节点加工精度要求高、难度大。

为了适应空间角度的任意变化，以往的空间网壳结构节点通常采用钢管相贯焊接或球形节点机械连接方式，而且杆件通常采用圆钢（管），以便结构设计和现场安装。然而，钢管相贯节点不但制造安装困难，而且因焊缝过于集中，导致较大焊接应力，因而影响结构的承载能力；而球形节点虽制作简单，但因体积大，往往影响建筑物空间曲面造型的美观。此外，为了保证整个结构的力学性能和可安装性，对这类节点的加工精度也提出了较高的要求。因此，开发出这种新型节点的高效、低成本制造技术和自动化成套装备，并迅速占领市场，已成为国内外空间网壳结构制造企业参相竞争的热点。

目前，国外对空间多杆汇交节点的制造技术尚属探索阶段，一般采用钢板数控下料–拼焊–加工工艺，即先将钢板经切割、边口加工和压力成形做成不同模块，然后用胎具将它们拼装成形后进行焊接，最后再用五轴联动加工中心完成与杆系结合面、孔面的机械加工（图3-2），国内目前也多采用这种方法。

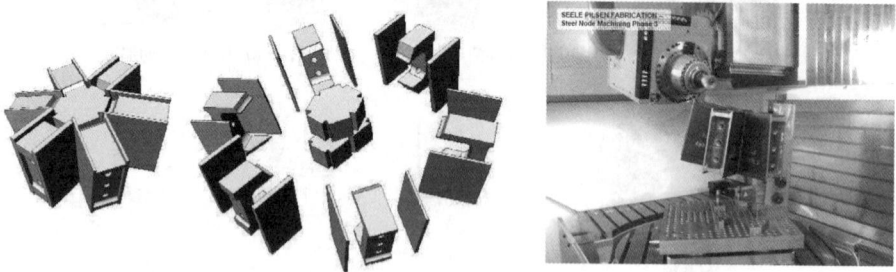

图 3-2　德国的壳形多杆式网壳节点制造工艺

然而，由于空间网壳结构通常包含多达上千个几何形状各异的节点，因此数控下料—拼焊—数控加工工艺需要大量成形模具和拼焊胎具，制造成本极高而效率很低。通过大量工艺试验，提出一种采用"模块化"工艺解决这一问题的有效途径。该工艺节点牛腿及中心圆柱进行标准化制作，采用机器人技术切割节点牛腿与中心圆柱相贯线；然后，采用三轴（连动）节点拼装设备进行拼装；最后，利用多杆汇交节点端面铣进行加工。这种方法具有节点整体力学性能好，工艺流程简单，制造成本低，可保证所需精度等优点。

3.2.1　空间多杆汇交焊接节点数据流程

模块化焊接节点数字化加工工艺的数据传递流程如图3-3所示。

该流程首先利用钢结构三维设计软件（Tekla structures 或 AutoCAD 等）的设计模型文件和数据接口 API，借助二次开发技术自动提取构件几何、位形和结构特征等数据信息，并生成格式化特征数据文件；然后，基于三维建模软件（Solidworks 或 ProE 等），利用自动建模与装配功能的 API 函数，开发数据导入、自动建模与装配等软件功能模块，重构和复现钢结构三维实体模型，实现数据信息的可视化校验。在建立一般相贯线解析模型的基础上，基于构件特征数据文件，构建机器人切割轨迹高效求解算法与软件，生成机器人控制用轨迹数据，采用 5 自由度混联机器人完成复杂相贯线切割；最后，以构件特征数据为依据，完成空间多杆汇交节点构件装配、焊接以及钢结构现场组装。

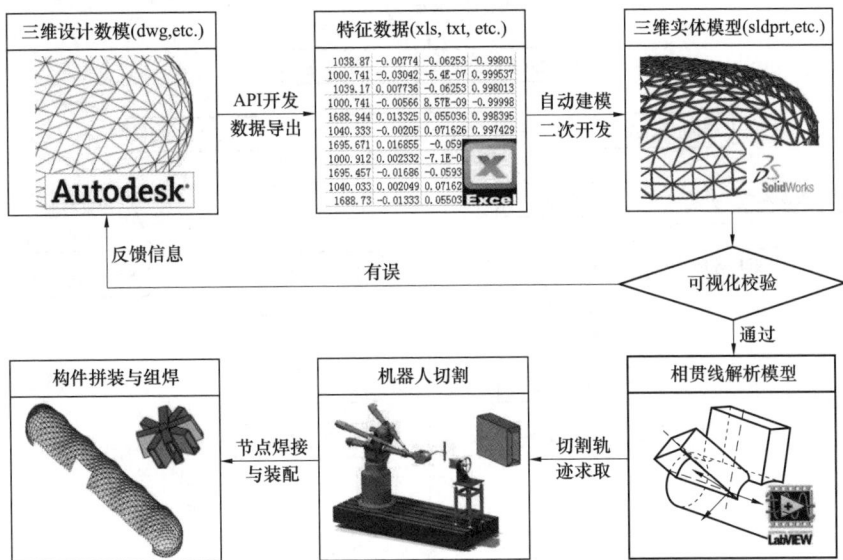

图 3-3　多杆汇交焊接节点数据流程

3.2.2　空间多杆汇交焊接节点数字化制造

多杆汇交焊接节点数字化制造工艺流程如图 3-4 所示。

多杆汇交焊接节点数字化制造工艺主要分为 9 个步骤，分别如下：

第 1 步：分解节点。将每个空间汇交节点分解为几个独立的节点牛腿，该节点包括若干个成形节点牛腿和一个中心圆柱，分别进行编号并采集其几何数据信息（图 3-5）。

第 2 步：节点标准牛腿制作。根据节点牛腿的外形几何数据，标准化、自动化制作节点牛腿的箱形件，再锯切成牛腿标准块（图 3-6）。

第 3 步：成形牛腿制作。根据节点各牛腿的数据，采用五自由度机器人加工中心对牛腿标准块进行加工，一次成形，形成带焊接坡口的节点成形牛腿（图 3-7）。

第 4 步：中心圆柱加工。机加工节点中心圆柱。

第 5 步：节点三维拼装。将同为一组的成形牛腿，按照编号顺序和几何数据信息，利用三轴（连动）节点拼装设备进行节点的三维数字化拼装。拼装时，以中心圆柱为定位基准，使其空间角度，尺寸都在公差范围内，最后依次将相邻的成形牛腿与中心圆柱点焊，形成节点（图 3-8）。

```
                          ┌──────┐
                          │ 开始 │
                          └──────┘
                             │
              ┌──────────────────────────────┐
              │   空间多杆会交节点加工制作工艺   │
              └──────────────────────────────┘
                             │
   ┌─────────┐          ┌─────────┐          ┌──────────────┐
   │ 细化设计图 │◄────────│ 技术协调 │────────►│ 施工工艺文件 │
   └─────────┘          └─────────┘          └──────────────┘
        │                  │      │                    │
   ┌─────────┐        ┌─────────┐  ┌─────────┐    ┌──────────┐
   │ 数据采集 │        │ 杆件加工 │  │ 节点加工 │    │ 技术数据 │
   └─────────┘        └─────────┘  └─────────┘    │   采集   │
                          │            │          └──────────┘
   ┌─────────┐       ┌─────────┐  ┌──────────────┐
   │ 返厂处理 │◄──────│ 材料检验 │  │ 机械手切割准备 │◄──┐ ┌──────────────┐
   └─────────┘  不合格 └─────────┘  └──────────────┘   └─│ 模块程序设计 │
                      合格│            │                  └──────────────┘
                   ┌─────────┐    ┌─────────┐
                   │ 放样号料 │    │ 标准块加工 │
                   └─────────┘    └─────────┘
                      │            │
                   ┌─────────┐    ┌─────────┐
                   │带锯下料加工│   │ 三维组装 │
                   └─────────┘    └─────────┘
                      │            │
      不合格┌────────┌─────────┐    ┌─────────┐
            │        │箱形梁拼装│    │ 节点焊接 │            不合格
            │        └─────────┘    └─────────┘
            │           │            │
            │        ◇ 检验 ◇     ◇ 无损探伤 ◇
            │        合格│         几何尺寸杆件编号  不合格
            │      ┌─────────┐    合格│
            │不合格 │ 自动焊接 │   ┌─────────┐
            │      └─────────┘    │ 节点打磨 │
            │         │           └─────────┘
            │   ◇ 无损探伤几何 ◇   ┌─────────┐
            │     尺寸杆件编号     │ 节点消残 │
            │        合格│        └─────────┘
            │      ┌─────────┐   ◇ 磁粉探伤 ◇
            │      │ 焊缝打磨 │    合格│
            │      └─────────┘   ┌─────────┐
            │      ┌─────────┐    │机加工节点│      不合格
            │      │ 端板组装 │    └─────────┘
            │      └─────────┘   ◇ 三坐标检测 ◇
            │      ┌─────────┐    合格│          不合格
            │      │ 杆件校直 │   ┌─────────┐
            │      └─────────┘    │ 节点成品 │
            │      ┌─────────┐   └─────────┘
      不合格│      │杆件机加工│
            │      └─────────┘
            │      ┌─────────┐
            │      │ 喷丸除锈 │
            │      └─────────┘
            │      ┌─────────┐
            └──────│ 杆件成品 │
                   └─────────┘
                      ◇ 几何尺寸 ◇
                        杆件编号
                        合格│
                   ┌─────────┐
                   │ 成品油漆 │◄─── 不合格
                   └─────────┘
                      ◇ 油漆测厚 ◇
                        合格│
                   ┌─────────┐
                   │ 成品发货 │
                   └─────────┘
                      ┌──────┐
                      │ 结束 │
                      └──────┘
```

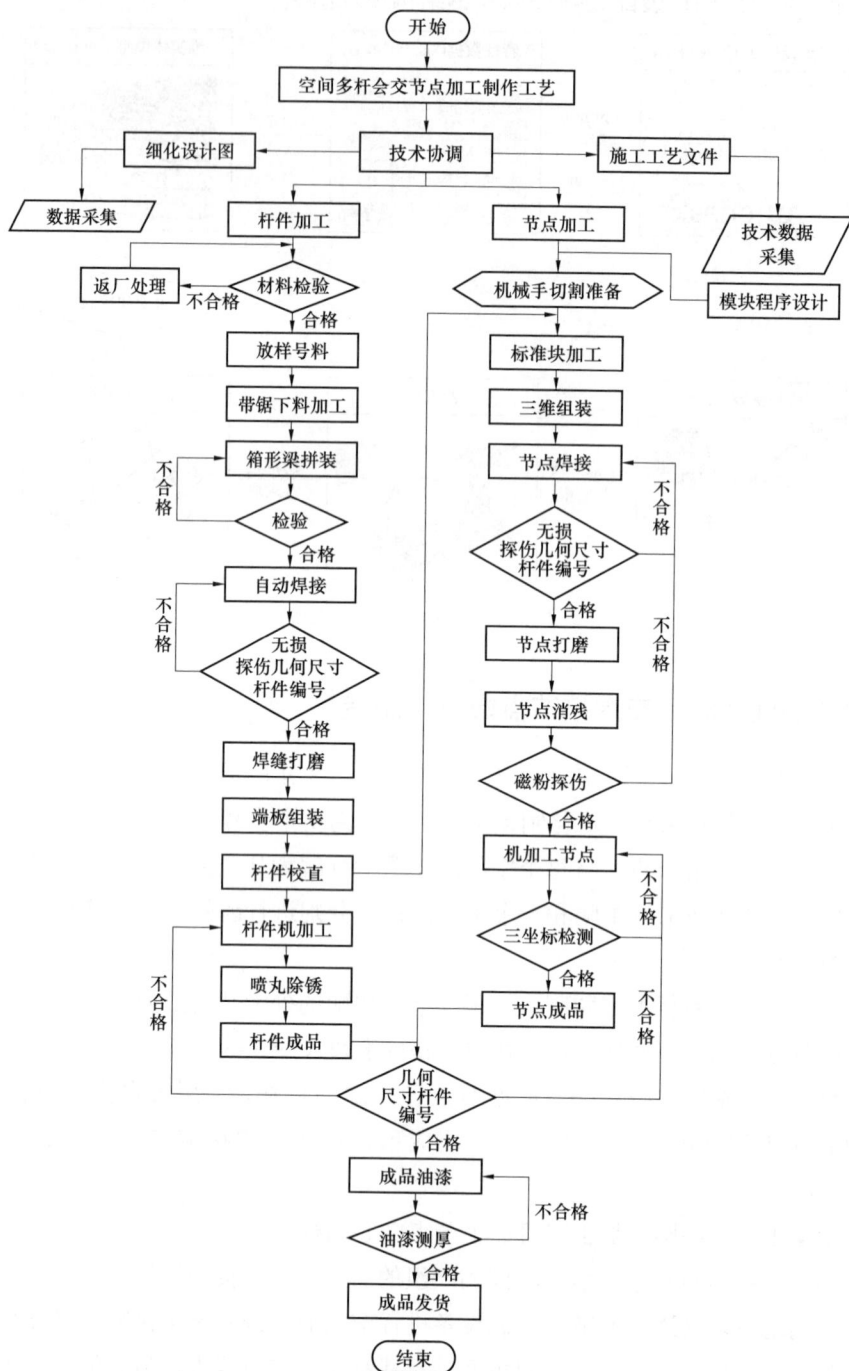

图 3-4　多杆汇交焊接节点数字化加工工艺流程

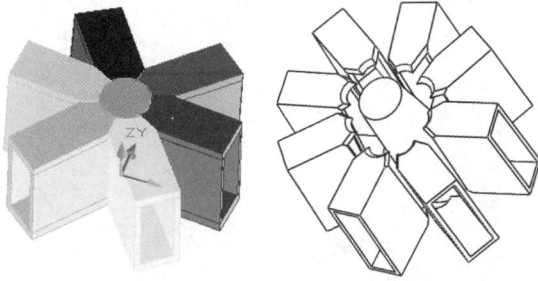

图 3-5　多杆汇交节点拆分模型

图 3-6　标准牛腿制作

图 3-7　牛腿切割成形

图 3-8　节点成形组拼

第6步：节点焊接。根据节点的焊接工艺对成形的节点进行全面焊接（图3-9）。

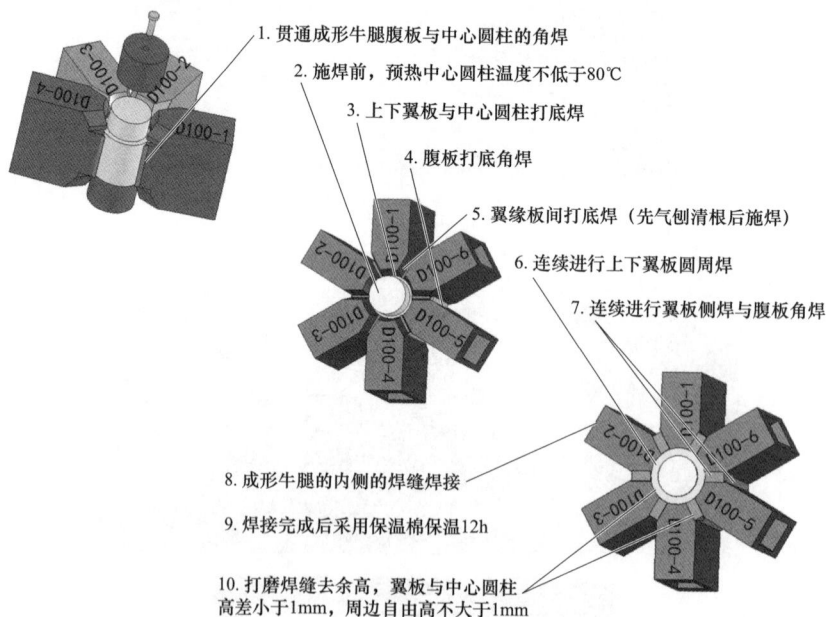

1. 贯通成形牛腿腹板与中心圆柱的角焊

2. 施焊前，预热中心圆柱温度不低于80℃

3. 上下翼板与中心圆柱打底焊

4. 腹板打底角焊

5. 翼缘板间打底焊（先气刨清根后施焊）

6. 连续进行上下翼板圆周焊

7. 连续进行翼板侧焊与腹板角焊

8. 成形牛腿的内侧的焊缝焊接

9. 焊接完成后采用保温棉保温12h

10. 打磨焊缝去余高，翼板与中心圆柱高差小于1mm，周边自由高不大于1mm

图 3-9　节点焊接工艺流程

第7步：节点热处理。对焊接完成的节点进行回火处理，以消除焊接应力，回火后对其进行无损检测（图3-10）。

第8步：节点机加工。把热处理完成、无损检测合格的节点定位在多杆汇交瓣式网壳节点数控专用铣，对节点的各牛腿进行铣削加工（图3-11）。

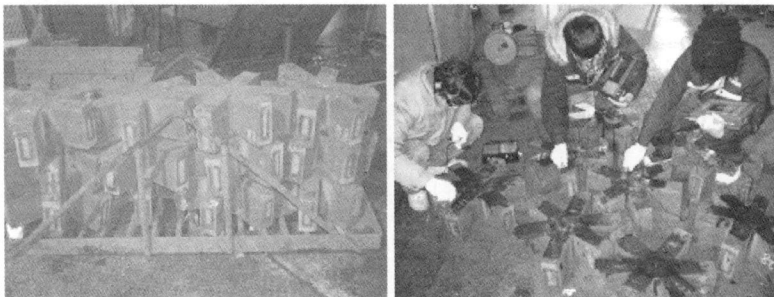

图 3-10　节点热处理后无损检测

图 3-11　节点数控端面铣

第 9 步：节点检测。加工完成后通过对节点三坐标检测（图 3-12），利用第 2.2 节所述的方法，把实测数据和理论数据进行分析处理，自动生成如表 3-1 所示的误差分析报表。保证出厂的成品节点的加工符合设计要求。

图 3-12　节点三坐标检测

表3-1　世博轴阳光谷节点制作外形尺寸检测表

阳光谷编号：1#　　节点编号：A36J155　　检测日期：2008.12.9

截面邻边偏差

内容	检测点组编号	理论值	实测值	Δ	[Δ]
截面邻边偏差	1-2 / 1-1	80.00	80.03	0.03	±1.00
	1-3 / 1-1	180.00	180.04	-0.94	
	2-2 / 2-1	80.00	79.06	-0.94	
	2-3 / 2-1	180.00	179.04	-0.96	
	3-2 / 3-1	80.00	79.20	-0.80	
	3-3 / 3-1	180.00	179.03	-0.97	
	4-2 / 4-1	80.00	80.07	-0.07	
	4-3 / 4-1	180.00	179.01	-0.99	

截面对角偏差

内容	检测点组编号	理论值	实测值	Δ	[Δ]
截面对角偏差	1-1 / 1-4	19.98	195.63	-1.35	±1.40
	2-1 / 2-4	196.98	196.18	-0.80	
	3-1 / 3-4	196.98	196.86	-0.12	
	4-1 / 4-4	196.98	195.54	-1.43	

相邻牛腿对边偏差

内容	检测点组编号	理论值	实测值	Δ	[Δ]
相邻牛腿对边偏差	1-2 / 2-1	402.67	402.00	-0.67	±3.00
	1-4 / 2-3	407.25	408.00	0.75	
	2-2 / 3-1	130.35	131.55	1.20	
	2-4 / 3-3	131.46	131.03	-0.43	
	3-2 / 4-1	115.98	117.01	1.03	
	3-4 / 4-3	118.27	121.00	2.74	
	4-2 / 1-1	131.35	130.39	0.96	
	4-4 / 1-3	132.48	133.15	0.67	

相邻牛腿对角偏差

内容	检测点组编号	理论值	实测值	Δ	[Δ]
相邻牛腿对角偏差	1-2 / 2-3	443.15	442.80	-0.36	±4.00
	1-4 / 2-1	443.15	442.79	-0.36	
	2-2 / 3-3	223.12	221.53	-1.59	
	2-4 / 3-1	222.01	222.47	0.46	
	3-2 / 4-3	214.76	214.11	-0.64	
	3-4 / 4-1	214.74	215.78	1.05	
	4-2 / 1-3	222.59	223.41	0.82	
	4-4 / 1.4	223.73	221.95	-1.78	

机加工面与理论面偏差

内容	点编号	δ	Δ	λ	[Δ]	[λ]
机加工面与理论面偏差	1-1	0.40				
	1-2	-0.08	0.35	0.35	±1.50	0.40
	1-3	0.75				
	1-4	0.31				
	2-1	-0.56				
	2-2	-0.16	-0.13	0.16		
	2-3	0.37				
	2-4	-0.18				
	4-1	0.42				
	4-2	0.72	0.51	0.37	±1.50	0.40
	4-3	0.09				
	4-4	0.81				
	5-1	-0.89				
	5-2	-0.19	-0.52	0.02		
	5-3	-0.16				
	5-4	-0.82				

检测人员：　　　　质检部门：

注：1. 格式*-*，第一个"*"是牛腿编号，第二个"*"是该牛腿端面上的控制点编号；
2. "δ"表示机加工面四个角点至理论面的距离，该值须经过优化计算得到；
3. Δ—长度偏差，δ—允许偏差，λ—端平面转角偏差（单位：°），[λ]—允许转角偏差；

3.3　铸钢件数字化加工技术

大型铸件一般采用木模、泡沫模铸模工艺，而小型精细铸钢节点则较多采用蜡模铸造工艺。上述常规的铸造方法不能适应复杂空间结构铸钢节点多样化的需求，因此，需采用数字化技术进行铸钢件的制造。

3.3.1　多杆汇交铸钢节点数字化制造工艺

多杆汇交铸钢节点制造工艺，包括如下步骤：将每个汇交空间网壳节点分解为独立的构造单元（图 3-13）；根据铸造收缩率计算出每个构造单元浇铸模的尺寸，按此尺寸定制聚苯乙烯发泡材料标准模块；用五自由度混联数控机器人对上述聚苯乙烯发泡材料标准模块进行快速切割，加工出成形的构造单元模块；将上述加工好的构造单元模块进行粘结拼装，组合成完整的节点铸模，并粘固好浇注口；在上述粘固好浇注口的节点铸模表面涂敷复合涂料及砂，经过干燥后在炉中加热，熔掉节点铸模，使型壳烧结成形，并清理型壳后进行浇铸，形成铸件。最后进行端面机加工以确保尺寸精度。

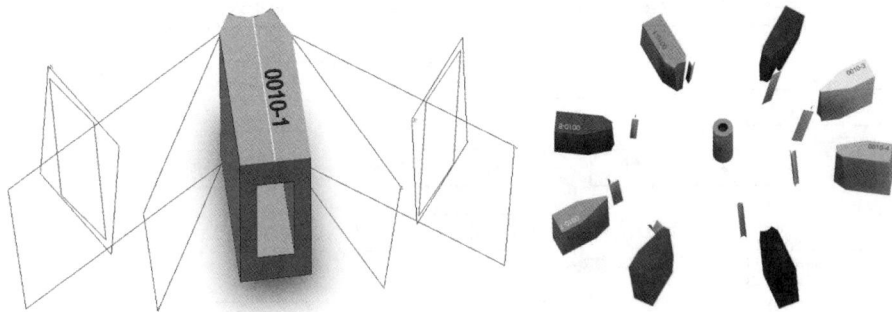

图 3-13　多杆汇交节点铸模分解示意

其工艺流程如图 3-14 所示。

采用上述"制模—组装—铸造—加工"工艺加工的"多杆汇交网壳"铸钢节点，具有工艺流程简单、加工精度高、制造成本低等优点。同时，整个过程采用节点自动三维实体建模与数据生成和网络数据传输技术，使整个制造过程从设计深化到加工，检验实现了数字化生产。

技术准备

数据采集 → 数据处理集成 → 数据复核 → 下发

深化设计软件

节点三维造型虚拟装配

高密度EPS模具加工

EPS型板 → 型板切割 → 模具编号的刻录 → 模具三坐标检测

高密度EPS型板质量检验单　　EXE-M机器人　　成品模具质量检验单

装浇口 → 装箱转铸造工艺

复合型壳加工

成形模具 → 干燥 → 上涂料 → 挂砂 → 型壳焙烧 → 型壳内吹扫

循环5次

型壳周围填砂 → 型壳温度冷却 → 装铸造

铸造

复合型壳（热）→ 浇铸 → 铸件表面抛丸处理 → 铸件半成品检测

炉前化学成分检测（光谱）

外观、化学成分、机械性能检验单

后处理

铸件正火处理 → 铸件半成品检测 → 转机加工

超声检测报告

机加工

铸件浇口加工 → 铸件连续面加工 → 铸件成品三坐标检测

普通立铣　　EXE-M型机器人　　节点成品外形几何尺寸检验报告

网壳铸钢节点成品

表面抛丸除锈 → 油漆 → 核对、包装 → 编号、发货清单

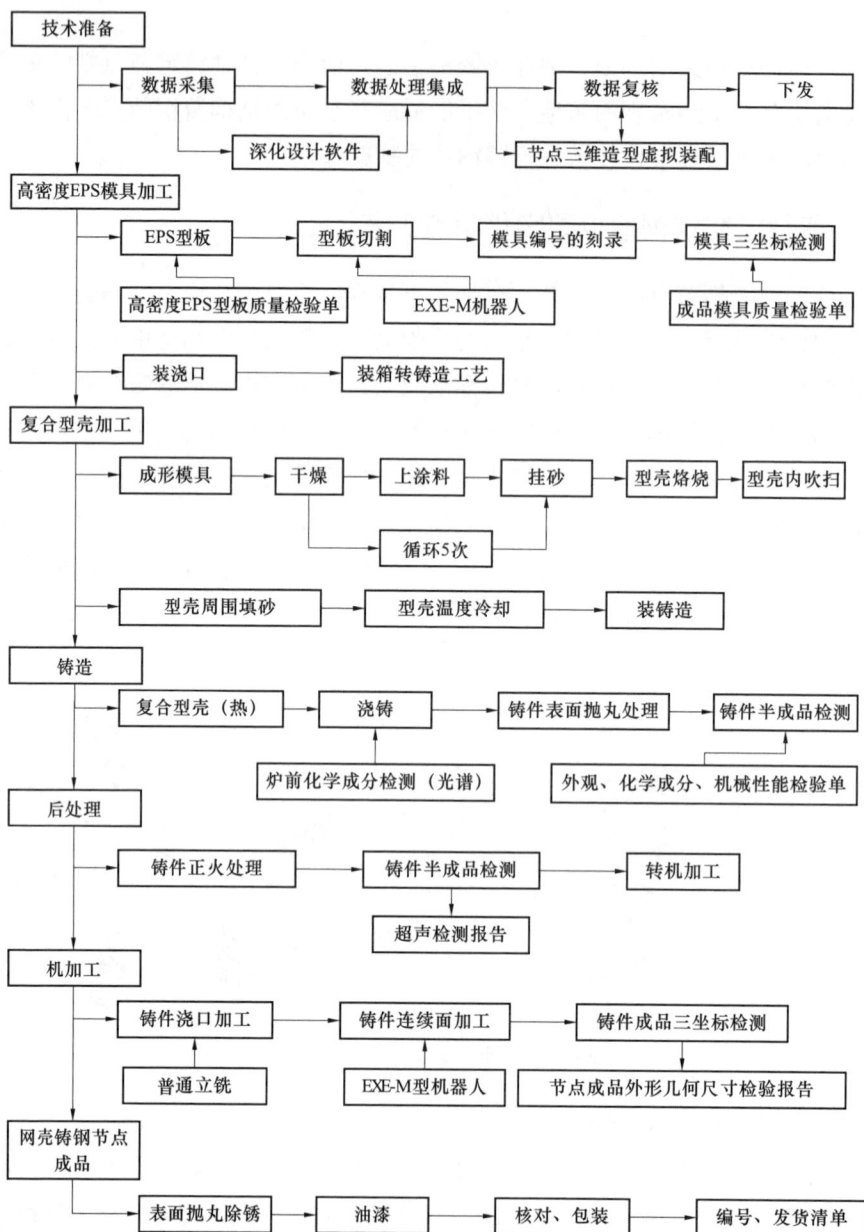

图 3-14　铸造工艺流程

3.3.2　铸造加工工艺特点

采用高密度 EPS 精密模具制作复合型壳进行精密铸造，区别于"消失模（LFC）生产"和传统的"失蜡"精密铸造，其特点为：

（1）采用 TV–R400B 型机器人制造高密度 EPS 精密模具（图 3–15），生产效率高，几何、长度尺寸均能达到较高要求，

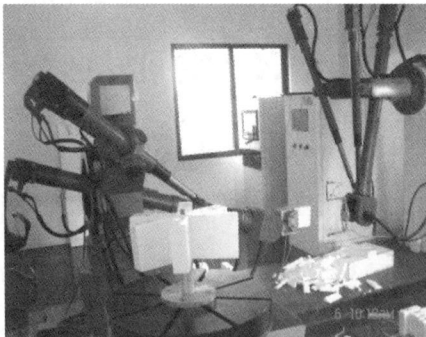

图 3–15　机器人 EPS 模具切割

解决了单件多品种精铸件生产所需的大量模具难题。

（2）高密度 EPS 模具制壳操作轻便，而且浸涂耐火复合涂料时，由于涂料性能好，涂层均匀而使铸件表面光洁。

（3）"复合型壳"应采用硅溶胶和水玻璃胶粘剂复合制成，其型壳整体高温强度高，型壳透气性好，热壳浇铸时，有效地减少了气孔、缩孔和热裂等常见缺陷，而使铸件满足了铸钢节点所需的机械性能。

（4）EPS 磨具在涂料烘干制成复合型壳后而直接进行高温焙烧，在型壳焙烧的同时，使 EPS 完全燃烧蒸发，有效地消除了壳内杂物，控制了铸件含碳量，使铸件满足了铸钢节点所需的化学成分。

（5）采用"复合型壳"铸造工艺加工多杆汇交瓣式网壳铸钢节点，由于其生产周期短，制壳成本低于"全硅溶胶型壳"，具有铸件的质量高于"水玻璃型壳"的铸件质量等优点。

图 3–16 为采用上述工艺制造的铸件成品。

图 3–16　铸件成品

3.4 空间异形弯扭构件数字化加工技术

制作空间异形弯扭构件难点主要为弯扭板的成形，目前，常规工艺主要有火焰成形、折弯成形和压模成形几种技术，表 3-2 列出了不同成形技术的工艺对比。

表 3-2　　　　　　　　　空间异形弯扭构件加工工艺对比

成 形 方 式	成 形 质 量	加 工 效 率
火焰成形	较差，曲面不顺滑	最低
折弯成形	较好，曲面呈折线	较低
压模成形	好，曲面顺滑	较高

这几种常规成形技术不能满足弯扭构件高质量、高效率、低成本的生产要求。为解决实际工程问题，结合常规制作工艺及工程特点，通过无模成形设备成功开发了新型的空间弯扭构件数字化成形技术。无模成形是将多点成形技术和计算机技术相结合的数控成形设备，其原理是将传统的模具转化成一整套规则排列、高度可调整的单元个体，通过每个单元个体的控制，实时地构造出曲面，实现板材的三维曲面成形。

3.4.1 空间异型弯扭构件数字化工艺

空间弯扭构件数字化成形技术的工艺特点主要有：

1）采用无模成形技术，不需要额外配置模具，不需要模具设计、制作及调试等问题。通过该技术实现弯扭板成形质量好，多规格批量生产。

2）缩短了弯扭构件加工周期，降低了制作成本。板材成形精度高，保证了后期的胎架组装及焊接质量。

3）在无模成形技术中，结合了计算机控制技术，将弯扭板的曲面造型、板材成形及成形检测均由计算机控制，实现从设计到加工制造的数字化制造。

为保证空间异形弯扭构件的制造精度，需准确获得数控下料、弯扭成形、胎架组装与焊接等工序环节的指导数据。因此，需建立弯扭构件的精确数学工艺模型，该模型既要能够描述弯扭构件的空间方位、翼缘及腹板空间曲面等几何信息，还应包含与其相连的其他空间构件的相关结构参数。因此，该构件的数学模型表达形式十分复杂，数据提取及计算过程异常繁杂。同时，数控下料、弯扭成形、胎架组装与焊接等工序环节的数学处理工具和算法也各不相同。

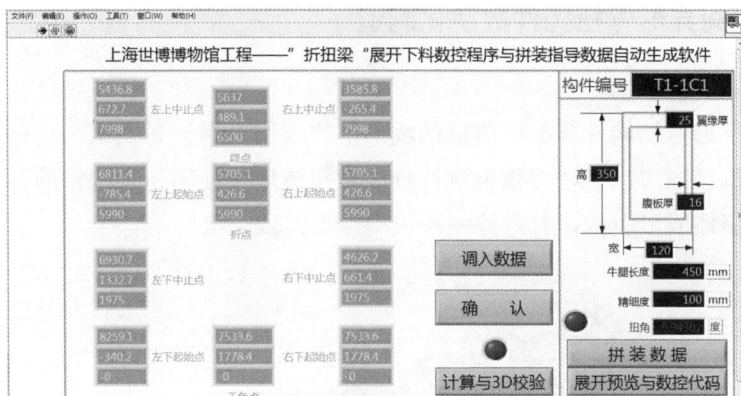

图 3–17　上海世博会博物馆弯扭梁下料与拼装软件界面

为快速验证所建数学模型与设计数模的匹配度，专门开发了几何模型校验数据输出软件模块，实现基于 CAD 三维重建与数模的自动快速匹配校验，确保了数学模型所生成数据的可靠性。图 3–17 为上海世博会博物馆工程的弯扭梁下料与拼装软件软件界面。该软件可分为三大模块：

1）为使腹板和翼缘板的数控下料精确和高效，专门开发出适合空间异形弯扭构件的曲面放样软件模组及与数控切割设备的程序接口软件（图 3–18）。

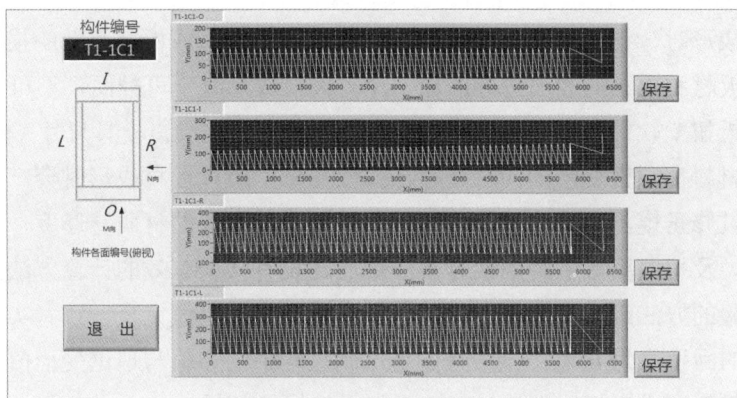

图 3–18　箱形构件腹板、翼板数控下料控制

2）为提升空间异形弯扭构件的成形的精度和可控度，专门开发出针对液压成形环节的承压用的倾角块和垫块的选配软件。

3）为保证空间异形弯扭构件拼装精度的控制，专门开发出拼装环节的各控制点胎架尺寸的软件。

53

3.4.2 空间异形弯扭构件数字化制造

1. 液压成形设备

空间异形弯扭构件翼板、腹板的成形，将采用专用设备及工艺进行。通过多点成形压机（图 3-19），对板材进行分段弯扭成形，使其符合构件的折扭模式，便于保证箱体成形质量，有效控制弯扭构件加工残余应力。

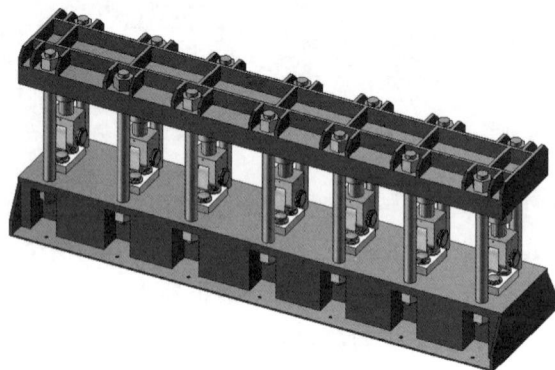

图 3-19　多点数控液压成形设备

2. 板材成形操作

板材成形时，钢板或模具表面的氧化皮等杂质会造成板材表面的损伤。成形前，应对板材和模具的表面进行清理干净。板材成形时不可翻面，不可镜像。

根据折扭梁软件中提供的各控制点参数，调整各控制点模具尺寸（图 3-20）。

由于材料在塑性变形的同时还存在弹性变形，所以板材成形时会产生回弹现象，可通过修正模具尺寸来解决回弹现象。回弹与钢板的材质、厚度、宽度、下压量、压力及扭曲度等多种因素有关，目前还没有一个有效的计算方法，一般根据具体试验的方法确定。即便如此，也很难达到与理论值完全一致。实际中通过试验确定的回弹率为 65%，该回弹率是压制过程中回弹值与理论变形值的比值，应用该回弹率完成弯扭构件的加工，可取得较好的效果。

压制成形时，正面向下（标记面向下），K_1 为起始端，油缸操作从中间往两边操作。为了保证弯扭零件表面光顺，在压制过程中还应注意以下事项：① 应保证中间压机受力；② 尽可能使压机中心与控制点一致；③ 压力不宜太大，而且每次压力应大致相同。

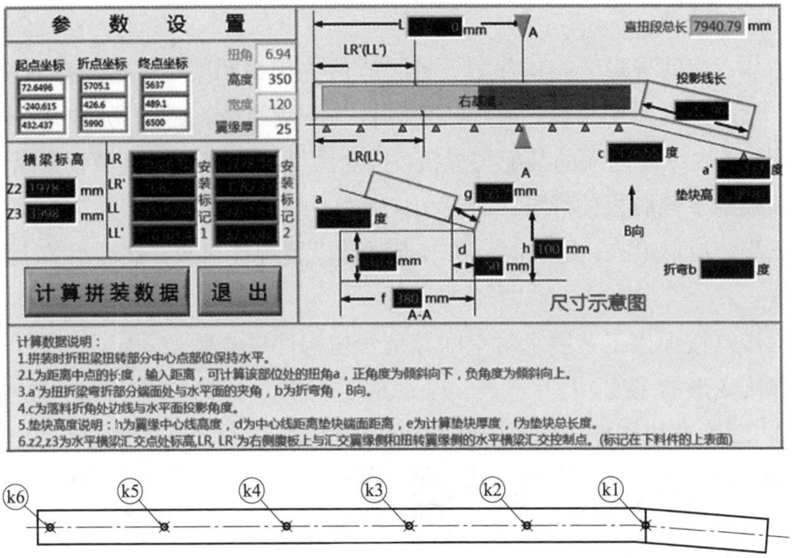

图 3-20　压制成形控制

3. 弯扭构件装配

空间异形弯扭构件无法实现流水线生产作业，在拼装时采用可调式胎架进行组立。胎架既要满足刚性要求，又要具备局部调整功能。同时，由于工艺要求，空间异形弯扭构件成后无法用常规设备进行检验，所以此胎架既是装配胎架也是焊接胎架，同时也是检验胎架。

具体装配流程如下：

第一步：根据弯扭构件的三维实体模型参数，由激光切割的模板组成适用于不同弯扭构件的拼装胎具，在胎架平台上调整相关胎模中各控制点尺寸（图 3-21）。

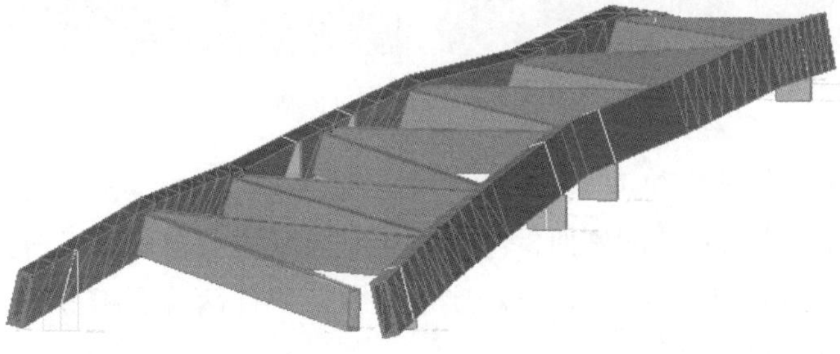

图 3-21　折扭构件控制点参数

第二步：依照胎架位置，将成形的下侧腹板就位，保证成形腹板与胎架中各控制点密贴，局部不密贴处利用火工及辅助外力设备，使各关键控制点与坐标、

55

尺寸一一对应就位。

第三步：空间异形弯扭构件 U 形组立，应先根据胎架中各控制点的位置组立内隔板，然后组立两侧翼缘，并焊接内隔板与下侧腹板、两侧翼缘的焊缝。

第四步：内纵向筋板的装配与焊接，按照图纸要求在节点区域设置纵向筋板，并焊接筋板与下侧腹板的焊缝。

第五步：箱形组立。组立时，在节点区域设置焊接衬板，然后组装上侧腹板，并及时修正。

第六步：按焊接工艺要求对空间异型弯扭构件进行胎架固定，保证焊接有足够的抗焊接变形的刚度。

图 3-22 为弯扭构件在工厂内装配实景。

图 3-22　弯扭构件装配

4. 箱形构件相贯线加工

为保障构件的切割精度进而保障工程质量，采用五自由度机器人并配以回转机构组成切割系统（图 3-23），自动实现并保证构件两端面相贯线形位公差的精度和长度尺寸的精度。

同时，为保证焊接要求，需要在切割的同时依据焊接要求同时开出坡口。因此，机器人割枪的姿态应根据切割位置、相贯角度及构件的几何参数等，进行实时计算和控制。

图 3-23　机器人相贯线切割

3.5　数字化预拼装技术

数字化预拼装是指通过三维检测设备采集实物构件结构点位、几何尺寸、三维面域等相关信息，经相关软件处理形成实体模型，该模型与设计模型对比分析，再把相邻两个或多个构件的对比分析结果进行同坐标系下误差分析，得出构件单体误差以及构件间的相对误差的数据处理与分析。由于该过程中需采集、分析三维数字化信息，而且省略了实体预拼过程，所以也称虚拟预拼装。

数字化预拼装技术通过计算机中钢结构构件的数学模型与实物生产构件的检验检测结果进行虚拟对比拼装，将复杂单构件的检验和多构件的虚拟拼装替代了传统的实物现场拼装过程，不仅提升了拼装检验效率，而且降低实物拼装所消耗的厂地、设备、人员、工期、材料等相关事项的成本。

3.5.1　数字化预拼装技术产生的背景及原理

1. 数字化预拼装技术产生的背景

早在 20 世纪四五十年代，人们便把公差与配合的理念引入造船行业，探索每个工序合理的公差。20 世纪 50 年代末，国外成功使用激光经纬仪进行分段预修割后上船台，并通过质量管理，运用数理统计和尺寸连接探索船体建造公差与合理分布问题。

20世纪90年代至21世纪初期,国内骨干造船企业随着技术改造及科技进步,全面推进现代造船模式,吸收国外先进的精度造船理念,结合企业产品及组织结构,形成了自主的造船精度管理核心技术。

至今,我国钢结构行业发展迅猛,并且行业对钢结构建造工程质量、周期、标准、成本等要求越来越高。现阶段,国内钢结构行业主体采用实体预拼,虽然可靠性一样比较高,但成本非常大。与实体预拼装相比,数字化预拼装能更大地节约成本、缩短工期,尤其对大型复杂和施工环境恶劣的工程效果更加明显。这样,"无余量""数字化""信息化"等精度理念成功引入其他钢结构行业领域,并且探索其特有的建造方式、检测手段、拼装方式,形成一套先进、完整的检测及拼装管理系统,即数字化预拼装技术。

数字化预拼装技术在除船舶、海工领域外的钢结构领域(如钢结构大楼、钢结构桥梁、大型娱乐场、码头、管道、化工制药等领域)已经有丰富的经验和成功案例。

2. 大型复杂钢结构数字化预拼装原理

在三维分析软件中,以单个构件模型建立实物建造时的局部坐标系,测量数据与模型数据对比,得出局部坐标系下的偏差;将多个构件的分析结果导入模拟预拼软件中,软件自动将局部坐标系转化为设计坐标系,同时每个构件的局部坐标系偏差也相应的转化成设计坐标系下的偏差,最终得到相邻构件间同一测量点位相对偏差,即模拟出建造构件拼装时的实际误差,其流程图如3-24所示。

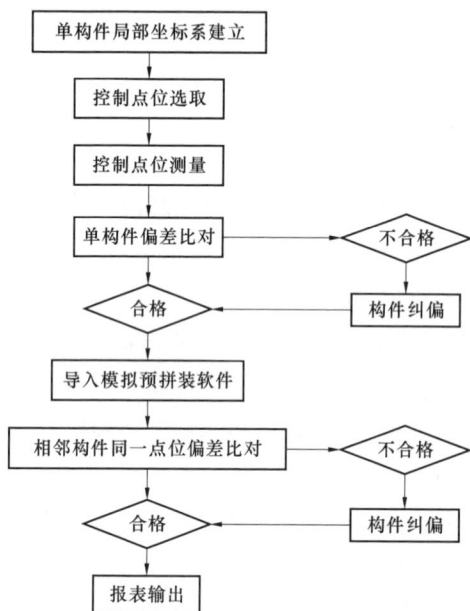

图3-24 大型复杂钢结构数字化预拼装流程

3.5.2 数字化预拼装测量设备及其选用

目前,钢结构行业内较成熟的检测设备主要有全站仪、三维激光扫描仪、近景摄影测量系统等。针对不同检测对象及精度要求,选择适合的检测设备。

全站仪能自动地测量角度和距离，并能按一定的程序和格式将测量数据传送的数据采集器，可以将测量数据直接进入计算机处理或进入自动化数据绘图处理系统；与传统方式相比，省去了大量的中间人工操作环节，使劳动效率和经济收益明显提高；通过全站仪的机载程序二次开发测量功能，测量人员可以方便地获取构件的空间几何信息，包括空间拟合、坐标转换等算法解算。全站仪三维检测主要应用于结构监测、工业检测、工程测量、地形测绘、隧道工程、铁路工程。

三维激光扫描技术从单点测量进化到面测量，其系统包含数据采集的硬件部分和数据处理的软件部分，在文物古迹保护、建筑、规划、土木工程、工厂改造、数字城市等领域有了很多的应用；应用扫描技术测量工件的尺寸及形状等原理来工作，主要应用于逆向工程，快速测得物体的轮廓集合数据并加以建构，编辑生成通用输出格式的曲面数字化模型。三维激光扫描主要应用于文物保护、城市建筑测量、地形测绘、采矿业、变形监测、工厂、管道设计、飞机制造、公路铁路建设、隧道工程。

摄影测量具有高精度、自动化、速度快、非接触、便携性、环境适应能力强等特点，被广泛地应用于航空航天、自动化装配、工件变形监测、运动监测、振动测量等技术领域。摄影测量主要应用于航空、航天、通信、造船、重工业、水利水电、汽车工业等诸多工业领域。

在钢结构工程检测过程中，往往几种测量手段都会应用到。其中，全站仪三维检测作为常规主体检测设备，检测结构点位、几何尺寸等；对于外观、面等逆向工程测量，应用三维激光扫描仪；而对于精度要求非常高、达到丝级别的检测对象，可应用摄影测量系统。

3.5.3　工程案例

1. 上海北横通道 ES 匝道钢箱梁数字化预拼装

ES 匝道为一联三跨钢箱梁结构，全长 175m，分为 4 个横向分段，29 个纵向分段，共 33 个分段。现提取 ES2-1/ES2-2/ES2-3/ES2-16/ES2-17 分段（图 3-25）说明钢箱梁数字化预拼装的实施。

典型分段的截面形式如图 3-26 所示。

为检验各分段（或杆件）在总体尺寸和截面尺寸满足规范要求的前提下，分段（或杆件）之间接口的匹配精度，即接口间隙和错边量，确保现场顺利、准确安装，对分段（或杆件）进行数字化预拼装。通过对不同的数字化预拼装测量设备对比分析（表 3-3）可知，全站仪适用于大型构件的空间尺寸检测；三维激光

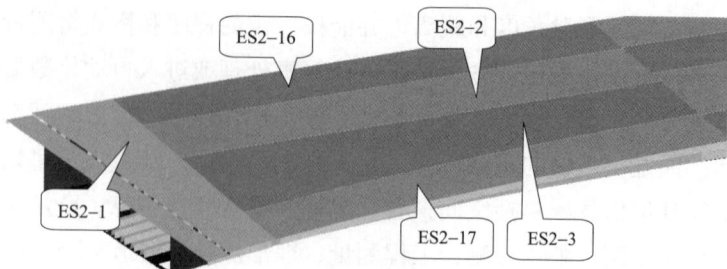

图 3–25 ES 匝道典型钢箱梁

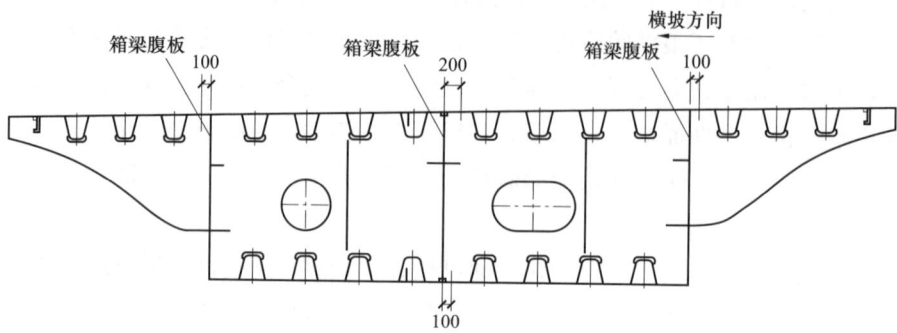

图 3–26 ES 匝道钢箱梁典型截面

扫描仪更适用于复杂的结构构件检测，并可逆向建模；而摄影测量系统则适用于较小尺寸、精度要求高的构件检测工作。针对 ES 匝道钢箱梁构件类型及检测要求，选择采用全站仪进行测量，其点位检测精度可满足施工要求，而且其具有操作简单、自动化程度高等特点，检测效率完全可以满足现场生产的进度要求。

表 3–3　　　　　北横通道项目构件数字化预拼装测量设备必选

目录	全 站 仪	三维激光扫描	摄影测量系统
型号	SOKKIA–FX101	FARO–X130	MPS–S36
实物			
系统精度	测角精度：1′1″测距精度：棱镜：（1.5+2ppm×D）mm 反射片：（2+2ppm×D）mm 免棱镜：（2+2ppm×D）mm 点位精度：±1mm	测角精度（水平/垂直）：/垂直）：0.009°/0.009° 测距精度：±2mm 点位精度：2mm	点位精度：5μm+5ppm

目录	全站仪	三维激光扫描	摄影测量系统
检测要求	1. 单构件尺寸长度约 20m, 高度约 2m, 宽约 3m, 共 60 个点测量点; 2. 检测点位精度要求±1mm; 3. 检测时间效率越高越好		
检测方案	全站仪结合反射片等测量附件工装现场检测，需两人配合；结合构件尺寸大小通常搬设一站即可，得到待测点的空间三维坐标信息	通过放置拼接靶球，现场架设三维激光扫描仪检测，拟采用 1/4 扫描密度，单站测量时间 20min，需架设 5 站左右，点云数据在电脑中处理，通过拟合计算出待测点位的空间三维坐标	通过强结构点采集工装标靶，提前预制标靶及编码点，测量人员利用相机现场进行数据采集，利用电脑进行数据处理后得到空间三维坐标
检测效率	数据采集：45min（标靶放置和测量同步实施） 数据分析：10min 共计 55min	数据采集：3.5h（点密度1/4）数据分析：5h 共计 8.5h	数据采集：20min 标靶布置：1h 数据分析：15min 共计：1h 35min
数据采集方式综述	现场对待测点直接进行数据采集，点位精度±1mm，可以快速在电脑中分析处理得到数据报表，以指导现场快速修正作业	现场测量结束后需在电脑上进行点云数据处理，包括点云数据拼接，杂点剔除、待测点提取及拟合等工作，工作量庞大、烦琐，且点位精度较差，为 2mm	现场测量结束后，利用电脑进行数据处理，由于单构件尺寸较大，所以编码点需密集布设，增大前期工作量，提取到待测点三维坐标后进行数据分析及报表出具

注：1ppm=10^{-6}。

全站仪采集数据时，以分段端口主材板角部、主结构安装对接部位、分段端口中间部位、焊接变形易发部位等作为采集点位区域。图 3-27 和图 3-28 分别为 ES-1 分段和 ES2-2 分段测量点位示意。

钢箱梁分段焊接、矫正完成后，使用模拟搭载软件，对分段进行模拟预拼。模拟搭载软件可实现两种搭载关系的连接分析：两个实测点对比和两个实测点误差对比。通过模拟搭载可获得分段偏差状态及整体最佳安装位置姿态，主要用于分段调整、二次画线及避免累计偏差。采用的模拟数据均为分段最后合格分析数据。

数字化预拼装的成果以报表形式呈现，报表制作流程如下（图 3-29）：

（1）将单个分段焊后最终测控点实测数据导入模拟搭载软件。

（2）将两个分段进行拟合距离绑定，并利用视觉偏移将分段分开，查看分段模拟搭载偏差。X 值搭载以 ES2-1 为搭载基准段，Y 值以 ES2-2 为搭载基准，Z 值以整体状态为基准。

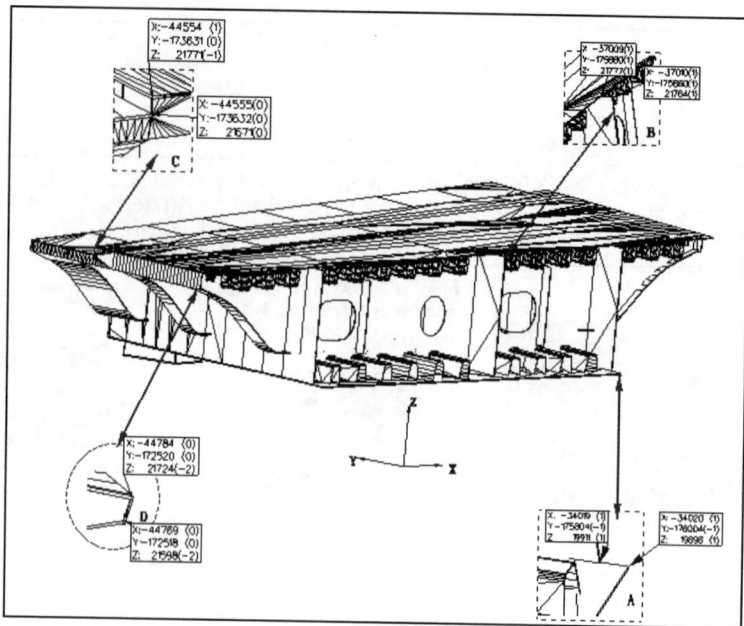

图 3-27　ES2-1 分段测量点位示意

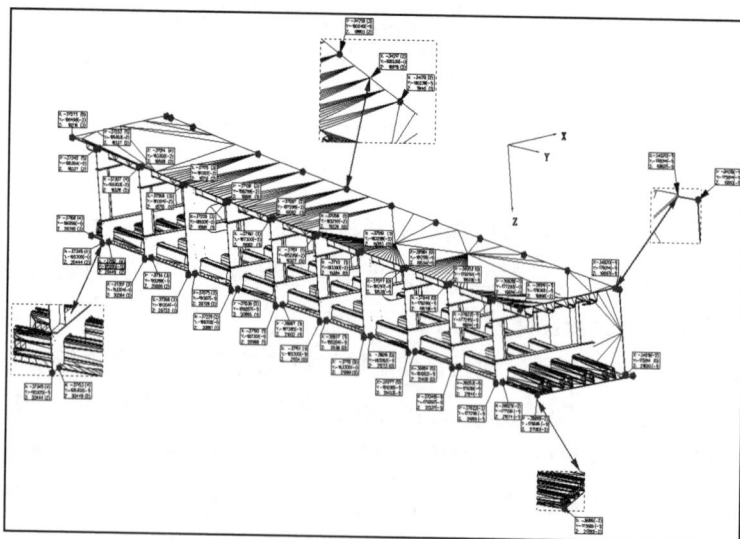

图 3-28　ES2-2 分段测量点位示意

（3）如果拟合结果不合理，可利用变换功能进行微调整。以整体主尺度为基准，确认是否进行微调。

（4）数据拟合最佳后，导入 2D 视图并出具模拟搭载报表。

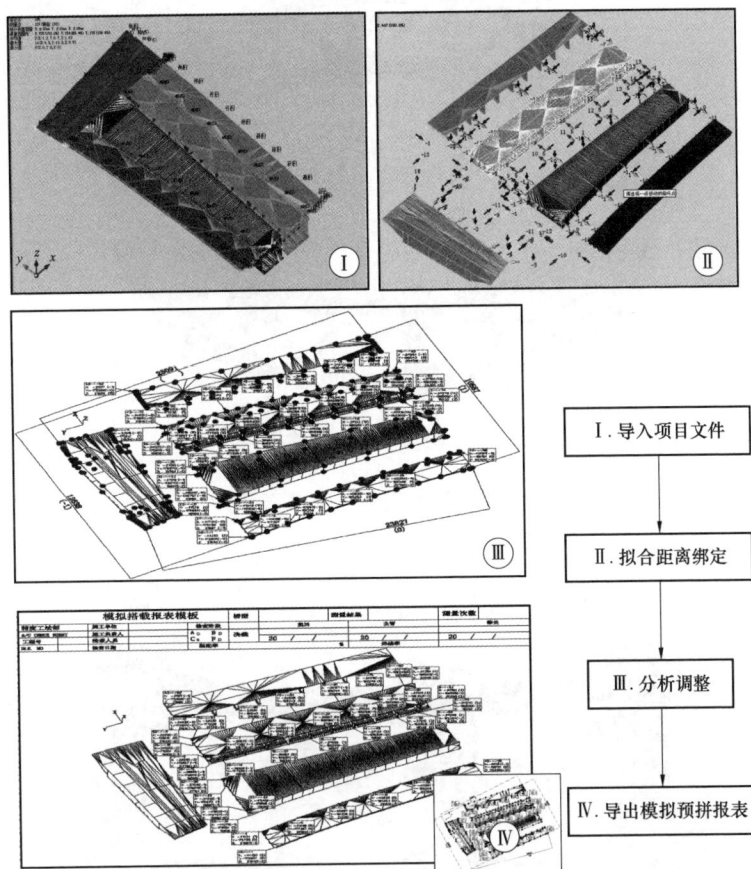

图 3-29　数字化预拼装报表制作流程

报表中 X 值表示横向对接间隙、Y 值表示纵向部材对接错位、Z 值表示分段水平偏差；X 值搭载以 ES2-1 为搭载基准段、Y 值以 ES2-2 为搭载基准、Z 值以整体状态为基准；分段数据绑定后，以整体主尺度为基准，确认是否进行微调。报表显示：X 值：右端对接处短 3mm，左端对接处长 1mm；Y 值：部材底部最大错边 2mm，顶部最大错位 1mm；Z 值：顶板最大错边 2mm。底板最大错边 2mm。模拟搭载报表显示，间隙和最大错边量结果均为合格。

2. 上海中心大厦环带桁架数字化预拼装

上海中心大厦塔楼地上部分设有 8 道环带桁架，沿圆周分布于外框巨柱之间，由内环和外环构成，桁架内环和外环的上下弦杆分别在重心位置用 30mm 厚钢板连接（图 3-30）。

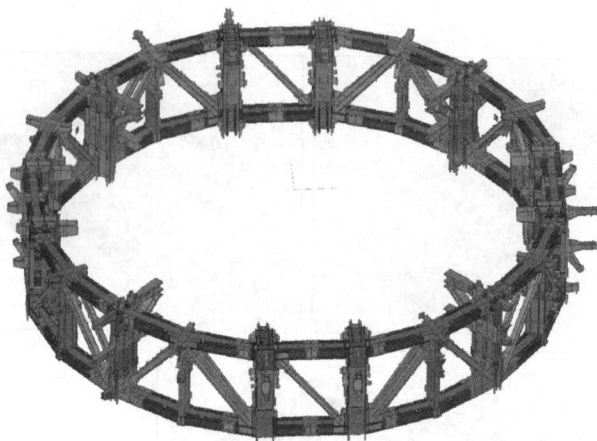

图 3-30　上海中心大厦环带桁架

根据环带桁架的结构特点，特提取下述分段进行数字化预拼装介绍（图 3-31）。

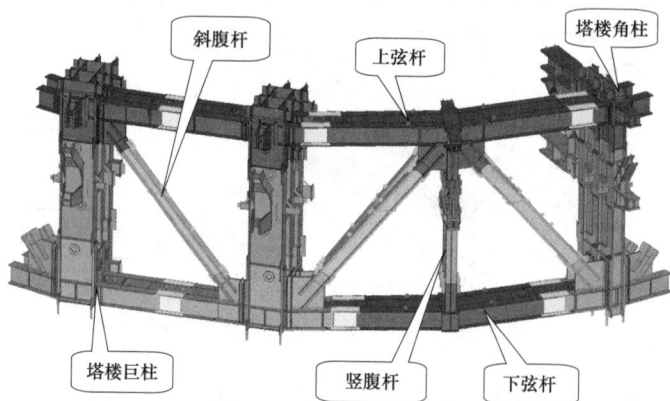

图 3-31　典型环带桁架

数字化预拼装实施前，对以下主要管理内容进行了设定：

（1）杆件的精度管理内容：各杆件总体尺寸、各连接端口的截面尺寸、构件的翘曲和旁弯。

（2）整体坐标系设定：由于环带桁架的基本结构呈环形布置，属于中心对称结构，所以整体坐标系设置在环形的中心位置，Z 向高度设在桁架上弦杆顶端。

（3）测量控制点位选择：钢构件预拼装的目的是检验各构件接口的匹配精度，即接口间隙和错边量。由于环带桁架构件接口处两侧构件的截面均为 H 形，测量控制点选择为每个 H 形截面接口最外侧 4 个点，对现场对接坡口的部分选择翼板内侧点。

图 3-32 为环带桁架各杆件的测控点布置。

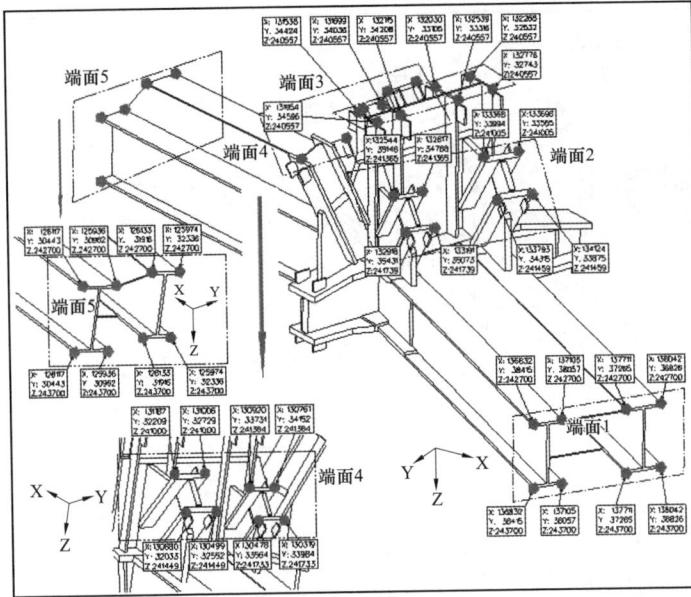

(a)

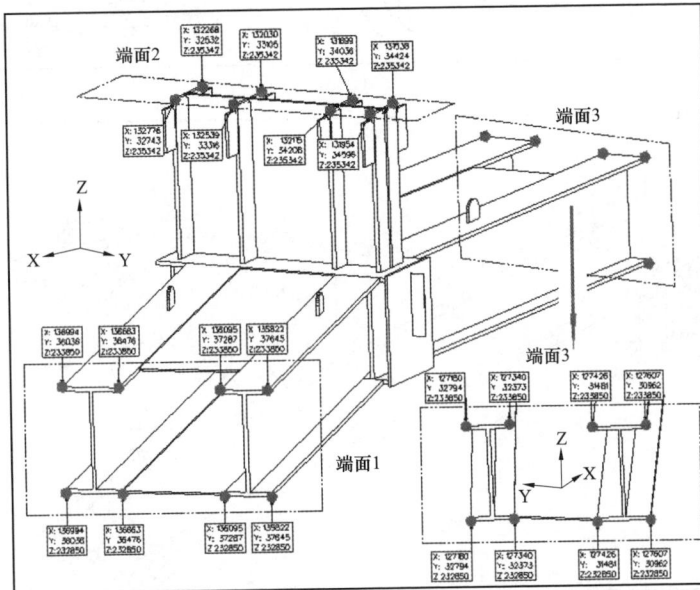

(b)

图 3-32　环带桁架各杆件的测控点布置（一）

（a）上弦杆 4BT-U-6 测量点位；（b）下弦杆 4BT-D-8 测量点位

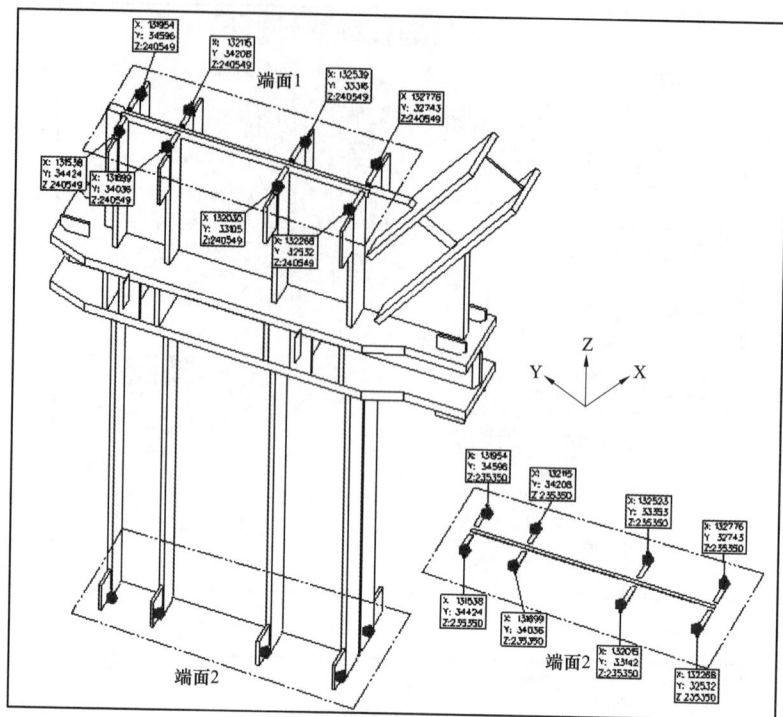

(c)

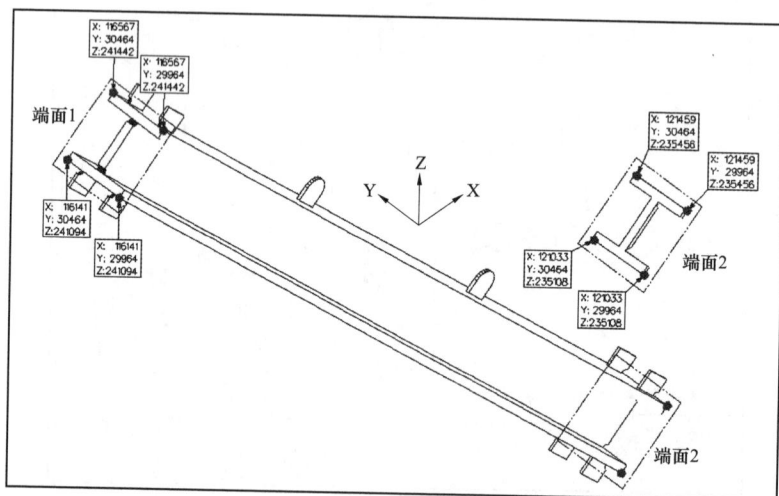

(d)

图 3-32　环带桁架各杆件的测控点布置（二）

（c）直腹杆 4BT-F-5 测量点位；（d）斜腹杆 4BT-F-11 测量点位

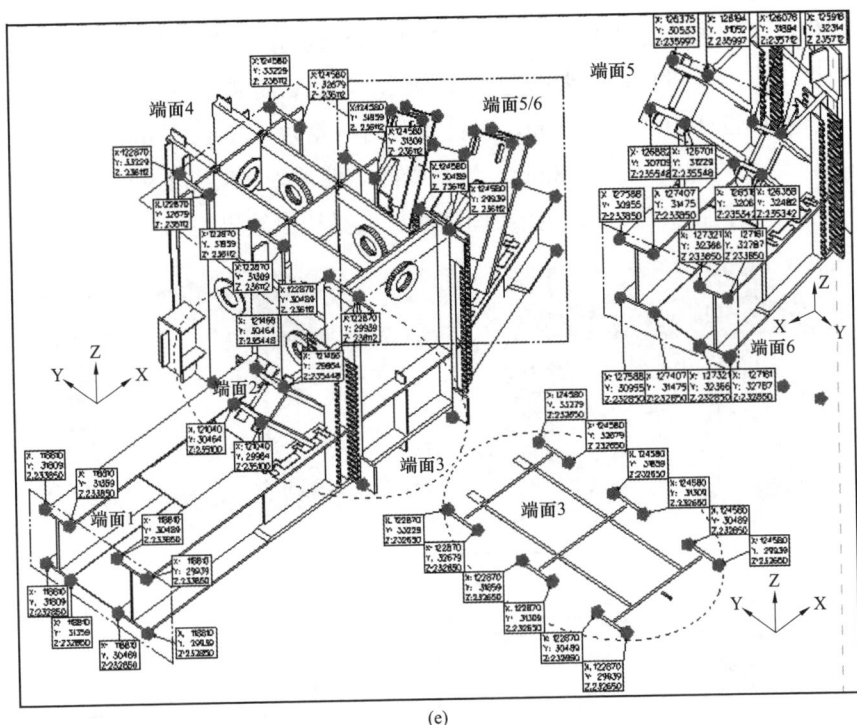

(e)

图 3-32　环带桁架各杆件的测控点布置（三）

(e) 巨柱 27WC1124S 测量点位

上述类型杆件焊接、矫正完成后，使用模拟预装软件，对各类构件进行模拟预拼。模拟预装软件可实现两个构件对应实测点的对比连接分析。通过模拟预装可获得构件偏差状态及整体最佳安装位置姿态，主要用于构件调整及避免累计偏差。采用的模拟数据均为构件最后合格分析数据。

数字化预拼装的成果以报表形式呈现，报表制作流程如下（图 3-33）：

（1）将单个构件焊后最终测控点实测数据导入模拟预装软件中。

（2）分别将两个构件接口进行拟合距离绑定，并利用视觉偏移将分段分开，查看接口模拟预装偏差。X、Y 值搭载以 25 节巨柱为预装基准段、Z 值以桁架下弦上表面为基准。

（3）如果拟合结果不合理，可利用变换功能进行微调整。以构件主要接口尺寸为基准，确认是否进行微调。

（4）数据拟合最佳后，导入 2D 视图并出具模拟预装报表。

（5）综合说明：报表中，X、Y 值搭载以巨柱为预装基准、Z 值以桁架下弦上表面为基准；由于此桁架为环状结构，X、Y 两个方向都会随着接口位置的不同一直在变化,对于垂撑接口 X、Y、Z 三个方向都会随着接口位置的不同一直在变化;构件数据绑定后,以构件主要接口尺寸为基准,确认是否进行微调。报表显示:栓接节点接口设计距离为 20mm,可接受距离偏差为(20±2)mm,最大错边量为 1mm;焊接节点的间隙为 8mm,可接受间隙偏差为(8±3)mm,最大错边量为 3mm。模拟预拼装报表显示接头间隙和最大错边量结果均为合格。

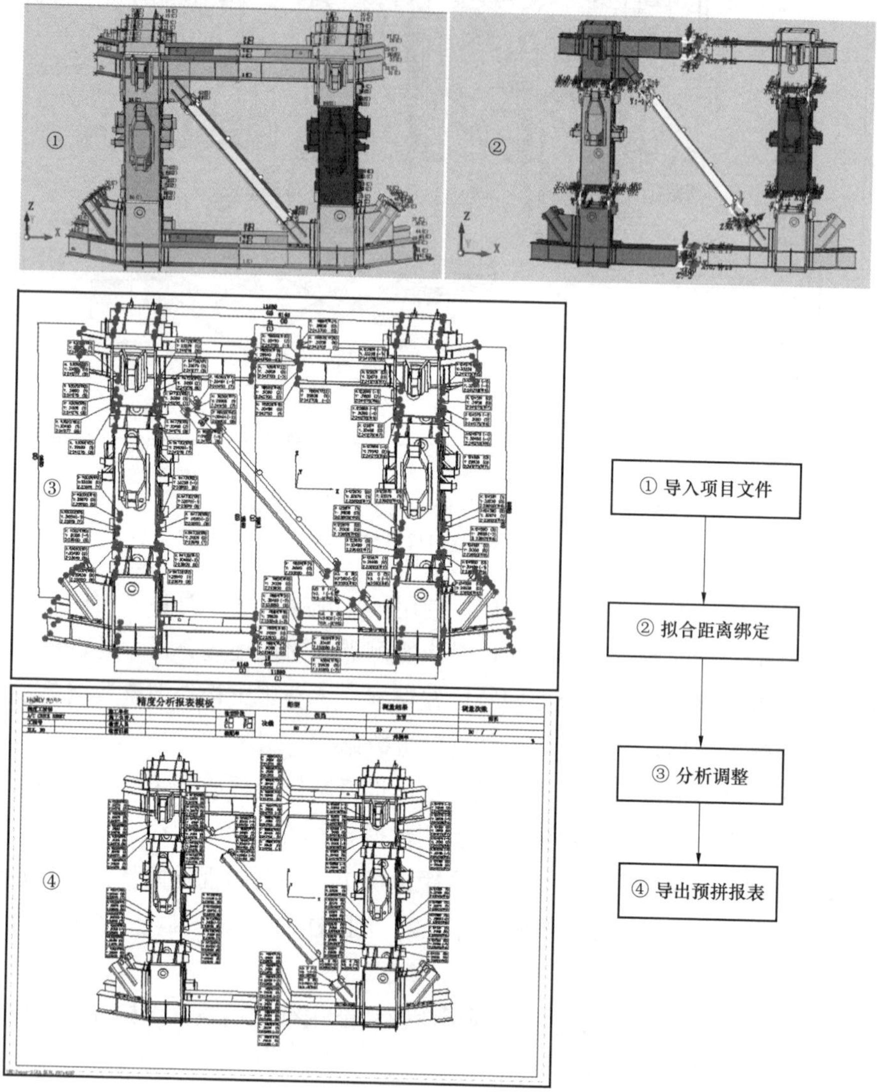

图3-33 数字化预拼装报表制作流程

第4章

大型复杂钢结构数字化施工
模拟、监测和控制技术

4.1 概 述

4.1.1 施工过程模拟

大型复杂钢结构的施工过程是一个结构体系及其力学性态随施工进程非线性变化的复杂过程，是一个结构从小到大、从简单到复杂且体系和边界不断变化的成长过程。结构体系在每一阶段的施工进程中，都可能伴随有结构边界条件的变化（边界约束形式、位置及数量随时间变化）、结构体系的变化（结构拓扑及结构几何随时间变化）、结构施工环境温度的变化及预应力结构中预应力的动态变化等。在这一过程中，也可能出现几何非线性（如大位移、大转角，甚至有限应变）、边界条件非线性（如随时间变化的接触边界条件）、材料非线性等现象。结构体系在每一施工阶段中的力学性态（如内力和位移），必然会对下一施工阶段甚至所有后续施工阶段结构的力学性态产生不可忽略的影响。

对施工过程的模拟计算，既涉及施工过程中吊装构件的模型及其动力学理论、非完整结构体系的模拟方法和非线性力学理论，也涉及施工过程中对不断变化的结构模型进行修正的理论与技术。因此，如何合理、准确地模拟施工过程中各个施工阶段结构体系的变化过程，如何正确且准确地预测结构在不同施工阶段的非线性力学性态和累积效应，如何控制施工过程中结构应力状态和变形状态始终处于安全范围内，并使成形结构的构型与内力达到设计要求且结构本身处于最优的受力状态，是目前大型复杂钢结构体系合理且安全施工所迫切需要的理论与技术。

现阶段采用的结构模拟技术和分析方法主要是应用于固定的结构体系（结构几何体系、边界条件、荷载及环境条件均不随时间变化），对于施工过程中几何体系、边界条件、荷载及环境条件不断随时间变化的结构体系，往往无法进行正确的模拟与分析。因而，只有全面、准确地考虑结构体系在施工过程中的变化特征以及可能出现的非线性因素，建立合理的施工结构体系模型理论和分析方法，才能较为准确地预测施工过程中结构体系的力学性态。这些结构性态的可靠预测，既是实现大型复杂钢结构体系经济合理施工的必要条件，也是施工过程安全的重要保障。

对于大型复杂钢结构，在其施工过程中需要主要分析的内容包括：

（1）结构施工单元的划分及其力学性态。

（2）施工中临时支承系统的布置及其对结构力学性态的影响。

（3）大型构件或结构单元在吊装（或滑移、提升）过程中的动力学性能。

（4）结构构件的内力和变形随着结构形体增长的累积变化。

（5）结构在施工过程中的稳定性。

（6）张拉结构或预应力结构中预应力的施加与控制。

（7）施工用临时支承结构的拆除顺序与控制方法。

（8）施工过程中温度的影响及控制。

（9）施工过程中结构边界条件的可能变化及其他非线性影响因素。

（10）结构实际内力与变形与理论设计状态的差异。

4.1.2 施工监测与控制

不同的施工技术会对大型复杂钢结构产生不同的力学问题，因此，施工模拟分析是结构设计的重要环节。然而，结构数值分析模型通常是以设计图和规范标准为依据，较为理想化，材料、几何条件、边界条件等因素的不同，使得数值分析结果与结构实际状况存在差异。为了把握现场结构的实际受力状况，有必要针对大型复杂钢结构进行施工监测工作。

施工监测是指通过监测技术手段对施工过程的主要结构参数进行实时跟踪，掌握其时程变化曲线，以便掌握控制施工质量、影响施工安全的关键因素在施工过程中的发展变化状态，并对下一步施工方案进行预判和调整，以保证整个施工过程的顺利完成。

图 4-1 给出了施工监测控制的基本流程，主要包括施工过程模拟、施工过程监测及施工过程调控。施工过程模拟是利用有限元分析软件考察结构在整个施工过程下的受力和变形情况，获取各关键参数的理论计算数值，为施工过程监测的参数选取提供依据。施工过程监测是对重要的结构参数进行监测，从而获得反映实际施工状态的数据和技术信息，实时处理实测数据并用来修正计算模型，根据对监测数据处理的结果和修正后模型计算的结果，对施工路径进行合理的评估并

修正或调整从而达到施工过程安全与顺畅控制的目的。施工过程调控是根据评估结果，判断是否需要进行方案调整，并根据修正后的模型，确定合理的施工路径，指导施工方案的调整工作。

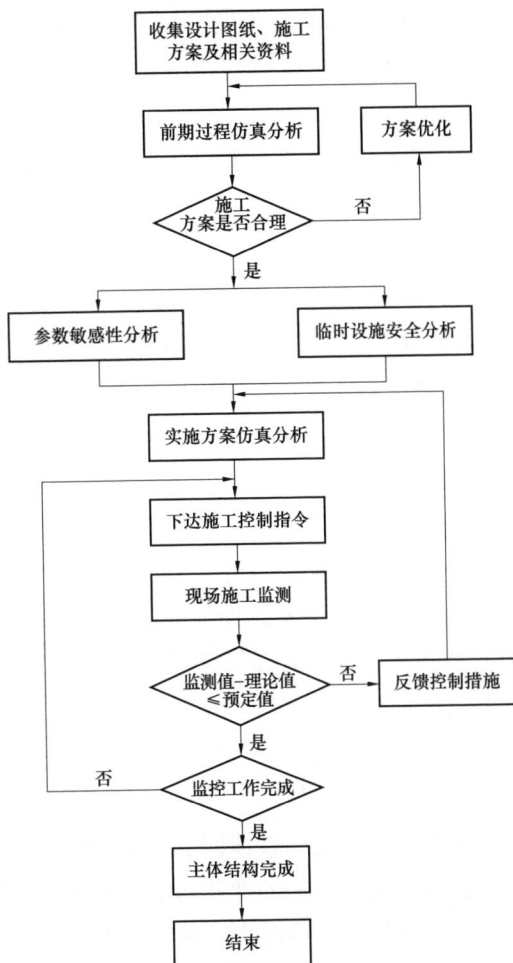

图 4-1　施工监测控制流程

4.2　数字化施工模拟技术

4.2.1　施工过程中结构体系的变化

大型复杂钢结构系统在施工过程中需要考虑结构的几何构型及结构体系是不

断地发生变化的，其主要时变因素表现在如下方面：

1. 结构几何构型变化

施工过程中，结构的几何构造和形状是按照设计要求在施工安装中逐步形成的。随着施工进程的发展，结构构件按预先设定的顺序或规律安装到相应的位置上。在施工安装期间，结构规模从小到大、几何形式从非完整到完整，几何构造和形状的增长变化是阶段性的，具有时变特征。但在每一个施工阶段，已施工安装的结构系统（包括临时支承结构的非完整结构）应该是稳定的，能够承受施工期间的各种荷载。

2. 结构体系变化

施工过程中引起结构体系可能变化的原因有两个：

（1）由于施工作业的原因，施工中结构的部分构件可能不能按顺序或构造需要及时安装到位，而要等结构其他构件均安装后才能安装，这就造成已形成的非完整结构体系与原设计结构体系不同。这一施工阶段中的结构有时可能是不稳定的，需要增设临时支承，以保证其安全性。

（2）大型复杂钢结构，由于体量庞大、系统复杂，施工期间往往需要设置临时支承结构。施工过程中，临时支承结构与主体结构共同作用，形成一种与原设计结构不同的"复合结构体系"，承受施工期间的荷载和作用。在施工结束后，临时支承结构需要拆除。临时支承结构的拆除过程，是一个将临时支承结构上的荷载转移到主体结构上的过程，这是一个将"复合结构体系"转变为原设计单一结构体系的过程，施工结构系统将在此转变过程中发生体系上的变化，在现代结构施工模拟分析中称之为"结构体系转换"。

对于大型复杂钢结构来说，不论何种原因引起结构体系的转换，都将引起结构内力的重分布和结构位移（或变形）的变化，这一变化对结构的受力性能有着不可忽视的影响，结构的安全性及承载能力验算必须考虑这种影响。

3. 结构刚度变化

随着施工过程的发展，伴随着结构几何构型的不断变化和结构体系的可能转换，施工过程中结构的刚度也在不断发生阶段性变化。施工中结构刚度的变化主要表现在构件数量变化与初始预应力变化两个方面。

（1）构件数量变化。施工过程中构件的增加或减少，直接影响所安装部位的刚度，进而影响施工结构系统的整体刚度。施工过程中构件安装的顺序也影响结构的刚度分布，可能对结构的变形模式甚至结构的稳定性及安全性产生影响。

（2）初始预应力变化。施工过程中预应力构件在预应力输入前后，构件的刚度是完全不同的，初始预应力的大小也直接影响构件刚度的大小，进而影响施工结构系统的整体刚度。

4. 结构边界条件变化

施工过程中，结构边界条件变化包括：边界支座节点位置的变化、数量的变化、约束形式的变化。结构边界条件的变化和结构的施工安装方法有关，结构在施工期间的支座位置和数量往往和竣工后的状态不同。结构支座节点的约束方式通常由设计确定，有时可能在不同荷载作用下约束条件不同。边界条件的不同或变化，直接影响结构的内力和变形。

5. 结构施工误差累积变化

结构的施工误差分为两类：构件制作误差和结构安装误差。

施工误差的产生和累积将影响结构的安装精度或结构的几何形状和结构变形，最后在结构安装合龙或封闭阶段，将产生节点或构件的强迫就位，从而产生附加内力，直接影响结构的内力分布和安全性。

4.2.2　刚性钢结构施工数字化模拟技术

1. 数字化模拟技术

刚性结构体系是由梁、柱、杆、板、壳等刚性构件组成的结构体系，结构不需施加预应力即有刚度，可承受荷载，结构构件在荷载作用下的变形与构件截面尺寸相比很小，可以忽略，在设计荷载下结构整体变形也很小。刚性结构体系的设计理论常为线弹性理论。同样，相应的施工过程模拟计算理论也为线弹性理论。

把一个复杂结构由分段的子结构或单元最终拼装成一个完整的结构系统，是大型复杂空间钢结构施工的常用方法，如单元拼装法、分条分块吊装法、分条分块滑移法、悬挑安装法、折叠展开法等。结构在不同施工阶段其体量大小、边界条件、荷载条件等均可能发生时空变化，有着不同的结构形态和不同的受力状态。因而，对大型复杂空间结构的施工过程进行合理准确的跟踪分析验算，就不能采用结构在使用阶段的力学模型（完整的整体结构力学模型）来模拟计算结构在施工过程中乃至施工完成后的内力与变形。

数字化模拟方法如下：采用结构施工阶段的状态变量叠加法，根据钢结构施工过程中的各个阶段相应的结构几何形态、边界条件、荷载条件，依次计算施工过程中非完整状态结构的内力、变形等阶段状态变量，当完整结构施工成形后，再把各个施工过程所得的内力、变形等状态变量分别叠加，得到施工结束后结构的最终内力、变形。

对于杆系结构或网格结构，假设结构在施工过程中可分为 n 个施工安装单元或安装子块，即施工过程分为 1、2、……、n 个施工阶段，则结构在施工过程中每个施工阶段的有限元基本方程为：

施工第一阶段 $\qquad [K_1]\{U_1\} = \{P_1\}$ （4-1a）

相应的内力 $\qquad [N_1] = [k_1][A_1]\{U_1\}$ （4-1b）

施工第二阶段 $\qquad [K_2]\{U_2\} = \{P_2\}$ （4-2a）

相应的内力 $\qquad [N_2] = [k_2][A_2]\{U_2\}$ （4-2b）

……

施工第 n 阶段 $\qquad ([K_1]+[K_2]+\cdots+[K_n])\{U_n\} = \{P_n\}$ （4-3a）

相应的内力 $\qquad [N_n] = [k_n][A_n]\{U_n\}$ （4-3b）

式中 $\quad [K_i]$——第 i 施工阶段中第 i 单元块相对应的结构总刚度矩阵；

$\qquad [k_i]$——第 i 施工阶段时非完整结构的杆单元刚度矩阵；

$\qquad \{U_i\}$——第 i 施工阶段时非完整结构的位移向量；

$\qquad \{P_i\}$——第 i 施工阶段中第 i 单元块安装时的结构节点力向量；

$\qquad [A_i]$——第 i 施工阶段时非完整结构的几何矩阵；

$\qquad [N_i]$——第 i 施工阶段时非完整结构中杆件的内力向量。

结构最终的位移

$$\{U\} = \sum_{i=1}^{n} \{U_i\} \qquad (4-4)$$

结构最终的内力

$$\{N\} = \sum_{i=1}^{n} \{N_i\} \qquad (4-5)$$

2. 工程案例

（1）工程概况。

安徽省广播电影电视局新中心位于合肥市政务文化新区天鹅湖南侧，北至祁门路、西至笔架山路、南临龙图路、东至星光西路，效果如图 4-2 所示。项目分二期建设，一期工程地上主楼 46 层，高约 226m，总长约 700m，建筑面积约 27.5 万 m²；地下 2 层，建筑面积约 7.5 万 m²，下面介绍的钢结构屋盖也属于一期建设的范畴。

整个屋盖钢结构分为 3 个独立屋盖，即舞台区屋盖（屋盖 1）、观众厅及入口大厅屋盖（屋盖 2）、2000m² 演播厅屋盖（屋盖 3）。三个屋盖之间通过混凝土框架分开，其中屋盖 1 采用空间交叉桁架体系，下弦标高 35.700m，上弦最高处标高 43.500m，桁架最大高度 6m，上弦沿南北向单向找坡 5%，为四边支承结构，跨度 46.8m×60.0m；屋盖 2 采用空间交叉桁架体系，下弦标高 25.900m，上弦最高处标高 30.200m，桁架最大高度 4.3m，上弦沿南北向单向找坡 3%，为四边支承与跨中支承的混合支承结构，跨度为 46.8m×45.0m；屋盖 3 采用沿短向布置的平面桁架结构。下弦标高 20.500m，上弦最高处为 24.800m，桁架最大高度 4.3m，上弦沿南北向单向找坡 3%，为四边支承结构，跨度为 37.2m×54.0m。

为确保钢结构屋盖整体施工的顺利实施，以及施工完成后的结构状态满足设计的要求，通过刚性钢结构数字化模拟技术对屋盖钢结构施工全过程进行了数字化施工模拟分析，预测建造过程中结构的应力和位移，为合理施工提供技术支持。

图 4-2　广电中心建筑效果

（2）施工技术路线。

钢结构安装采用"构件分段跨外拼装、大型起重机械跨外分区域流水作业、小型起重机械南北补缺"的施工技术路线。钢构吊装分段如图 4-3 所示，屋盖 1 单片桁架最重 35t，组合桁架最重 75t，屋盖 2 单片桁架最重 9t，组合桁架最重 42t，屋盖 3 单片桁架最重 17t，屋盖 1～3 分开依次施工，其中箭头表示分段吊装顺序。

（3）数值模型。

根据设计图纸建立了整体施工模拟分析模型，如图 4-4 所示。屋盖钢桁架及混凝土框架采用梁单元，剪力墙采用墙单元模拟，屋盖支座形式根据实际情况采用相应的刚性连接模拟。施工模拟时，按照相应的施工步骤将结构构件、支座约束、荷载工况划分为不同的施工阶段。

图 4-3 屋盖吊装分段示意

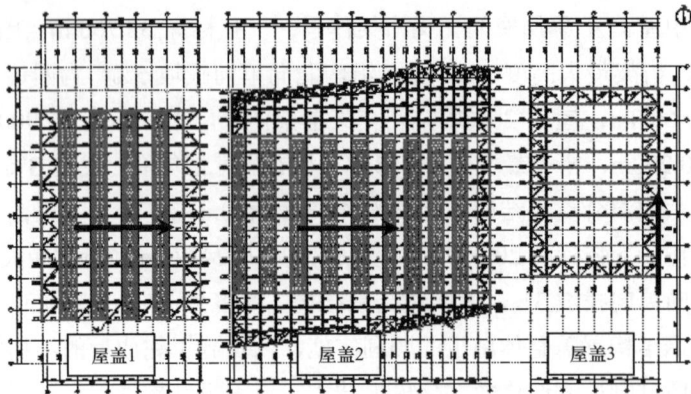

(a)

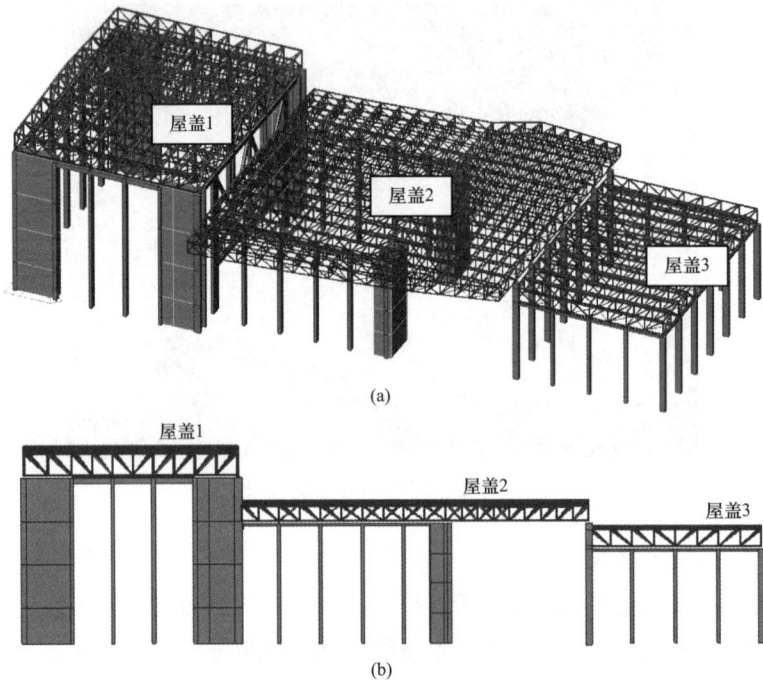

(b)

图 4-4 钢结构屋盖整体模型

(a) 三维图示；（b）立面图示

（4）数字化施工模拟分析。

1）屋盖 1 施工模拟分析。

为了确定和优化施工吊装方案，首先对屋盖 1 施工的 2 种不同方案进行了比较。方案 1 为屋盖分块吊装时不在跨中加临时支撑，方案 2 为屋盖吊装时在跨中设置临时支撑。施工模拟计算结果表明，方案 1 中结构吊装完成后，构件最大应力为 75MPa，位移为 21mm，均大于设计状态，不满足设计要求。

同时，在方案比较的过程中，发现支撑的卸载顺序对临时支撑受力影响较大，当支撑从两侧向中间逐次卸载时，支撑受力最为有利。在此基础上，确定了屋盖 1 的施工方案为：分块吊装，跨中设置临时支撑，而且支撑卸载顺序从两侧向中间逐次进行。

根据确定的施工方案，将整个施工过程分为 20 个施工阶段。其中，第 1～18 施工阶段为屋盖吊装，第 19～20 施工阶段为支撑卸载。限于篇幅，文中仅给出了施工完成后的应力和变形结果，如图 4-5 所示，施工完成后结构应力最大值为 36MPa，位移为 14mm，与设计状态相比，应力相差 7MPa，位移相差 1.5mm，满足设计要求。

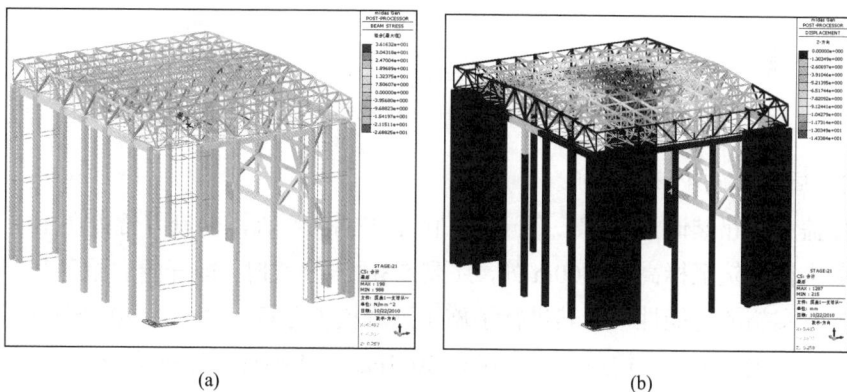

(a)　　　　　　　　　　　　　　(b)

图 4-5　屋盖 1 施工完成后结构应力和变形情况
（a）应力；（b）变形

2）屋盖 2 施工模拟分析。

和屋盖 1 一样，为了确定和优化施工吊装方案，也对施工过程中桁架跨中是否需要设置临时支撑进行了施工过程模拟比较计算。结果表明，设置临时支撑仅将施工完成后应力值降低了 5MPa，效果不明显，主要原因是屋盖 2 是先施工结构内部桁架再施工外部悬挑桁架，而外部悬挑桁架的施工大大降低了已经施工完成的内部桁架的应力和位移。故而，屋盖 2 施工时未在桁架跨中设置临时支撑，大大降低了施工成本，提高了施工效率。另外，分析结果还表明，悬挑桁架临时撑杆的卸载顺序对整个结构的应力和变形影响较小。

根据施工方案，将整个施工过程分为 27 个施工阶段。其中，第 1～16 施工阶段为结构内部桁架吊装，第 17～26 施工阶段为悬挑桁架吊装，第 27 施工阶段为悬挑桁架临时支撑卸载。限于篇幅，文中仅给出了施工完成后的应力和变形结果，如图 4-6 所示，施工完成后结构应力最大值为 41MPa，位移为 16mm。与设计状态相比，应力相差 10MPa，位移相差 1mm，满足设计要求。

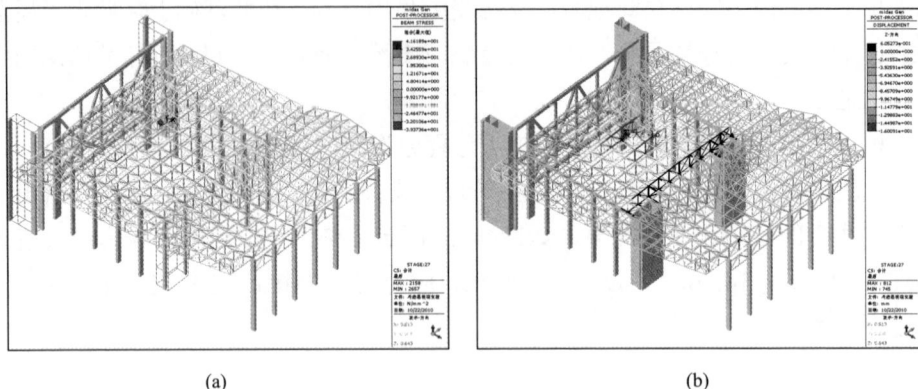

(a)　　　　　　　　　　　　　　　(b)

图 4-6　屋盖 2 施工完成后结构应力和变形情况
(a) 应力；(b) 变形

3）屋盖 3 施工模拟分析。

屋盖 3 在吊装时遇到了一个问题，由于工期的原因，建设方希望在 131 轴型钢混凝土柱浇筑至标高 19.300m 处，还剩 5.3m 未浇筑时，即开始实施吊装。为了证明方案实施的可能性，对其进行了施工过程模拟分析，共分为 20 个施工阶段。在整个施工过程中，结构最大应力仅有 30MPa，型钢钢骨应力始终控制在 20MPa 以下（图 4-7），位移始终控制在 3.0mm 以下（图 4-8），完全可以满足设计要求，方案可行。施工完成后结构应力最大值为 25MPa，位移为 9mm，如图 4-9 所示，与设计状态几乎一致，满足设计要求。

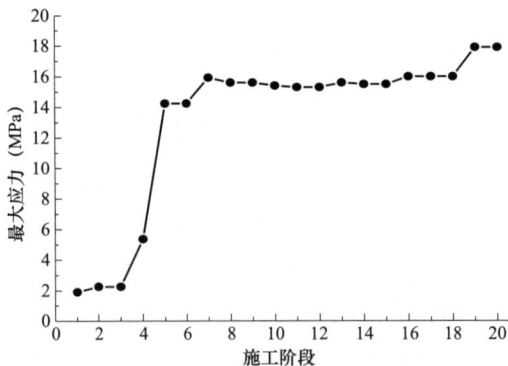

图 4-7　框架柱内置钢骨应力变化

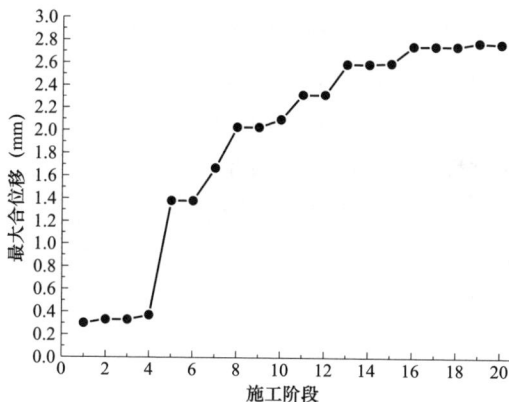

图 4-8　框架柱内置钢骨位移变化

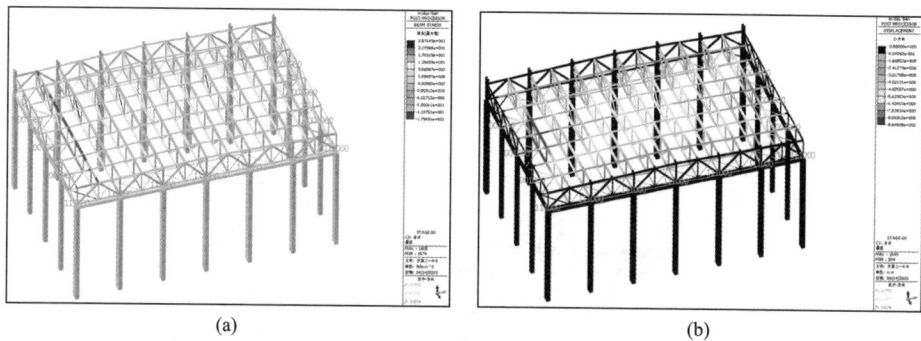

图 4-9　屋盖 3 施工完成后结构应力和变形情况
（a）应力；（b）变形

4.2.3　柔性钢结构施工数字化模拟技术

1. 数字化模拟技术

对刚度变化比较敏感或变形要求较高的大型复杂钢结构（悬挑结构、倾斜结构、带柔性拉索的空间结构），施工模拟除需考虑常规的分段加载影响外，还必须考虑结构在施工加载过程中的几何非线性和 $P-\Delta$ 效应。另外，此类结构施工过程中每一步构件的定位和加工尺寸的确定，都与施工方案密不可分，所以只有对这类结构的施工全过程进行动态跟踪分析，才能保证最终的位形及受力满足设计要求。

这里以拉索预应力张拉为例，介绍数字化模拟技术：柔性钢结构施工数字化模拟需要反复迭代运算，而且每一次迭代结束后，结构模型的力学性态均需要根据迭代计算结果进行同步修正，直到最终确定结构的施工初始预应力张拉数值；

然后，再得出每个施工控制阶段的预应力张拉理论数值，用于施工监测及控制。

大型通用有限元程序 ANSYS 具有参数修正和二次开发功能，能够方便地对迭代过程中的模型进行参数修正，可实现柔性钢结构施工数字化模拟。在结构施工模拟的预应力迭代过程中，可考虑几何非线性的影响，同时可精确考虑施工过程中不同施工步结构性态及其累积效应的影响，直接在后一施工步中叠加上一施工步结构或构件产生的应力和变形，精确考虑施工过程的影响和作用。柔性钢结构预应力张拉施工数字化模拟迭代计算流程如图 4-10 所示。

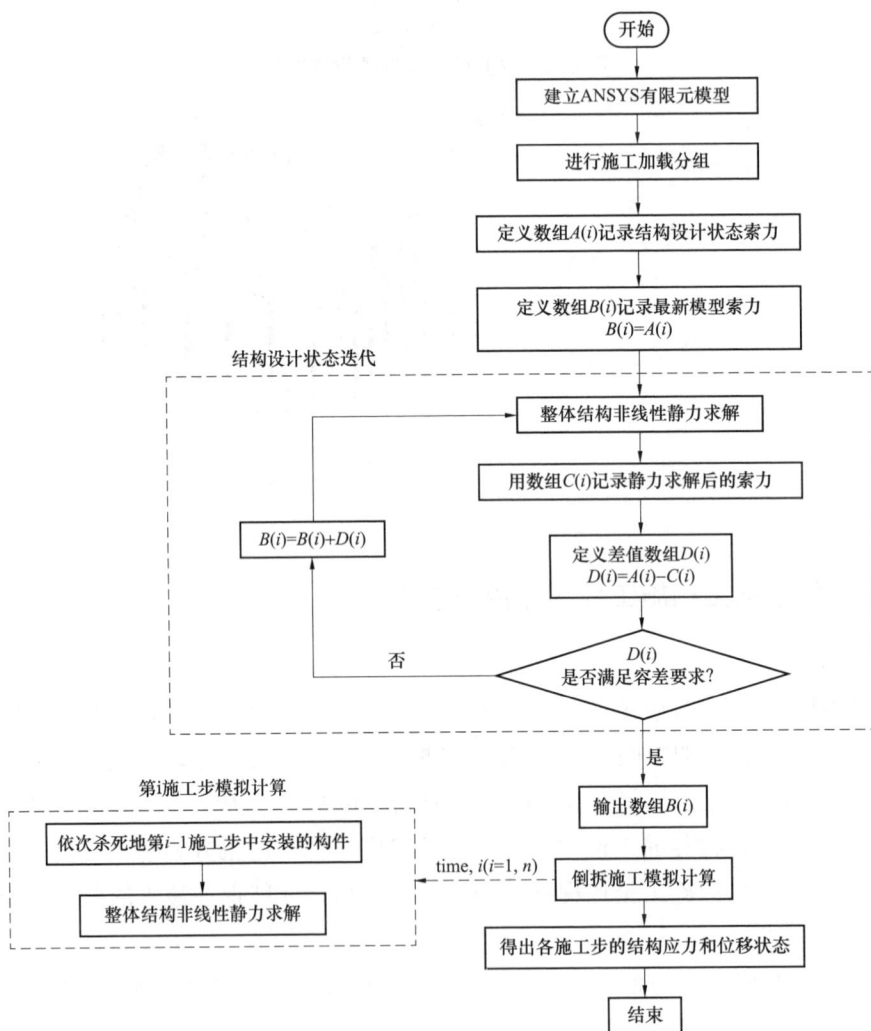

图 4-10　柔性钢结构预应力张拉施工数字化模拟迭代计算流程

2. 工程案例

（1）工程概况。

上海东方体育中心，位于黄浦江东、川杨河南、济阳路西以及规划路北侧，是为满足上海承办 2011 年第 14 届国际泳联世界锦标赛而兴建的体育场馆，建筑效果如图 4-11 所示。中心包括综合体育馆、游泳馆、室外跳水馆、新闻中心等相关配套设施，项目占地 34.75 万 m²，总投资约人民币 20 亿元。其中，跳水馆屋盖结构为一个"半月"形平面，它的设计是上海东方体育中心的一大亮点。在开放式的座席上，观众可以从不同角度欣赏整个东方体育中心，纵览浦江两岸的水岸景观。

图 4-11　跳水馆建筑效果

跳水馆由 18 榀悬挑式钢桁架组合而成，形成圆弧形状，桁架底部为刚性连接。最高的桁架高度为 24.883m，标高下起 12.000m，上至 36.883m，总体重量约为 70.0t；最小钢架高度为 9.169m，标高下起 6.175m，上至 15.344m，重量约为 11.5t。桁架之间设有环梁和拉杆保证屋盖平面内稳定，设置侧面拉索保证结构侧向稳定。每榀桁架均为三角形截面，桁架下弦杆采用焊接梯形截面管件，其余杆件都采用热轧圆钢管，杆件外径有 $\phi 168$、$\phi 180$、$\phi 203$、$\phi 245$、$\phi 273$ 五种型号，壁厚有 8mm、10mm、12mm、14mm、16mm、20mm、24mm 七种型号，材质均为 Q345C。结构平面布置如图 4-12 所示。

为了确保跳水馆钢结构整体施工的顺利完成，通过柔性钢结构数字化施工模拟技术对整体施工过程进行了模拟分析，得出了施工各阶段索的张拉数值，以及构件应力和位移的变化规律。

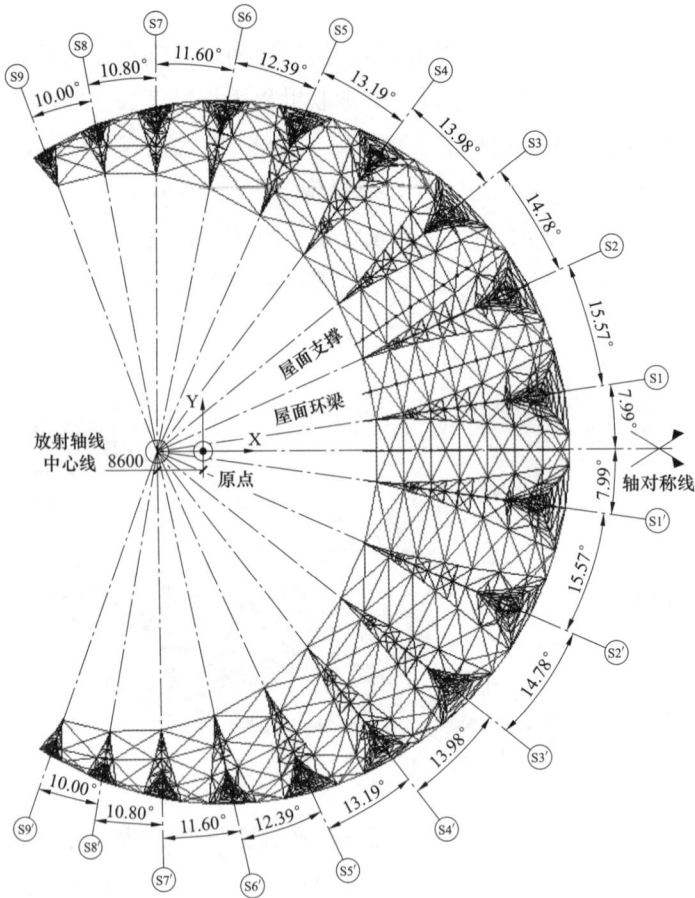

图 4-12 跳水馆结构平面布置

（2）施工模拟数值方法及模型。

本工程施工模拟分析采用柔性钢结构施工数字化模拟技术进行计算，即通过迭代计算得出结构设计状态，然后利用单元"生死"法依次倒退分析各后续施工步构件对已安装结构的影响，从而确定各施工阶段受力和变形状态。数值施工分析模型如图 4-13 所示，三角断面桁架下弦杆采用自定义截面（图 4-14），采用 BEAM188 单元模拟，其余桁架管构件采用 PIPE16 单元模拟，拉索采用 LINK10 单元模拟。

模拟计算仅考虑结构自重荷载和拉索张拉荷载，设计状态下，屋面拉索的张拉力为 30kN，侧面拉索的张拉力为 300kN。

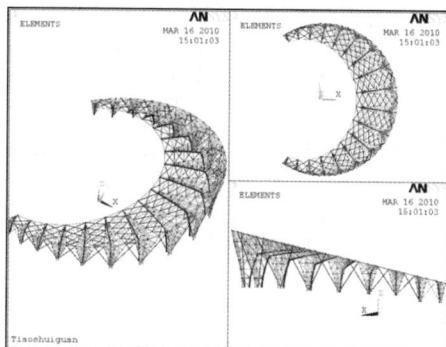

图 4-13　施工模拟有限元模型

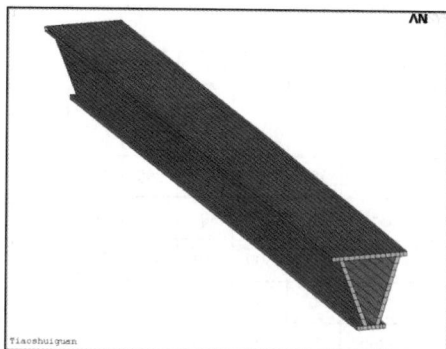

图 4-14　桁架下弦杆自定义截面

（3）数字化施工模拟分析。

根据实际施工情况，共定义了 27 个施工步，包括各榀桁架安装、辅助支撑卸载、屋面拉索张拉、侧面拉索张拉几大施工阶段。

图 4-15 和图 4-16 分别给出了各施工阶段构件应力和位移的变化规律。由图可知，在跳水馆整个施工过程中，结构始终处于安全状态，应力最大值为 48.8MPa，发生在第 24 施工步；位移最大值为 30.12mm，发生在第 11 施工步。表 4-1 给出了侧面拉索在施工各阶段的张拉数值，索单元编号如图 4-17 所示，按照此张拉值施工，到完成所有侧面拉索的张拉任务，整体结构能够回到设计终态，即侧面拉索索力回到 300kN。

施工完毕后，结构应力和位移如图 4-18 所示，应力最大值为 47.5MPa，位移最大值为 20.13mm。

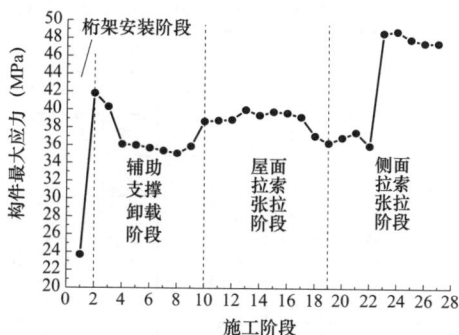

图 4-15　施工各阶段构件最大应力

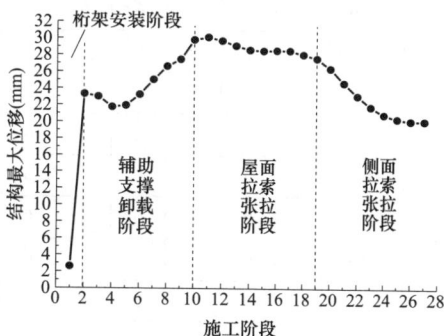

图 4-16　施工各阶段结构最大位移

表 4-1　　　　　　　　　　　　侧面拉索在施工各阶段的张拉数值

侧面拉索张拉施工阶段	索单元标号	施工阶段索力（kN）														
		1	2	3	4	5	6	7	8	9	10	11	12	13	14	15
1	3357	293	299	301	299	301	299	300	299	300	300	300	300	300	300	300
1	3358	293	296	301	303	301	302	300	301	300	301	300	300	300	300	300
2	3359	0	300	301	302	306	307	303	303	301	302	301	301	301	300	300
2	3361	0	295	293	292	296	295	298	297	299	299	300	300	300	300	300
3	3360	0	0	301	305	306	302	303	301	301	301	301	301	300	300	300
3	3362	0	0	293	297	296	299	298	299	299	300	300	300	300	300	300
4	3363	0	0	0	304	305	305	306	306	303	303	301	301	300	300	300
4	3365	0	0	0	291	290	290	295	295	298	298	299	299	300	300	300
5	3364	0	0	0	0	305	306	306	303	303	301	301	301	301	300	300
5	3366	0	0	0	0	290	295	295	298	298	299	299	300	300	300	300
6	3367	0	0	0	0	0	305	305	305	305	305	302	302	301	301	300
6	3369	0	0	0	0	0	292	292	292	296	296	298	298	299	300	300
7	3368	0	0	0	0	0	0	305	305	305	302	302	301	301	301	300
7	3370	0	0	0	0	0	0	292	296	296	298	298	299	299	300	300
8	3371	0	0	0	0	0	0	0	304	303	303	303	303	301	301	300
8	3373	0	0	0	0	0	0	0	294	294	294	298	298	299	299	300
9	3372	0	0	0	0	0	0	0	0	303	303	303	301	301	301	300
9	3374	0	0	0	0	0	0	0	0	294	297	298	299	299	300	300
10	3375	0	0	0	0	0	0	0	0	0	301	301	301	301	301	300
10	3377	0	0	0	0	0	0	0	0	0	296	297	298	299	299	300
11	3376	0	0	0	0	0	0	0	0	0	0	301	301	301	301	300
11	3378	0	0	0	0	0	0	0	0	0	0	296	299	299	299	300
12	3379	0	0	0	0	0	0	0	0	0	0	0	299	299	299	300
12	3381	0	0	0	0	0	0	0	0	0	0	0	299	299	299	300
13	3380	0	0	0	0	0	0	0	0	0	0	0	0	299	301	300
13	3382	0	0	0	0	0	0	0	0	0	0	0	0	299	299	300
14	3383	0	0	0	0	0	0	0	0	0	0	0	0	0	300	300
14	3385	0	0	0	0	0	0	0	0	0	0	0	0	0	300	300
15	3384	0	0	0	0	0	0	0	0	0	0	0	0	0	0	300
15	3386	0	0	0	0	0	0	0	0	0	0	0	0	0	0	300

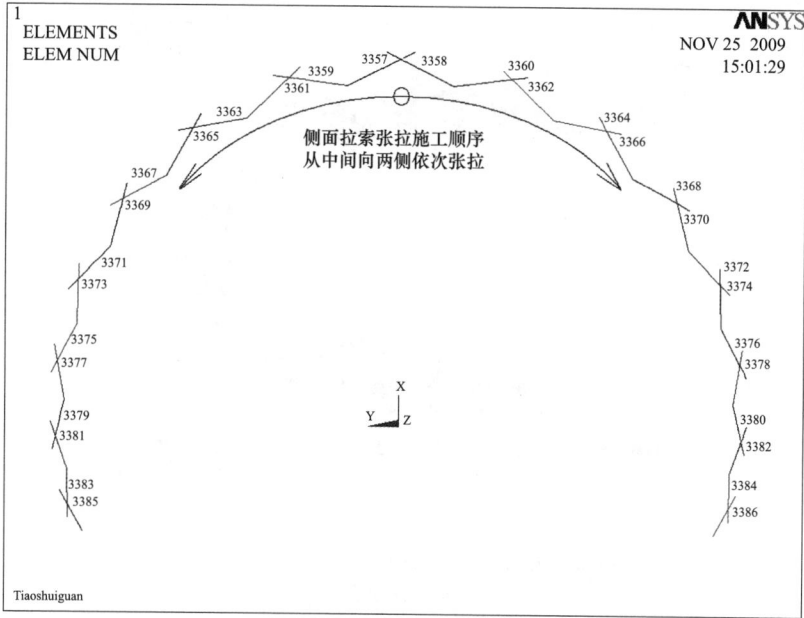

图 4-17　侧面拉索单元编号

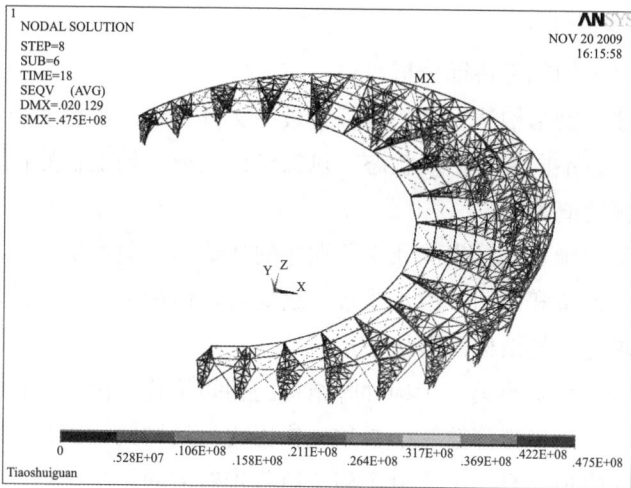

(a)

图 4-18　施工完毕后结构应力和位移云图（一）

（a）应力云图

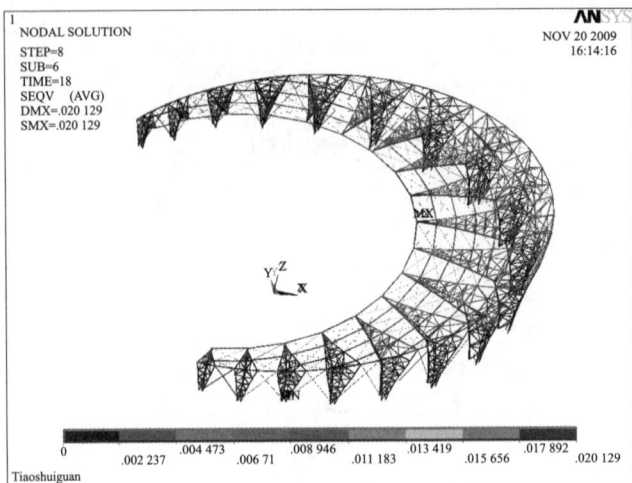

图4-18 施工完毕后结构应力和位移云图（二）
（b）位移云图

4.2.4 倾斜钢结构施工数字化模拟技术

1. 数字化模拟技术

（1）倾斜钢结构施工特征分析。

一个倾斜建筑钢结构从设计、施工到最终交付使用，经历多个不同的阶段，每个阶段都对应着不同的位形或状态。包括设计位形、施工初始位形、分步安装位形以及加工预调值等。

设计位形是由施工图给出的业主所期望的建筑结构最终形式，即已经考虑了内外装修、机电设备和照明、给水排水管道荷载，但尚未入住时的状态，是建筑竣工验收所要求达到的结构几何状态。

施工初始位形是安装第一步构件时结构的初始位置，由设计位形经加载反复迭代计算得到。施工模拟计算时，必须先找出建筑结构的施工初始位形，然后严格按照施工次序模拟计算，求出每个施工荷载步对应的结构位形，只有这样才能使完成的建筑满足设计位形要求。所以，确定施工初始位形是整个模拟计算分析的关键，也是计算下面分步安装位形和加工预调值的基础。

分步安装位形是在完成每一步构件的施工时，已完成部分结构达到的位形，以及安装下一步构件的定位位形。通过动态跟踪模拟计算，可得到每一施工分步的安装位形（可以是一维、二维或者三维），确保最终位形与设计位形相吻合。

由于施工过程的荷载累计效应与设计采用的一次性加载不同，而使构件的实际加工尺寸有所差异，构件加工尺寸与设计尺度之差即为加工预调值。对于倾斜结构，施工过程中结构在自重和附加弯矩的共同作用下，变形的变化比竖直结构复杂得多。倾斜方向内侧柱轴向压力比较大，相应的轴向压缩变形也比较大。而结构倾斜方向外侧柱受到重力荷载作用和附加弯矩产生的拉力作用有一部分会相互抵消，故而底部柱的压缩变形相对较小。并且，在接近顶部时，有可能在柱中出现拉力。倾斜结构成型过程如图 4-19 所示，倾斜方向内侧柱的加工预调值 $\Delta_i = l_{ei} - l_{di}$（$l_{ei}$ 为第 i 层外侧柱下料长度，l_{di} 为第 i 层外侧柱设计长度）比较大，外侧柱的加工预调值比较小，甚至为负值。同理，两侧柱子的安装预调值（$\delta_{xi} = x_{ei} - x_{di}$，$\delta_{yi} = y_{ei} - y_{di}$，$\delta_{zi} = z_{ei} - z_{di}$）也不一样，倾斜方向内侧柱节点向下的压缩变形比较大，而且施工过程中持续增加。而外侧柱节点向下的压缩变形比较小，并且施工过程中可能减小，甚至可能出现向上的拉伸变形。

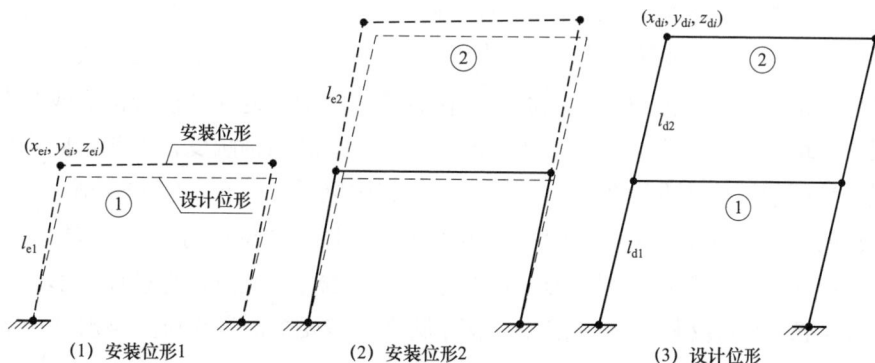

图 4-19　倾斜结构成型过程示意

所以，对于倾斜结构而言，准确预测每一施工阶段结构的变形及内力状况，是非常重要的。只有依照拟定的施工方案，在对其进行全过程跟踪模拟分析后，才能准确确定结构在各施工阶段的位形和内力，保证结构最终成形状态和设计位形吻合。

（2）施工数字化模拟分析技术。

以五层倾斜结构的简化斜杆模型为例介绍倾斜结构数字化预变形模拟计算方法。斜杆模型如图 4-20（a）所示，楼层高度 4m，倾斜角 45°，$L_i (i = 1 \sim 5)$ 代表各层竖向构件；集中力 $P_i (i = 1 \sim 5)$ 模拟楼层荷载。

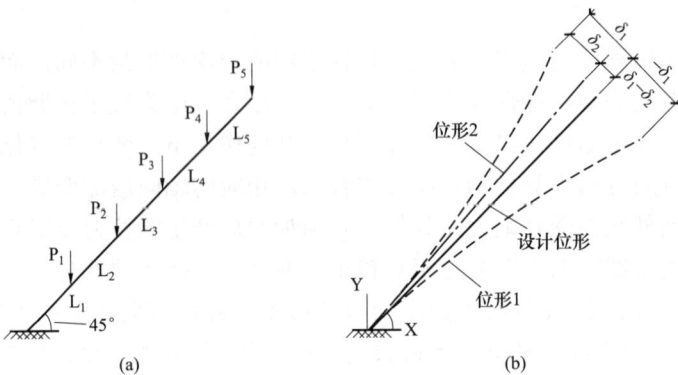

图 4-20 倾斜结构迭代示意
（a）倾斜结构模型；（b）施工初始位形迭代求解示意

在给定设计位形 $\{v_0\}$ 的基础上，施加所有荷载（荷载应与竣工状态一致），可以得到结构的一个变形形状，位形 1：$\{v_0\} - \{\delta_1\}$，以 $-\{\delta_1\}$ 作为预调值，反号叠加到设计位形上，得到第一次施工初始位形 $\{v_0\} + \{\delta_1\}$。如果结构刚度很大或几何非线性非常小，则在此位形上施加全部荷载后，结构将返回到设计位形或两者误差很小，此时 $\{v_0\} + \{\delta_1\}$ 即为施工初始位形。否则，若结构刚度较小或几何非线性较强，受荷后结构不会回到设计位置，而是到达位形 2：$\{v_0\} + \{\delta_1\} - \{\delta_2\}$，与设计位形的误差为 $\{\delta_1\} - \{\delta_2\}$。在下一次迭代时，仍以设计位形为基准，施加预调值 $\{\delta_2\}$，施加全部荷载后得到位形 3：$\{v_0\} + \{\delta_2\} - \{\delta_3\}$。此时，与设计位形的误差为 $\{\delta_2\} - \{\delta_3\}$ 如此反复，直到 $\{\delta_{n-1}\} - \{\delta_n\}$ 满足容差要求，最终得到倾斜结构的施工初始位形位：$\{v_0\} + \{\delta_{n-1}\}$。

根据以上理论方法，在 ANSYS 基础上开发了倾斜结构施工模拟的数值计算程序，如图 4-21 所示。程序算法思想简单，易于数值实现，具有计算效率高、收敛性好的优点，能够跟踪整个施工迭代过程。

2. 工程案例

（1）工程概况。

某倾斜高层钢结构工程，结构采用巨型框架形式，楼层平面尺寸为 27m×27m，塔楼沿水平两个方向呈 6° 倾斜，层高 3.6m，共 20 层，塔顶最大偏离 7.24m，如图 4-22 所示。构件截面尺寸见表 4-2。

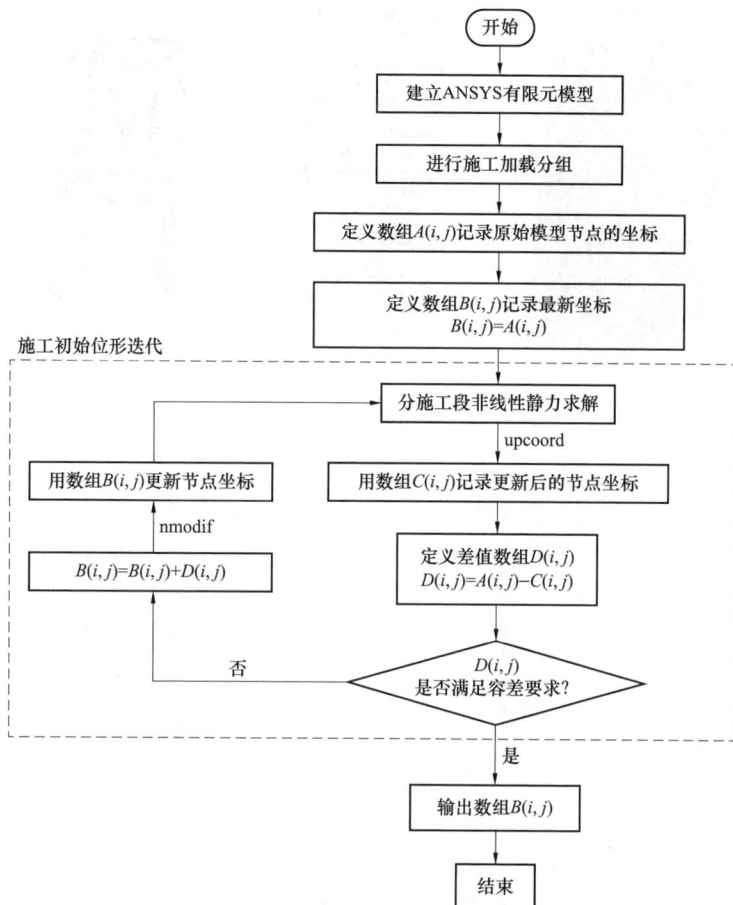

图 4-21　倾斜结构施工模拟计算流程图

表 4-2　　　　　　　　　　　　　　构 件 截 面 信 息

构 件 类 型	截面尺寸（mm）
巨型柱	钢管混凝土 □1500×1500×32
巨型梁、斜撑	钢管混凝土 □1200×1200×25
普通柱	□450×450×28
普通梁	H600×250×20×12
楼板	厚度 120 压型钢板

由于巨型柱、梁和支撑采用钢管混凝土结构，所以在 ANSYS 中进行数字化模拟计算时，必须自定义由复合材料组成的组合截面，巨型柱和巨型梁的组合截面网格划分及截面特性如图 4-23 所示。

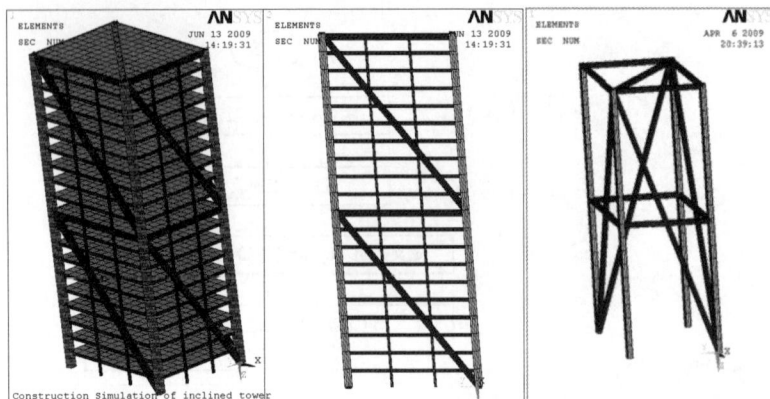

图 4-22　倾斜高钢结构数值模型

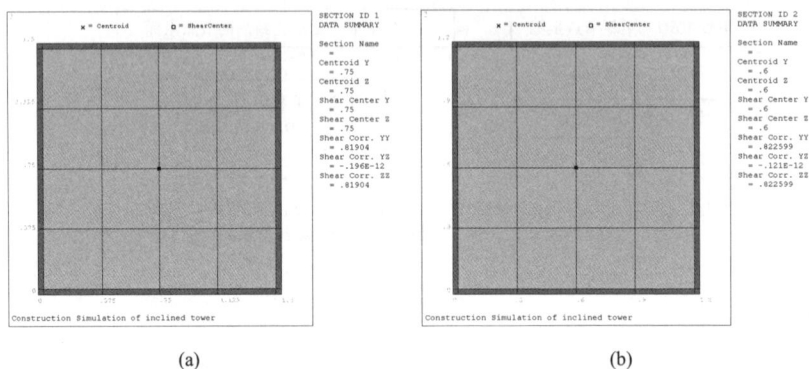

图 4-23　钢管混凝土网格划分及截面特性
（a）巨型柱；（b）巨型梁、支撑

（2）数字化施工模拟分析。

按照先施工巨型框架，后施工普通楼层的顺序，算例的施工模拟分析共分为12个子施工步，第1步施工第一层巨型框架，第2步施工第二层巨型框架，从第3步开始施工普通楼层，每2层作为一个施工段。经过4次迭代，计算容差即可满足3mm的要求，所得的节点坐标便是施工初始位形。然后，按照算例1的"正装法"，按照施工顺序逐渐激活各施工段的杆件和作用力，或者用桥梁上常用的"倒拆法"，逐步去掉每个施工步的荷载和杆件，计算新的结构位形，即为施工过程各阶段的安装位形。

1）收敛容差验证。

根据本书程序计算得到的初始位形，对整个结构按照施工顺序逐渐激活各施工段的杆件和荷载，施工完毕后结构的变形图4-24所示。为了验证本书程序收敛容差是否满足 3mm 的要求，可以用此变形与坐标差值（设计坐标与初始位形坐标）进行比较。

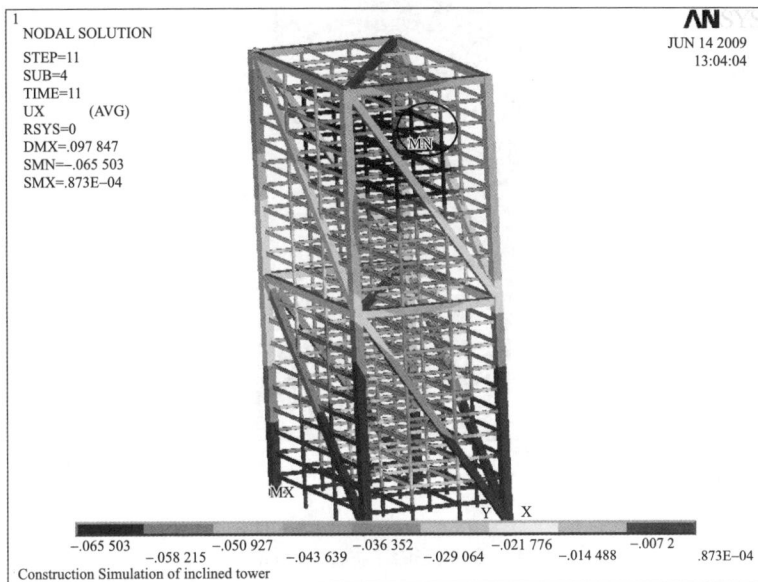

(a)

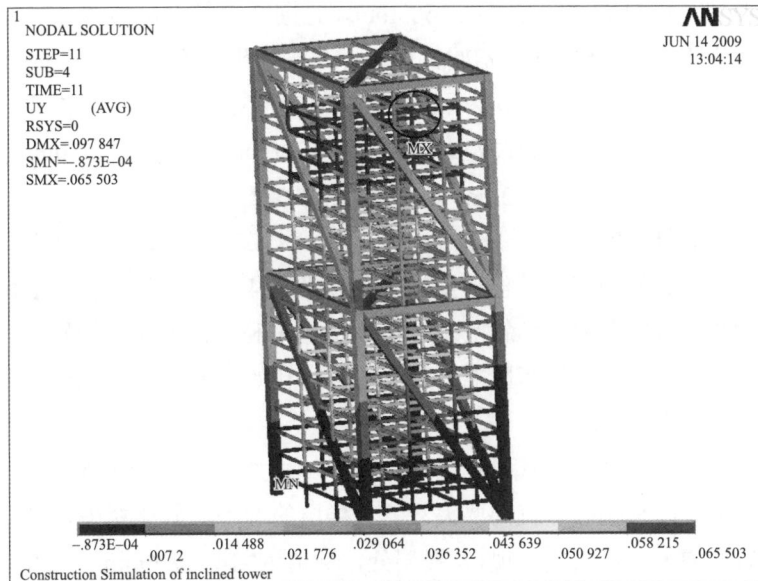

(b)

图 4-24　施工模拟结束后变形图（一）

（a）X 向位移；　（b）Y 向位移

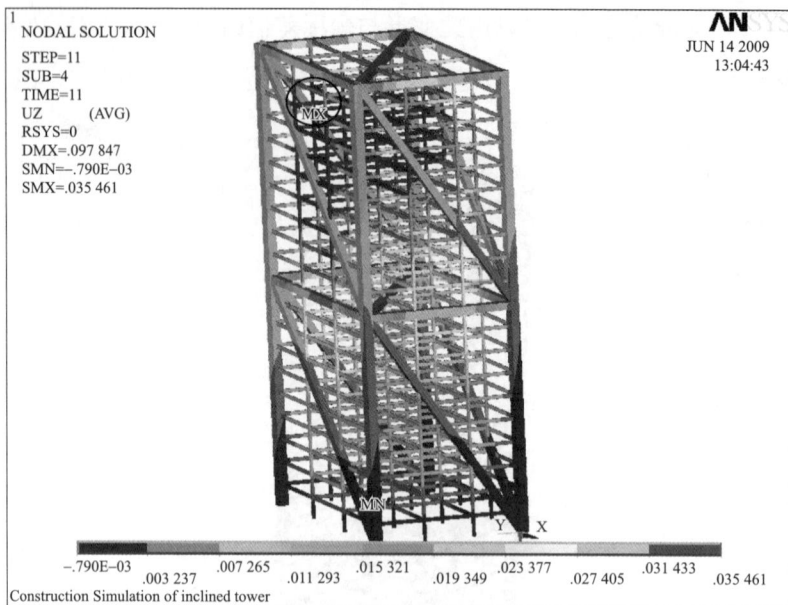

图 4-24 施工模拟结束后变形图（二）
（c）Z向位移

计算得到，X向最大位移为-65.503mm，Y向节点最大位移为 65.503mm，Z向节点最大位移为 35.461mm。初始位形坐标与设计坐标相差：X向-66.233mm，Y向 66.233mm，Z向 35.490mm，而且最大差值的节点位置与图 1-27 中一致。由此可知，程序施工模拟计算的误差为：X向为 0.730mm，Y向为 0.730mm，Z向为 0.029mm，均小于预先设定的 3mm 容许误差的要求。

2）计算结果比较。

本书程序计算的施工初始位形坐标比较列于表 4-3，限于篇幅且 X 和 Y 向坐标对称，本节仅给出了内侧倾斜巨型柱各楼层处 X 和 Z 向坐标。初始位形 1 是迭代过程中不考虑施工加载过程影响的计算结果；初始位形 2 是迭代过程同时考虑施工加载过程的影响。

数值结构比较发现，迭代过程中是否考虑施工加载过程对计算结果有一定的影响，而且水平向影响较竖直向要大。随着楼层的增加，X 坐标差值是先增大后减小，然后再增大，最大值出现 7 楼层处，数值为-14.288 6mm；随着楼层的增加，Z 坐标差值是先增大后减小然后再增大，最大值出现 20 楼层处，数值为-2.147 5mm。

表 4-3　　　　　　　　初始位形与设计位形节点坐标比较

楼层	X 坐标（m）		差值（mm）	Z 坐标（m）		差值（mm）
	初始位形 1	初始位形 2		初始位形 1	初始位形 2	
20	−32.325 3	−32.329 0	−3.690 9	−72.013 4	−72.015 5	−2.147 5
19	−32.052 7	−32.061 4	−8.630 6	−68.413 8	−68.415 2	−1.413 1
18	−31.783 6	−31.794 7	−11.144 5	−64.813 9	−64.814 9	−0.966 8
17	−31.515 5	−31.527 3	−11.799 9	−61.213 7	−61.214 5	−0.766 2
16	−31.250 1	−31.261 2	−11.113 4	−57.614 2	−57.615 0	−0.756 5
15	−30.984 9	−30.994 5	−9.570 5	−54.013 5	−54.014 4	−0.869 4
14	−30.721 5	−30.729 2	−7.655 6	−50.412 7	−50.413 8	−1.024 8
13	−30.457 4	−30.463 2	−5.856 1	−46.811 9	−46.813 0	−1.143 7
12	−30.193 7	−30.198 4	−4.696 4	−43.211 1	−43.212 2	−1.143 5
11	−29.927 7	−29.932 5	−4.782 0	−39.610 5	−39.611 4	−0.950 5
10	−29.660 3	−29.667 2	−6.914 5	−36.010 2	−36.010 7	−0.491 7
9	−29.390 8	−29.401 2	−10.452 7	−32.409 7	−32.409 7	0.007 4
8	−29.122 5	−29.135 7	−13.186 5	−28.809 0	−28.808 6	0.402 6
7	−28.856 3	−28.870 5	−14.228 6	−25.208 1	−25.207 5	0.623 8
6	−28.590 1	−28.603 6	−13.572 3	−21.607 1	−21.606 4	0.672 0
5	−28.325 6	−28.337 2	−11.635 9	−18.006 0	−18.005 4	0.587 5
4	−28.060 6	−28.069 5	−8.897 6	−14.404 7	−14.404 3	0.418 1
3	−27.796 8	−27.802 6	−5.851 7	−10.803 4	−10.803 2	0.218 9
2	−27.531 8	−27.534 8	−3.003 7	−7.202 2	−7.202 1	0.043 1
1	−27.267 1	−27.268 0	−0.873 2	−3.601 0	−3.601 0	−0.049 1

3）程序收敛性比较。

对巨型框架的刚度进行修正后，再次进行施工模拟迭代计算，结果表明：随着巨型框架刚度的减弱，倾斜结构的几何非线性和 $P-\Delta$ 效应越来越明显，迭代次数也随之增多，甚至出现了不收敛的情况。具体的收敛性比较见表 4-4。

表 4-4　　　　　　　　程 序 收 敛 性 分 析

巨型框架刚度比（与原始模型比较）		1.0	0.5	0.2	0.1	≤0.08
迭代次数		4	4	5	13	不收敛
施工初始位形顶点坐标（内侧巨型柱）	X	−32.325 3	−32.301 9	−32.236 0	−32.135 4	
	Z	−72.013 4	−72.026 5	−72.063 9	−72.121 9	

4.2.5 变边界约束的钢结构施工数字化模拟技术

现代大型空间钢结构造型新颖、体量庞大、体系复杂，为了经济合理、技术先进、安全可靠，关于大型空间钢结构的设计与施工理念在迅速发展变化。目前工程中出现的一种变边界约束结构–即结构在施工阶段和使用阶段具有不同的边界条件–是现代大型空间钢结构设计与施工中的一种新方法，变边界约束概念的采用使得结构系统的某些参数或条件在分析计算时不再像传统结构分析那样保持为恒定不变，而是随时间或结构的状态发生变化，尽管这种变化通常与结构体系的生命周期相比非常短暂，但这种变化对结构的受力性能、承载能力和经济性能却有着显著的影响，并且传统的分析方法不在适用。

1. 数字化模拟技术

本书涉及的变边界约束结构是结构系统的边界参数在其生命周期内的某个时间点发生突变的一种结构体系。这类结构应归为时变结构的范畴，时常力学的分析方法已不足以满足此种结构的分析要求，需要采用新的计算方法进行分析。提出了一种变边界约束结构分析的有效方法，并给出了相应的非线性有限元方程和计算策略。

（1）线性静力分析。

不失一般性，假设一种变边界约束结构在其生命周期经历一次边界变化，也即结构具有两种边界条件相应的两个阶段。设结构体系在阶段 1 的刚度矩阵为 $[K_{1E}]$，承受的荷载为 $\{F_1\}$，相应的位移为 $\{U_1\}$；结构在进入阶段 2 后刚度矩阵变为 $[K_{2E}]$，结构上的荷载在 $\{F_1\}$ 基础上增加了 $\{F_2\}$，而对应于 $\{F_2\}$ 的位移为 $\{U_2\}$，则在线性条件下有：

$$[K_{1E}]\{U_1\} = \{F_1\} \tag{4-6}$$

$$[K_{2E}]\{U_2\} = \{F_2\} \tag{4-7}$$

由于在不同阶段结构边界条件不同，通常 $[K_{1E}]$ 和 $[K_{2E}]$ 的维数不同，为了求得结构终态的位移，需要将不同阶段的刚度矩阵和位移向量转换为相同的维数，以方便结构位移的叠加。假定 $[K_{1E}]$、$\{U_1\}$ 的维数大于 $[K_{2E}]$、$\{U_2\}$，则可由扩充矩阵 $[A]$ 将 $\{U_2\}$ 扩充到与 $\{U_1\}$ 同维，即：

$$\{U_2'\} = [A]\{U_2\}$$

或

$$\{U_2\} = [A]^T\{U_2'\} \tag{4-8}$$

$$\{F_2'\} = [A]\{F_2\}$$

或
$$\{F_2\} = [A]^T \{F_2'\} \qquad (4-9)$$

其中，$\{F_2'\}$、$\{U_2'\}$ 分别为将 $\{F_2\}$、$\{U_2\}$ 扩充到与 $\{F_1\}$、$\{U_1\}$ 同维数的荷载、位移向量。

根据线性叠加原理，可得到结构的总位移为：

$$\{U\} = \{U_1\} + \{U_2'\} = [K_{1E}]^{-1}\{F_1\} + [A][K_{2E}]^{-1}\{F_2\} \qquad (4-10)$$

（2）线性稳定分析。

假定结构在阶段 1 不失稳（若结构在阶段 1 失稳，则结构不可能进入阶段 2，采用常规稳定性分析方法即可），进入阶段 2 可能失稳。阶段 1 结构在荷载 $\{F_1\}$ 作用下产生的位移 $\{U_1\}$ 为结构进入阶段 2 的初变位，同样结构构件也有相应的初内力。因而，在阶段 2 结构上作用的荷载为 $\{F\} = \{F_1\} + \{F_2'\}$，而且结构具有初始位移 $\{U_1\}$。结构在阶段 2 的线性平衡方程为：

$$[K_{1E}]\{U_1\} + [K_{2E}']\{U_2'\} = \{F\} \qquad (4-11a)$$

其中
$$[K_{2E}'] = [A][K_{2E}][A]^T \qquad (4-11b)$$

在临界状态（阶段 2 中），结构线性失稳的特征方程为：

$$[K_T]\{\Delta U\} = \{0\} \qquad (4-12)$$

式中　$\{\Delta U\}$——结构增量位移向量，且 $\{\Delta U\} = \{\Delta U_2\}$；

$[K_T]$——阶段 2 结构切线刚度矩阵，且 $[K_T] = [K_{2E}] + [K_{2G}]$　（4-13）

求解方程（4-12）可得到变边界约束结构的线性稳定系数。这里需要强调的是，式（4-13）中的几何刚度矩阵 $[K_{2G}]$ 与结构临界状态前的荷载 $\{F\} = \{F_1\} + \{F_2'\}$ 有关，也即与阶段 1 的荷载有关，并且需考虑阶段 1 在结构上产生的初变位的影响，因而，$[K_{2G}]$ 的元素与传统线性方法中不同。

（3）非线性分析。

1）变边界约束结构的非线性有限元方程。

结构非线性分析的增量有限元方程为

$$[K_T]_j\{\Delta U\} = \{P\}_j - \{R\}_j \qquad (4-14)$$

在修正的 Newton–Raphson 法中，结构切线刚度矩阵 $[K_T]_j$ 在每一荷载增量步中保持不变。对于变边界约束结构，可设定荷载增量，使得在每一荷载增量步中 $[K_T]_j$ 的阶数也恒定不变，而边界条件的改变发生在某一荷载增量步开始之际。同时，结构切线刚度矩阵在该增量步开始前后发生突变。与线性分析方法相仿，假定荷载步 i 时结构边界条件为阶段 1，荷载步 $i+1$ 时结构边界条件变为阶段 2，则可将任意一个荷载增量步末结构的位移表示如下：

$$\{U_j\} = \{U_{j-1}\} + \{\Delta U\}, \; j \leqslant i \qquad (4-15a)$$

$$\{U_j\} = \{U_{j-1}\} + [A]\{\Delta U\}, \ j \geqslant i+1 \tag{4-15b}$$

其中，$\{U_j\}$ 为第 j 荷载增量步末结构的位移响应，$\{U_{j-1}\}$ 为结构第 $j-1$ 个荷载增量步末的总位移，$\{\Delta U\}$ 为当前荷载增量步的位移增量，$[A]$ 为扩充矩阵。

由式（4-15）可得到结构中任意一点的位移，进而可得到结构的内力及荷载–位移曲线，并跟踪结构的后屈曲反应。

2）变边界约束结构线性化分析的强制约束法计算策略。在非线性有限元方程的线性化增量求解中，采用"强制约束法"计算策略可进行变边界约束结构的分析。根据以上线性化增量有限元方程，"强制约束法"计算方法可表述为：

① 建立结构几何模型，施加阶段 1 的边界约束以及荷载，对结构进行分析。

② 记录结构节点位移及构件内力。

③ 获取在阶段 2 边界条件将发生变化的节点的位移，作为后续分析该节点的强迫位移。

④ 修改结构模型的边界条件为阶段 2 的边界条件，在新增加的边界约束方向按步骤③中计算的位移作为强迫位移施加到新边界上；同时，将步骤②中计算得到的节点位移作为已知位移施加到修改后的结构模型相应坐标上，以形成阶段 2 的新计算模型。

⑤ 在修改后的新模型上施加阶段 2 增加的荷载。

⑥ 对修改后的模型进行增量分析。

强制约束法是在阶段 1 结构模型上修改约束条件使结构模型改变为阶段 2，将阶段 1 中求得的结构未知节点位移作为已知强迫位移施加到阶段 2 结构上，从而使得阶段 2 模型能得到和原结构在同样荷载作用下相同的计算结果。

如果对于约束条件是可变参数的，往往则需要从阶段 2 的需求为目标，通过参数修改进行迭代计算，直至达到阶段 2 的实际状态。如临时支撑的分阶段同步卸载分析，需要以目标卸载位移为目标，通过卸载点位弹簧刚度的参数迭代修正，直至实现整个卸载过程的准确模拟计算。

2. 数字化控制装置技术

基于施工数值模拟中变边界约束条件的理论及施工控制需求，对临时支撑系统的标准化和系列化研究。并经过多过工程的实践，逐步形成了适应不同施工控制和临时支撑卸载需求的系列化装置产品，可以实现施工过程中临时支撑系统的恒力控制和精准卸载，从而确保了变边界约束的钢结构施工精准度和安全性。

图 4-25 为施工过程临时支撑系统的恒力控制装置，利用安装有蝶簧组的弹性支座传递上部被支撑主体结构的荷载，通过设置碟簧组的预压力控制临时支撑的

荷载，通过压力传感器和位移传感器进行数字化监控，从而保护其下部地下建筑结构的安全。图 4-25（a）和图 4-25（b）为两个产品类型。

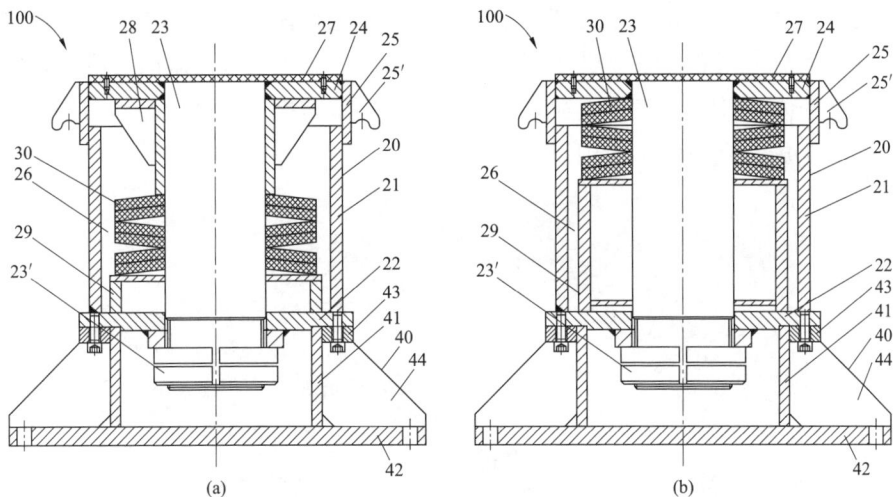

图 4-25　临时支撑恒力控制装置

图 4-26 为偏于快速卸载的临时支撑系统的恒力控制装置，是在恒力控制装置基础上进行功能拓展的装置产品。除了具有恒力控制装置的性能以外，能够通过特有漏砂装置进行排砂的方法，快速实现临时支撑的卸载和拆除，实现结构体系的安全转换。

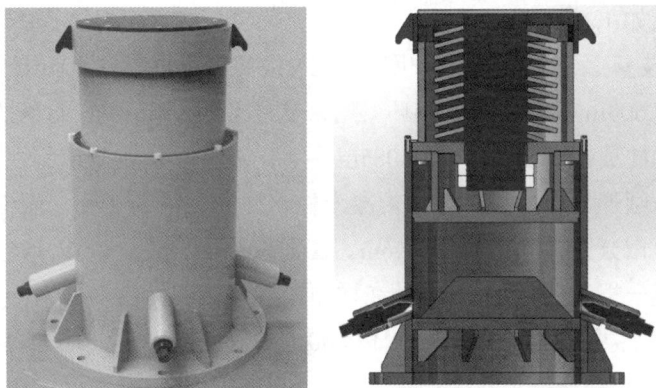

图 4-26　临时支撑快速卸载的恒力控制装置

3. 工程案例

（1）工程概况。

上海静安体育中心钢结构工程，建筑效果如图 4-27 所示。属于典型的大跨斜交桁架体系，跨度大、刚度小，施工过程需要设置大量临时支撑，支撑卸载位移量大大超出常规的大跨结构，累积卸载位移达到300mm。所以，需要采用变边界约束的施工数字化模拟技术对卸载施工的全过程进行模拟计算，采用施工监测与控制技术对施工过程的安全性进行全面控制，确保施工过程中临时支撑结构的安全（支撑本体、基础强度等），确保主体结构在体系转换过程中应力和变形的安全可控，直至施工完成状态达到设计目标。

图 4-27 上海静安体育中心

结构体系如下：

1）竖向支承系统介绍：① 外圈落地 15 根混凝土框架柱呈圆形分布，间距约为 27m，在 9.600m 高位置设有钢环梁用来支撑 44 根间距 9m 的钢柱，与屋盖构件刚接连接。柱顶标高 28.117～36.085m 不等，在柱顶设置一道刚性系杆。② 第二圈柱同样呈圆形分布，设有 7 根混凝土柱，柱间距约为 24m，而中间两根柱为了与下部体育馆分开，间距约为 146m。在大悬挑端设置一个 V 形分叉钢柱，而在另一端设置一根斜钢柱。屋盖构件在柱顶铰接连接。③ 内圈柱为一道直线分布，共设有 10 根混凝土柱，柱间距为 12.800～19.600m 不等，柱顶标高 31.221～34.408m。屋盖构件在柱顶铰接连接。

2）倒三角桁架系统介绍：在第二圈柱顶设置倒三角圆管桁架，桁架上弦网格宽 1.3m，长约 2m，桁架高约 2.5m；在内圈柱顶同样设置倒三角圆管桁架，桁架上弦网格宽 1m，桁架高约 2.5m，上、下层网格定位与径向桁架弦杆相对应，并结合下部柱位进行局部调整。

3）径向桁架系统介绍：径向桁架采用平面桁架结构体系，呈发散射线式分布，与外圈柱顶刚接相对应，共计 43 榀，最大跨度约为 93.7m。

4）环向桁架系统介绍：为了保证径向桁架面外的稳定，等间距设置了 6 道环向次桁架，其中最内圈一道为封边桁架。体育中心构架结构体系构成如图 4-28 所示。

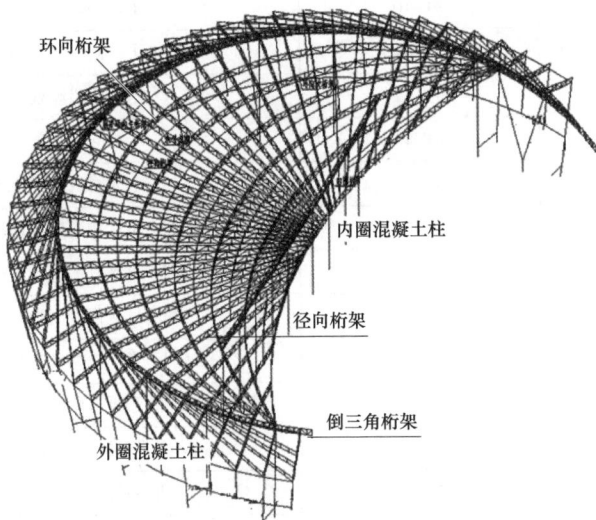

图 4-28　结构体系介绍

（2）卸载施工技术路线。

根据结构安装流程和卸载流程，建立各施工阶段数值模型，共建立 38 个施工阶段，其中卸载阶段，分为径向桁架分区分级卸载阶段、弧形桁架分区分级卸载阶段，表 4-5 列出了所有阶段的施工内容及流程，图 4-29 给出了主要施工阶段模型。

表 4-5　　　　　　　　　　　　施工阶段信息一览表

施工工况类别	施工工况名称	施工工况内容
结构安装	ST-1	外框架形成
	ST-2	径向桁架分段支撑安装
	ST-3	球铰支座解锁
径向桁架卸载	ST-4	首次跳帮不分级卸载
	ST-5	二次跳帮不分级卸载
	ST-6	I 区外圈同步卸载 10mm

施工工况类别	施工工况名称	施工工况内容
径向桁架卸载	ST-7	Ⅰ区内圈同步卸载10mm
	ST-8	Ⅰ区外圈同步卸载10mm
	ST-9	Ⅰ区内圈同步卸载10mm
	ST-10	Ⅰ区同步卸载20mm
	ST-11	Ⅰ区同步卸载20mm
	ST-12	Ⅰ区同步卸载20mm
	ST-13	Ⅰ区同步卸载20mm
	ST-14	Ⅰ区同步卸载20mm
	ST-15	Ⅱ区/Ⅲ区内圈同步卸载10mm
	ST-16	Ⅱ区/Ⅲ区外圈同步卸载10mm
	ST-17	Ⅱ区/Ⅲ区内圈同步卸载10mm
	ST-18	Ⅱ区/Ⅲ区外圈同步卸载10mm
	ST-19	Ⅱ区/Ⅲ区同步卸载20mm
	ST-20	Ⅱ区/Ⅲ区同步卸载20mm
	ST-21	Ⅱ区/Ⅲ区同步卸载20mm
	ST-22	Ⅱ区/Ⅲ区同步卸载20mm
	ST-23	Ⅱ区/Ⅲ区同步卸载20mm
结构安装	ST-24	Ⅰ区/Ⅱ区/Ⅲ区欠补段安装
弧形桁架卸载	ST-25	结构柱之间的支撑拆除
	ST-26	上弦杆支撑拆除
	ST-27	中间区域同步卸载10mm
	ST-28	两侧区域同步卸载10mm
	ST-29	中间区域同步卸载10mm
	ST-30	两侧区域同步卸载10mm
	ST-31	同步卸载20mm
	ST-32	同步卸载20mm
	ST-33	同步卸载20mm
	ST-34	同步卸载20mm
	ST-35	同步卸载20mm
	ST-36	同步卸载20mm
	ST-37	同步卸载20mm
结构安装	ST-38	剩余构件安装

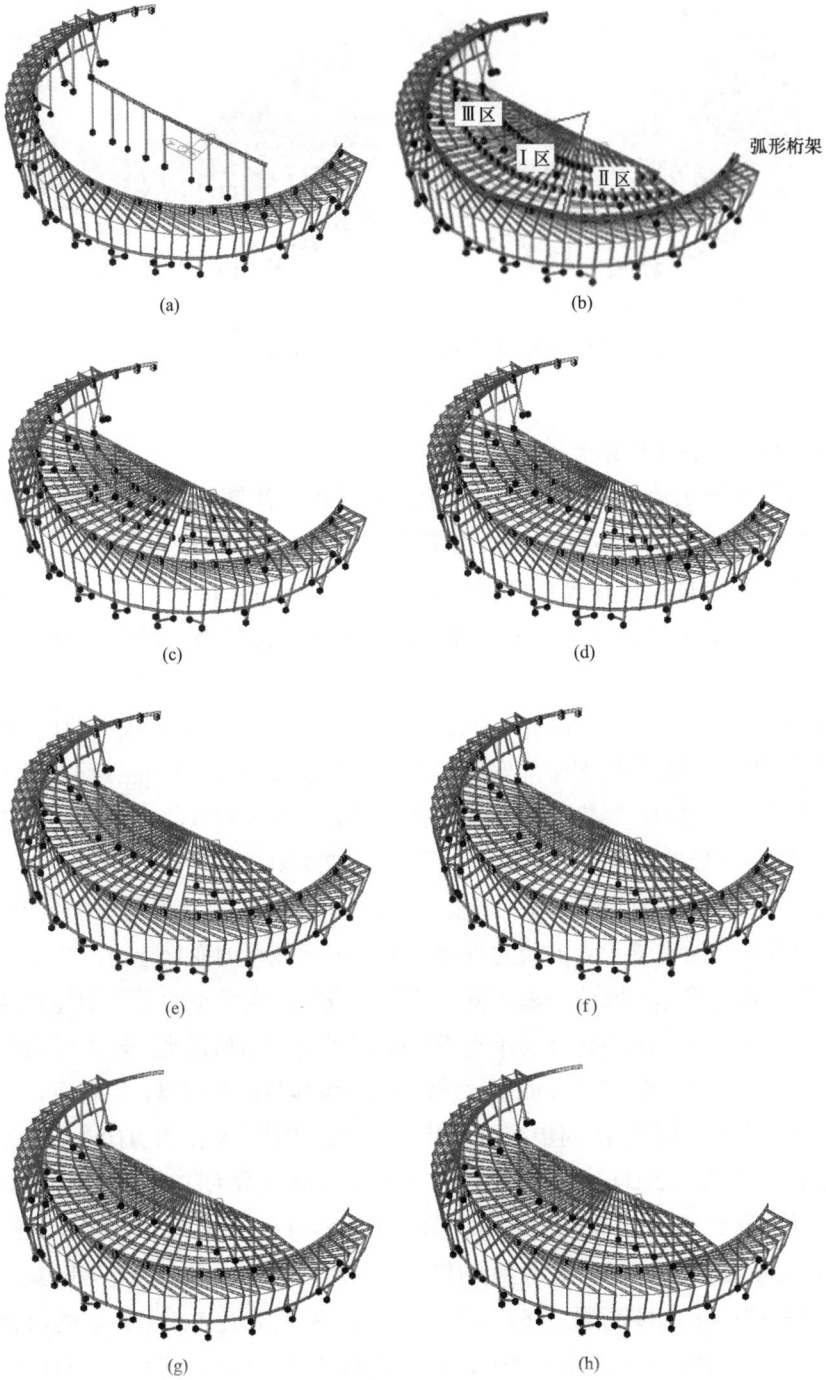

图 4-29 主要阶段对应施工数值计算模型（一）

（a）ST-1；（b）ST-2；（c）ST-5；（d）ST-14；（e）ST-23；（f）ST-24；（g）ST-25；（h）ST-26

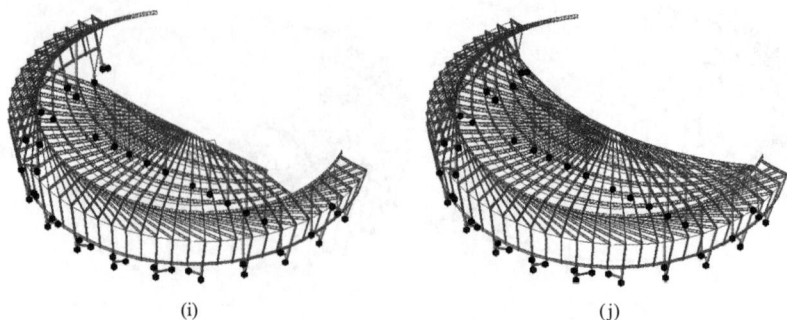

图 4-29　主要阶段对应施工数值计算模型（二）

(i) ST-37；　(j) ST-38

（3）数字化施工模拟分析。

根据整个施工流程可知，桁架支承点会经历多次卸载过程，包括一次性跳帮卸载以及多级同步卸载，采用变边界约束的钢结构数字化模拟技术，通过分阶段同步卸载的目标位移进行过程中的迭代分析，确定准确的卸载点位刚度支承参数，得出了结构卸载过程中支撑点位反力的变化结果，确保了施工过程中的安全。

图 4-30 给出了径向桁架跳帮卸载支承点在构架结构施工过程中的反力情况。计算结果表明，当径向桁架全部安装完成后，支承点 JHJ4-A 处的反力值最大，最大反力为 48.34kN；当完成第一次跳帮卸载后，尚未卸载的支承点反力骤增，支承点 JHJ4-A 处的反力值最大，最大反力为 97.07kN。

图 4-31 给出了径向桁架同步卸载支承点在构架结构施工过程中的反力情况。计算结果表明，所有支承点的反力均经历先增加后减小的变化趋势。其中，在跳帮卸载时，反力值达到峰值。随着同步卸载的进行，支承点的反力均逐步减小，直至消失。支承点 JHJ17-B 和支承点 JHJ4a-B 处的反力值最大，最大反力分别为 203.96kN 和 206.26kN。以 10mm 作为每一级同步卸载的卸载量，经计算，Ⅰ 区各支承点最多需要经历 12 级同步卸载，其中支承点 JHJ6-A/B 和 JHJ8-A/B 的卸载级数为 10，支承点 JHJ4-A/B 和 JHJ12-A/B 的卸载级数为 12；Ⅱ/Ⅲ区各支承点最多需要经历 12 级同步卸载，其中支承点 JHJ8a-B 和支承点 JHJ21-B 的卸载级数为 1，支承点 JHJ8a-A 和支承点 JHJ21-A 的卸载级数为 2，支承点 JHJ4a-A 和支承点 JHJ17-A 的卸载级数为 6，支承点 JHJ4a-B 和支承点 JHJ17-B 的卸载级数为 8，支承点 JHJ1-A 和支承点 JHJ13-A 的卸载级数为 10，支承点 JHJ1-B 和支承点 JHJ13-B 的卸载级数为 12。

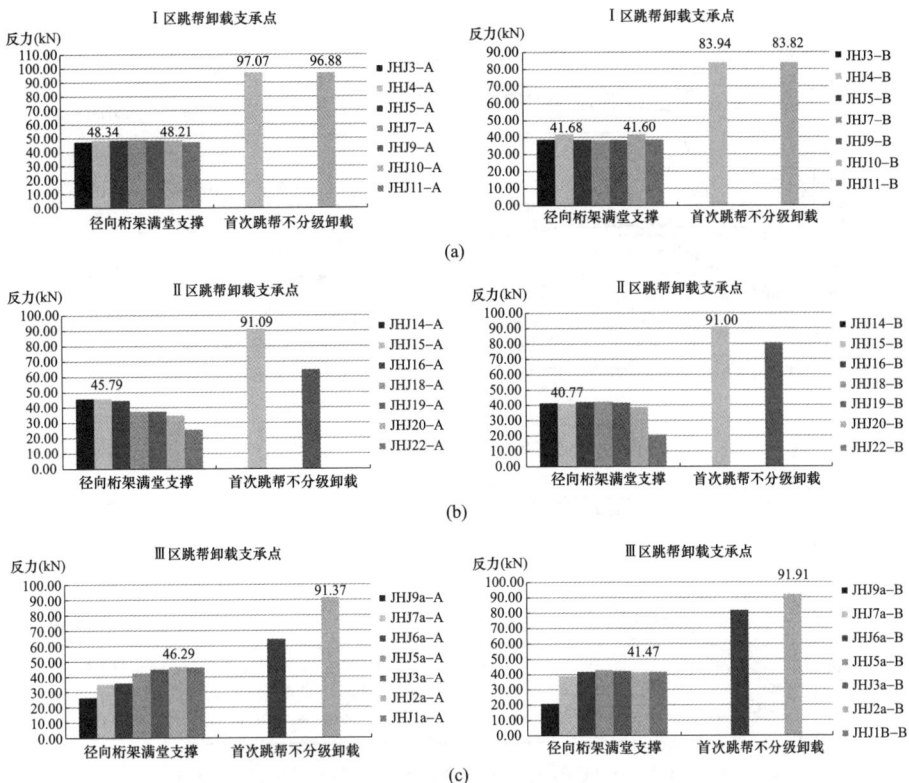

图 4-30　径向桁架跳帮卸载支承点反力分布
（a）Ⅰ区跳帮卸载支承点反力分布；（b）Ⅱ区跳帮卸载支承点反力分布
（c）Ⅲ区跳帮卸载支承点反力分布

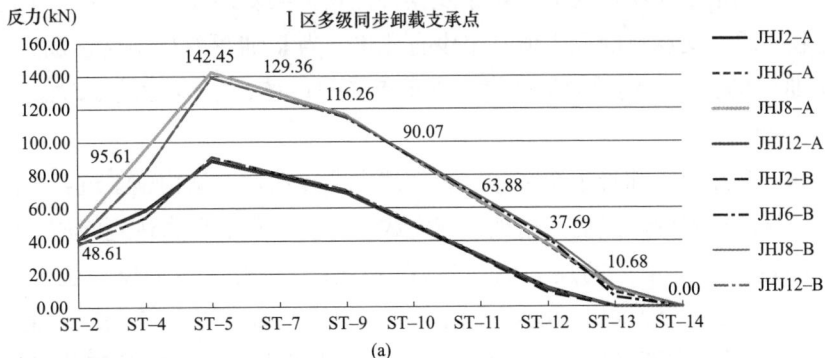

图 4-31　径向桁架多级同步卸载支承点反力分布情况（一）
（a）Ⅰ区多级同步卸载支承点反力分布

103

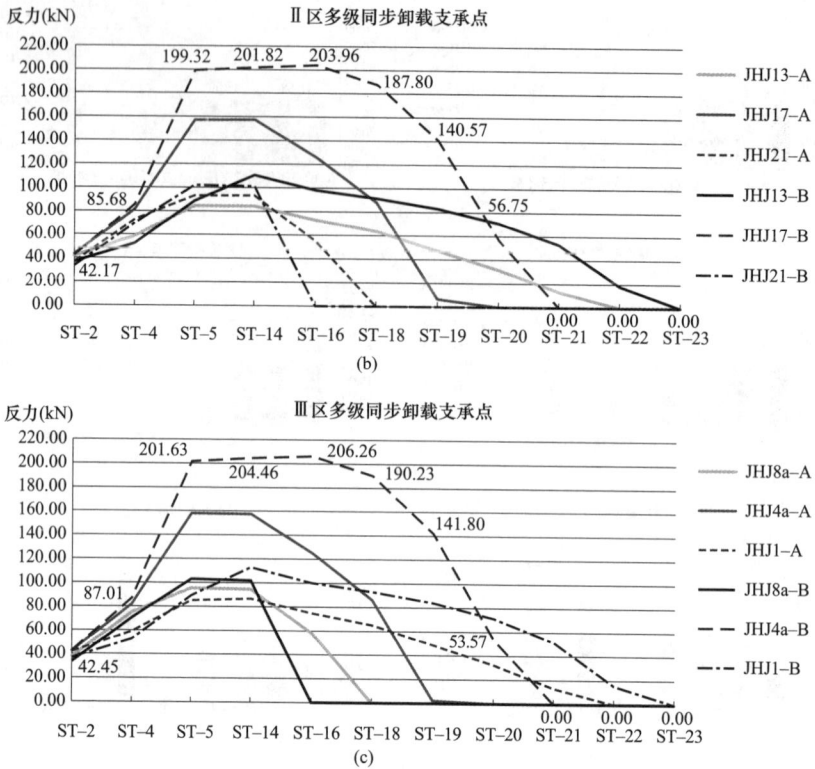

图 4-31　径向桁架多级同步卸载支承点反力分布情况（二）
（b）Ⅱ区多级同步卸载支承点反力分布；（c）Ⅲ区多级同步卸载支承点反力分布

图 4-32 给出了弧形桁架在结构柱之间的支承点在构架结构施工过程中的反力情况。计算结果表明，在弧形桁架及其外侧钢框架安装完成后，直至Ⅰ区径向桁架卸载完成，支承点的反力值几乎没有变化。当Ⅱ/Ⅲ区径向桁架卸载完成后，靠近Ⅱ/Ⅲ区的支承点的反力值骤增，支承点 THJ1-15a 处的反力值最大，最大反力为 298.90kN。

图 4-33 给出了弧形桁架多级同步卸载支承点在构架结构施工过程中的反力情况。计算结果表明，当径向桁架卸载完成后，支承点的反力达到峰值。随着同步卸载的进行，支承点的反力均逐步减小，直至消失。最大反力位于支承点 THJ1-1a 处，反力值为 465.19kN。以 10mm 作为每一级同步卸载的卸载量，经计算，各支承点最多需要经历 16 级同步卸载，其中支承点 THJ1-3a 的卸载级数为 1，支承点 THJ1-16 的卸载级数为 4，支承点 THJ1-1a 的卸载级数为 6，支承点 THJ1-2 和支承点 THJ1-14 的卸载级数为 10，支承点 THJ1-12 的卸载级数为 12，支承点

THJ1–4 的卸载级数为 14，支承点 THJ1–6、支承点 THJ1–8 和支承点 THJ1–10 的卸载级数为 16。

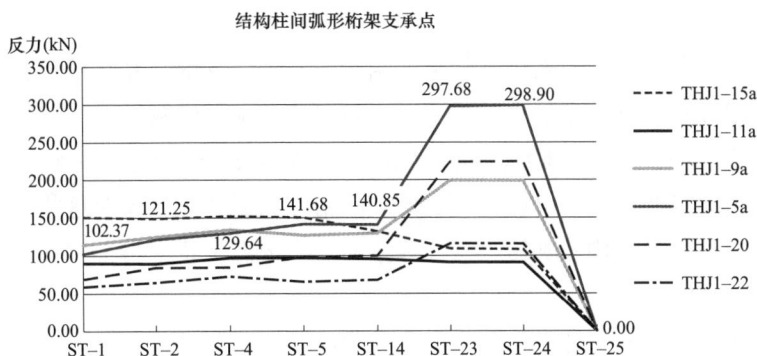

图 4-32　结构柱间弧形桁架支承点反力分布

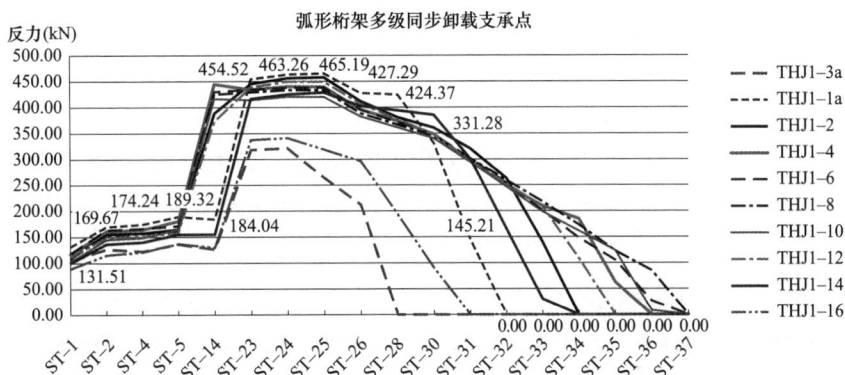

图 4-33　弧形桁架多级同步卸载支承点反力分布

4.3　施 工 监 测 技 术

施工过程中结构系统的状态可由静力平衡方程或动力平衡方程来描述，根据结构在施工过程中是否有较为明显的动力效应，可将施工过程监测分为静力监测和动力监测。而结构在施工过程中是否存在动力效应，则取决于施工方法。当采用分块吊装法时，虽然被吊装结构在吊装时存在动力效应，但对整体结构影响小，可认为整个施工过程平稳、无动力效应，该类施工过程监测可采用静力监测；当结构施工采用顶升法、滑移法、攀达穹顶法、折叠展开法等方法时，整体结构在施工过程中有运动过程或运动状态，存在动力效应，该类施工过程监测应采用动力监测。

4.3.1 施工监测测点布置

1. 施工监测参数

施工过程监测关键参数应能够反映结构及其施工支撑体系在任意施工阶段的力学形态或预示可能出现的失效模式。一般可将监测关键参数分为三类：荷载参数（如温度、风荷载、顶推力、提升力等）、响应参数（如应力、变形、加速度等）以及结构振动特性参数（如频率、振型等）。施工过程中，通过对这些关键参数的实时监控，可获得结构及其施工支撑体系的受力形态及位形特征，从而达到施工过程安全控制的目的。

监测参数的选择与结构体系、监测类型以及监测要求有关，同时还受限于当前监测仪器设备的技术水平。当前，大部分监测工作是选取最大应力、最大位移或最大振动效应为监测参数，显然这是不完全的。结构的安全状态还与温度、风荷载、支座反力等关键参数直接相关，因此，这些环境参数和状态参数也应被实时监测。同时，大型复杂钢结构的施工过程中还存在失稳或其他失效问题，经过大量实际工程数值分析可知，结构应力最大的杆件或最大变形点往往并非与最易发生失稳的区域重合。因此，失稳或失效也是确定关键监测参数时需特别考虑的问题。

2. 施工监测测点布置原则

根据实际工程经验，结构施工过程监测测点布置内容包括结构测点分布和构件测点布置，而测点的布置原则为：先根据上述结构施工过程分析结果，选择关键监测参数，确定不同监测类型监测参数测点在结构中的分布区域和在构件或节点上的布置位置，然后确定各测点的布置方法。

静力测点为通过施工过程静力分析确定给的测点，包括构件应力测点、结构变形或位移测点、温度测点以及风荷载测点，确定具体测点位置的原则为[1]：

（1）在结构施工系统中应力最大构件处布置应变测点，在变形最大节点处布置位移测点。

（2）在反映施工过程中结构施工系统失效模式的特征应变和变形处布置测点。

（3）在反映结构状态变化（如结构合龙或临时支撑卸载）的构件及节点处布置测点，主要包括内力变化较大构件的内力（特别是性质变化的内力）测点、位移变化较大节点的位移测点以及反力变化较大的支座反力测点。

（4）在反映施工过程中结构重要区域部位结构的受力状态，如最高点处变形、支座处构件内力、应力集中处（支撑点）的应力等处布置测点。

（5）在温度变化较大的位置布置测点。

（6）在风荷载效应敏感的部位布置测点。

动力测点为通过结构施工过程动力分析确定的测点，包括构件的应力测点、振动位移测点、加速度测点、频率测点及运动速度测点。确定具体测点位置的原则为：

（1）在结构构件应力响应最大处布置应变测点，在节点位移响应最大处布置位移测点。

（2）布置反映施工过程中结构及施工体系动力失效模式的特征测点，即特征节点的动力位移测点。

（3）布置结构施工系统振型关键点的振动加速度测点。

3. 施工监测测点布置方法

根据监测参数性质不同，测点可分为：应变测点、位移测点、反力测点、加速度测点、温度测点、风荷载测点及速度测点。每种测点的监测目的及机理不同，其布置方法也不尽相同。

（1）构件应变测点。

经过施工过程分析确定应变测点布置区域和构件后，需要在相应构件上布置应变传感器。传感器的布置位置和数量取决于构件截面形式及其受力特点。空间钢结构构件按受力特点，可分为轴力构件和弯曲构件。轴力构件仅承受轴向力，截面各点应变区域相同；弯曲构件受弯矩作用产生弯曲变形，同一截面各点的应变不同。另外，构件截面几何形式不同，其应变测点布置也不同。因此，根据构件的截面几何特征和受力特点，提出以下应变测点布置原则[1]：

对双轴对称截面轴力构件，当受到较大压力时，由于缺陷的原因，构件中间部位可能出现挠曲，此时可在构件挠曲最大处对称布置两个应变传感器；当构件受拉时，构件截面各点应变较为均匀，在构件中间部位布置 1 个传感器即可。因此，轴力构件上布置 1～2 个应变传感器较为合理。以圆管截面轴力构件为例，应变传感器分布如图 4-34（a）所示。

对于弯曲构件，同一截面各点应变可能不同，要准确监测构件受力状态，需要布置多个应变传感器。对于不同截面类型的弯曲构件，需要布置的应变传感器数量不应相同。以圆管截面为例，至少需布置 3 个应变传感器，同时传感器应沿截面周边均匀布置，如图 4-34（b）所示。表 4-6 给出几种常见截面构件应变传感器的布置方法。

需要注意的是，在构件上布置应变测点时，由于构件靠节点处受力较为复杂，实测值与理论分析结果往往相差较大，故应变测点宜布置在构件中部。

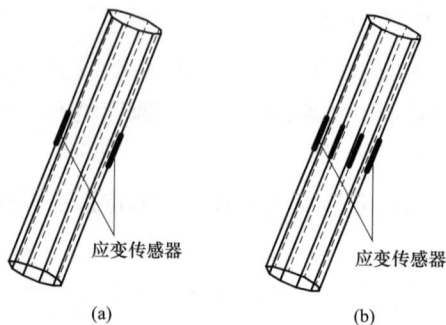

应变传感器

(a)

应变传感器

(b)

图 4-34　传感器布置示意

（a）轴力构件；（b）弯曲构件

表 4-6　　　　　　　　　　　常见截面应变传感器布置方法

截面类型	轴 力 构 件	弯 曲 构 件
圆形	沿圆周布置 1～2 个	沿圆周均匀布置 3～4 个
箱形	翼缘对称布置 2 个	上下翼缘各对称布置 1 个，左右腹板各对称布置 1 个
工字形	腹板中间布置 1～2 个	上下翼缘各对称布置 2 个，腹板中间布置 1 个

（2）支座反力测点。

结构施工系统支座反力的变化反映出结构受力体系或状态的转变及内力的重分布，支座反力的异常变化，预示着施工过程安全状态的某种异常，为此需要监测施工过程中重要或关键支座的反力。支座反力可通过设置于支座处的压力或拉力传感器监测，测点包括主结构支座、临时支撑结构支座、主结构与临时支撑间支座、滑移支座、提升点以及顶升点等。支座反力测点在结构施工系统的重要性，需通过结构施工过程及失效分析确定。

（3）变形测点。

变形参数可形象地描述结构或重要构件的整体受力状态。结构变形测点应布置在节点和构件中部。

对于普通构件，由于数值分析结果中结构变形以节点位移形式表示，而且节点位移可反映节点区域内构件的变形状态，故变形测点宜布置在节点处。然而，一些长度较大的重要构件，如摩天轮的支撑柱、大型体育场馆的支撑柱等，在较大荷载作用下会发生较大挠曲变形，从而影响结构安全性，故变形测点还应布置在该类构件的中间部位。

（4）加速度测点。

加速度是结构动力响应的直观表现，可采用拾振器进行监测，该仪器可以测量结构的单向、双向或三向加速度。在布置加速度测点时，应根据运动过程模拟分析结果，选择结构振动较为剧烈的一个或多个方向进行监测。加速度测点应布置在节点处，这样可反映节点区域的振动状态。

（5）温度、风荷载测点。

温度、风荷载均为结构荷载参数，这两种参数在时间和空间上随机分布。实际监测内容包括：环境温度、环境风速和结构温度分布、结构风荷载作用。

监测环境温度和环境风速时，可分别采用温度仪和风速仪，将测量仪器安装在结构构件上，传感器或探头应直接放置于大气中。监测结构温度分布和结构风荷载时，将温度测点和风荷载测点置于结构的关键构件上，即应变测点分布的位置，监测关键构件温度变化以及风荷载大小。

（6）速度测点。

当结构运动速度过快时，施工过程将不安全；反之，则会延长施工工期，影响整个工程的经济效益。同时，若结构不同部位的移动速度不一致，运动中的结构会因不同步移动而存在安全隐患。故速度监测的内容为结构的整体运动速度以及运动过程中的不同步性，测点一般布置在结构平面方位的四角、靠近动力装置的部位以及中部轴线部位。

4.3.2　施工监测设备选择

1. 应力监测

结构构件截面的应力监测是施工监测的主要内容之一，无论是何种钢结构，结构某指定点的应力也同其几何位置一样，随着施工的推进，其值是不断变化的。在某一时刻的应力值是否和理论分析值一样，是否处于安全范围是施工监测关心的问题核心。而解决的办法就是进行施工过程的应力监测，一旦监测发生异常情况就立即停止施工，查找原因并及时处理。现代大型钢结构工程中，需要对永久结构的下列点位进行监测：① 最大应力点；② 应力变化较大点；③ 施工关键点；④ 体现环境影响特征点。

钢结构的施工是一个长期的过程，所以，应力监测是一个长时间的量测过程。要实时、准确地监测结构的应力状况，采用方便、可靠和耐用的传感组件非常重要。目前，应力监测主要有直接法和间接法两种。直接法是利用应力传感器直接感知构件内部应力的一种测量方法；间接法是指首先利用各种应变传感器测量出构件的应变，再通过一定的换算方式转换为构件应力的一种测量方法。

目前，应力监测主要是采用电阻应变片传感器、振弦式传感器、光纤光栅应变传感器等，如图4-35所示。

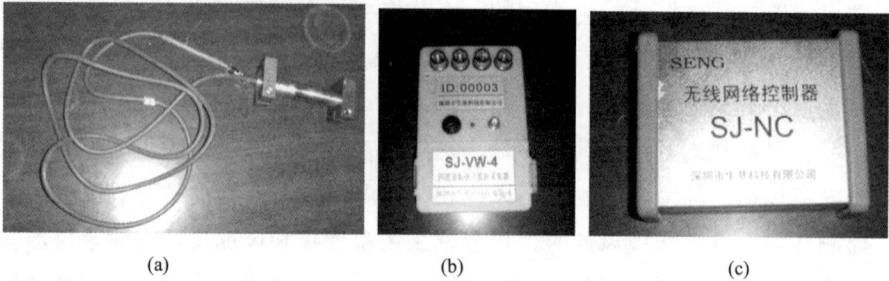

(a)   (b)   (c)

图4-35　应力监测系统

（a）振弦式应变计；（b）静态数据采集器；（c）无线网络控制器

表4-7为各种应力监测方法的比较情况。

表4-7　　　　　　　　　　各种应力监测方法比较

应力监测方法				
直接法	间接法（应变→应力）			
	电阻应变片	振弦式传感器	光纤光栅式传感器	其他传感器
利用应力传感器（压力计等）直接感知构件内部应力的测量方法	用于短暂的荷载增量下的应力测试，并且现场使用不便，耐久性差，误差大，抗电磁干扰能力差。所以一般仅用于应力测试与校核	使用方便，抗干扰能力强，受电参数影响小，零点漂移小，温度影响小，性能稳定、可靠，耐振动，寿命长	抗电磁干扰强，电绝缘、耐腐蚀，适合长期监测；重量轻、体积小，对被测介质影响小；灵敏度高、便于反复使用、成网，短期内维护费用低	压电式传感器、记忆合金、疲劳寿命丝、碳纤维等。研究阶段，应用较少

2. 变形监测

施工过程几何变形监测是对被监测对象或物体简称变形体的目标点进行测量，以确定其变形体的空间位置以及内部形态随时间的变化特征。变形监测主要是通过测量仪器对建立基准数据的测量变形体在空间三维几何形态上的变化情况进行监测，常见的常规测量仪器有水准仪、经纬仪、激光测距仪、全站仪和摄影测量设备等，这些常规的地面测量方法技术比较成熟，通用性好，精度也能满足常规监测需求，能够监测变形体的变形信息和趋势。但是，缺点也非常明显，如野外作业工作量大、易受施工作业面干扰且不能满足动态、连续、远程监测的要求。随着电子技术、自动控制技术、激光技术、空间定位技术和远程通信技术的发展，以技术、激光三维扫描仪、测量智能机器人等为代表的现代仪器结合现在通信网络，组成全天候连续自动实时监测系统，在变形监测中发挥着举足轻重的作用。同时，也代表着变形监测的发展趋势，从而大大地提高了监测效率和外部变形监测数据的获取能力。

表 4-8 为各种变形监测方法的比较情况。

表 4-8　　　　　　　　　　　各种变形监测方法比较

变形监测方法					
几何变形测量	操 作 性	精度	自动化程度	环境影响	动态测量	成本
常规大地测量方法	灵活，但劳动量大	高	低	大	不能	较低
高精度测量机器人	方便	高	高	较大	不能	高
GPS	方便	高	高	小	能	高
摄影测量法	方便	低	较高	大	不能	较高
传感器测量法	灵活、方便；但劳动量大	较低	低	大	不能	低

3. 索力监测

由于预应力钢结构可以减轻结构自重、降低用钢量，节约成本，而且可以满足新的结构体系和建筑造型的需要，近些年来预应力大跨度钢结构得到广泛应用。预应力钢结构无论是在施工还是服役期间，索力的变化将会引起结构的内力重分布，影响结构的受力性能。有时，还会降低结构的安全性和承载力，甚至出现整体垮塌。所以，对索力进行监测，适时进行预应力补偿十分必要。索力监测的方法主要有油表、伸长值双控法、环形压力传感器法、磁通量传感器法、频率法等。前两种方法一般仅适用于正在张拉拉索的索力测定，后两种方法适合使用过程中的长期监测。

表 4-9 为各种索力测试方法的比较情况。

表 4-9　　　　　　　　　　　各种索力测试方法比较

索力测试方法					
方法	油表、伸长值双控法	压力传感器法	磁通量法	频率法	其他方法
优点	方便，张拉时直接读出索力，可以遥控控制张拉	通过油压直接读出索力值，方便	适合长期监测，操作方便	使用方便，可以远程操作，适合长期监测，可重复利用	通用性较差，精度也有影响，很少采用
缺点	只适合施工过程	价格昂贵，只适合施工张拉过程	不能远程无线操作，不能重复利用	测量带有减振器的拉索的频率时，精度不高	
工程	一般工程张拉时都会使用	世博宏基站工程	中国航海博物馆	广州体育馆	

4. 动力监测

结构的动力特性主要包括结构的自振频率、振型和阻尼比。了解解结构的动力特性，可以避免和防止动荷载作用所产生的干扰与结构产生共振或拍振现象，可以帮助寻找相应的措施进行防震、消震或隔震，还可以识别结构物的损伤程度，为结构的可靠度诊断和剩余寿命的估计提供依据。由于实际结构的组成和材料性质等因素的影响，理论分析与实际值往往存在较大差距，因此监测结构的动力特性具有重要的实际意义。拾振器一般布置在振幅较大处，同时要避开某些杆件的局部振动。结构动力特性监测的方法有自由振动法、强迫振动法和脉动法。

5. 施工环境监测

一般来说，施工环境监测的内容包括温度、风速、风压、湿度、雨量、噪声等。施工环境监测和应力、变形等监测一样重要，良好的施工环境（尤其是温度和风速风压）是施工顺利完成的保障。

对于大型钢结构来说，温度对施工过程中的影响显而易见。如悬臂法施工中结构的标高将随温度的变化而变动拉索在温度变化是其长度将相应的伸长或缩短等。常见的结构温度测量方法包括辐射测温法、电阻温度计测温法以及其他温度传感器（光纤温度传感器、振弦式温度计）等。

对于大型空间钢结构来说，复杂的空间造型对风作用非常敏感，而且实际结构的风荷载与风洞试验测量还存在较大的差别，这种差别主要是由模型的缩尺效应带来的雷诺数效应引起的。而结构的风振响应分析，往往通过将钢体模型测压试验得到的压力时程加载到结构上分析可得，这种方法本身就存在较大的局限性。因此，对实际结构进行施工阶段与正常使用阶段的风压和风速监测非常有重要意义。常见的风速监测装置是三维超声风速仪，它可以对风速、风向和风玫角进行监测。当需要监测风压在结构表面的分布时，可在结构表面设风压盒进行监测。环境风监测可采用自动数据采集系统进行连续监测。

借鉴了东京、香港等人口密集城市地铁上盖综合开发的经验，国内多地也在探索地铁车站与其上部建筑全方位结合，一体化建设。除了上述常规监测内容外，还应包括相邻环境的监测。所谓相邻环境监测，是指在基坑围护施工及基坑开挖期间对周围地层、地下管线、相邻建筑物、相邻道路进行实时监测，对可能发生危及周围环境安全的隐患进行及时、准确的预报，确保基坑结构和相邻环境的安全。已经竣工的国家会展中心（上海）项目和正在施工的莘庄枢纽上盖工程正是此类项目的典型，都是在现有地铁车站上方加建大跨度钢结构建筑。为确保地铁的正常运营，国家会展中心施工期间在地铁车站和区间隧道内布置了大量的测点，对上下行线道床的垂直和水平位移、轨道管线收敛及部分车站结构的竖向位移进行了监测。国家会展中心施工结束后，车站下行线道床垂直位移如图 4-36 所示。施工过程包括前期的大面积锤击管桩施工，以及后期在地铁正上方两万多吨钢结构的施工，对道床产生了局部隆起局部沉降的效果。但是，绝对沉降量都控制在10mm 之内，满足了上海地铁的规定。

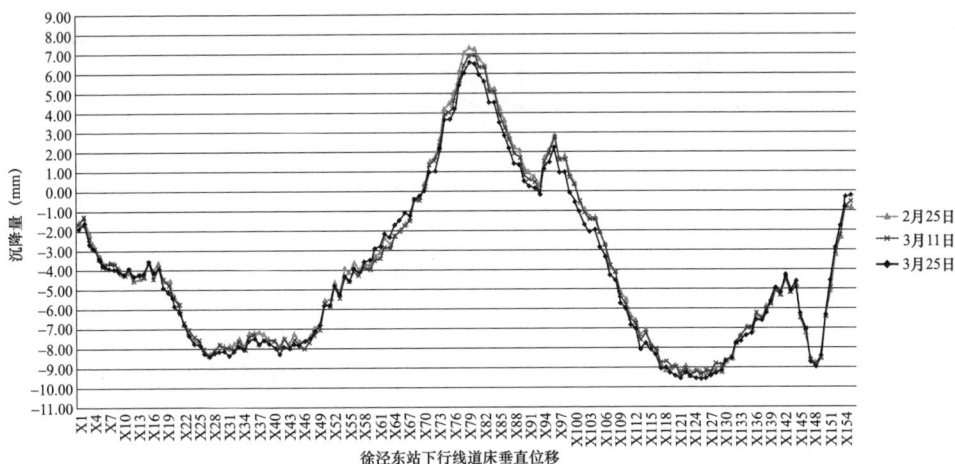

图 4-36　地铁车站下行线道床垂直位移

4.3.3　工程案例

1. 静力监测案例

（1）工程概况及监测目的。

"生命之环"为抚顺市沈抚新城标志性构筑物，结构外形酷似指环，由非同心的内外圆组成，外圆直径 170m，内圆直径 150m，圆心间距 5.746m，顶点标高153.980m，如图 4-37 所示。环形结构采用空间钢桁架结构体系，结构横截面为三角形。构件均采用 Q345 钢管，最大钢管为 $\phi1000\times50$（位于基座最底端），结构总用钢量约为 3500t。

本工程主体结构施工采用高空分段分块吊装法与整体提升法。将整体结构分成左右各 6 段（TR-1-L/R～TR-6-L/R）以及 1 个中间段（TR-7）。其中，TR-1-L/R采用原位散装施工，TR-2-L/R～TR-6-L/R 采用现场地面拼装、履带吊整体吊装施工；中间段 TR-7 采用整体提升施工。

由于该结构体型庞大，结构形式及传力路径复杂，高宽比较大且面外抗侧刚度较弱，为确保施工过程的安全性，有必要对结构进行施工过程监测。

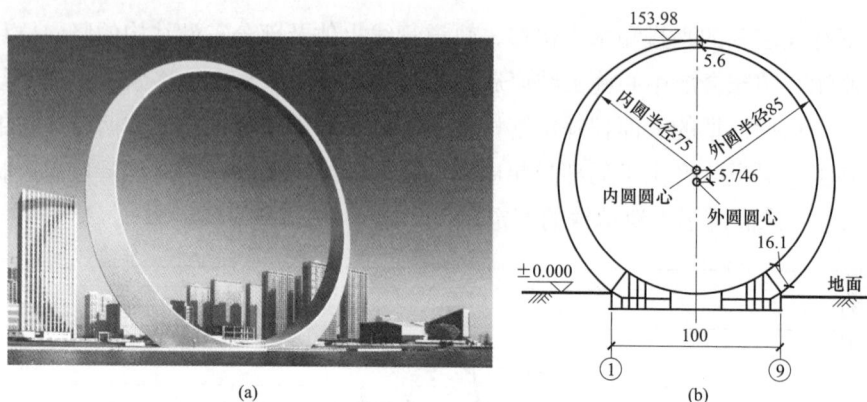

图 4-37 "生命之环"建筑效果图及外形示意

（a）建筑效果图；（b）外形示意（单位：m）

（2）监测关键参数选择。

该结构施工方法为高空分段分块吊装施工，采用履带吊进行分段吊装时，整体结构无明显动力效应，故施工过程监测为静力监测，结构施工系统的最大应力、最大变形、变化率最大的应力和变形及失效模式特征参数，均为本工程的监测关键参数。

本工程位于东北地区且在秋冬季施工，环境温度最低至–30℃，故温度也是监测的关键参数。结构构型特殊，高厚比大，侧向刚度弱，风荷载作用对结构的受力状态影响较大，故风荷载也是监测关键参数。

因监测设备原因，最终未将风荷载列为关键监测参数。

（3）监测测点布置及设备选择。

采用 ANSYS 有限元分析软件进行结构施工过程分析，计算模型如图 4-38 所示。对结构施工系统进行施工全过程模拟分析，对合拢结构进行稳定分析，考虑 20mm 不同步提升位移对提升结构进行敏感性分析，得到结构施工系统的最大应力、最大变形、变化率最大的应力和变形、失效模式特征参数。

从结构的构型和施工路径可知，结构施工中的重要区域为钢结构支座、施工拉索两端、临时支撑及其支承点、圆环最高点、圆环最外点、整体提升点，其分布如图 4-39 所示。根据数值分析结果并考虑结构重要区域布置结构应力监测测点和变形监测测点，如图 4-40 所示。

温度测点分为环境温度测点及结构温度测点，环境温度测点布置在施工现场空旷区域，对于结构温度测点，由于现有的振弦式传感器可同时监测构件应变和其表面温度，故结构温度测点和构件应力测点可采用同样的布置方式。

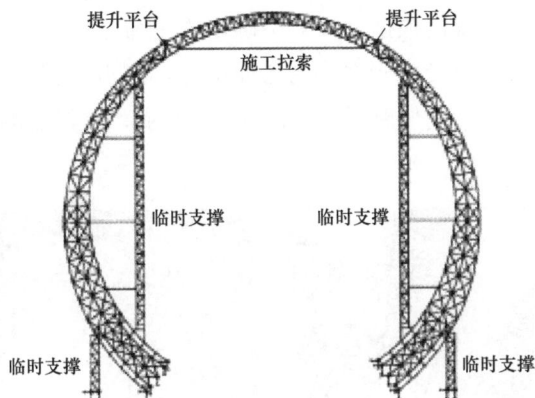

图 4-38　分析模型

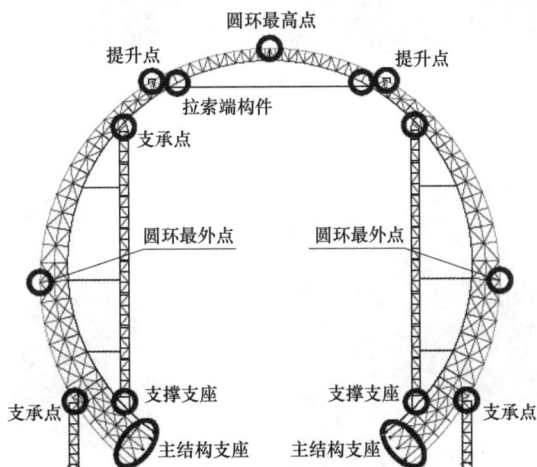

图 4-39　重要区域分布

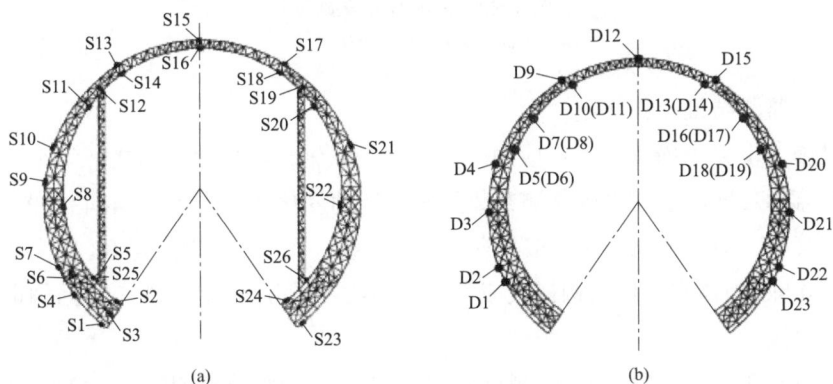

图 4-40　"生命之环"项目监测测点布置

（a）应力测点；（b）变形测点

构件上应力测点布置需根据杆件类型确定。"生命之环"结构构件截面为钢管，由于结构外形为环状，故受力构件均为弯曲构件，测点布置时在每根构件中间部位同一截面处布置 4 个应变传感器，如图 4-41 所示。位移监测采用全站仪测量，如图 4-42 所示。

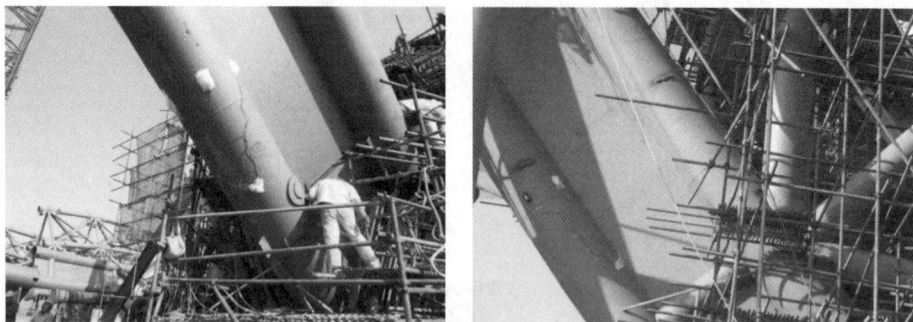

图 4-41 关键构件测点布置

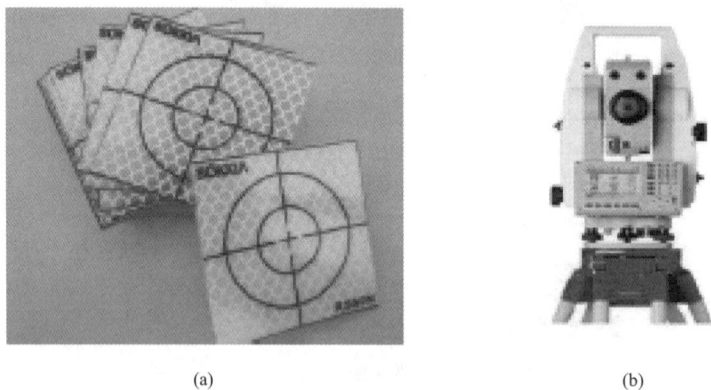

(a)   (b)

图 4-42 反射片及全站仪
（a）反射片；（b）全站仪

（4）监测结果及其比较。

以施工步 n 为横轴，测点应力或变形值为纵轴，根据"生命之环"结构施工过程的监测数据，绘制关键监测参数随施工步的变化曲线，如图 4-43～图 4-46 所示。其中，图 4-43 为测点 S23 应力变化曲线，图 4-44 为测点 S8 应力变化曲线，图 4-45 为各施工步结构最大应力变化曲线，图 4-46 为各施工步结构最大位移变化曲线。

测点 S23 位于结构支座处，测点 S8 为结构应力最大测点。从图 4-43 和图 4-44 可以看出，监测与有限元分析得到的应力变化趋势相同。其中，测点 S23 监测值

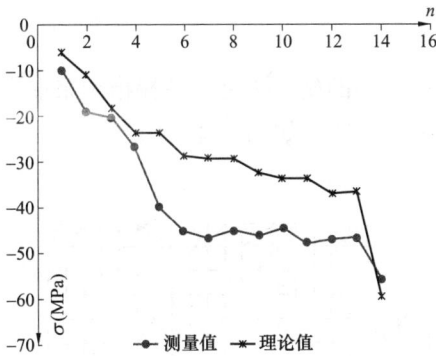

图 4–43　测点 S23 应力变化

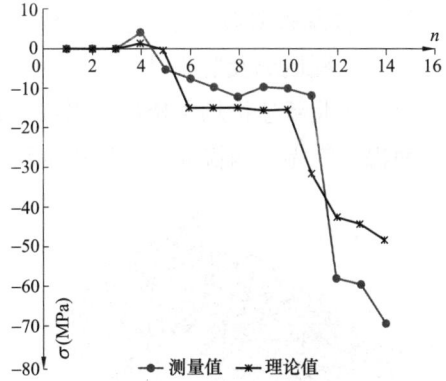

图 4–44　测点 S8 应力变化

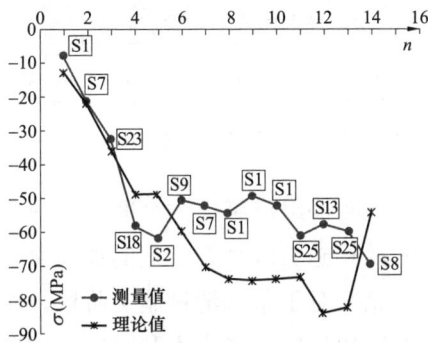

图 4–45　各级施工步最大应力变化

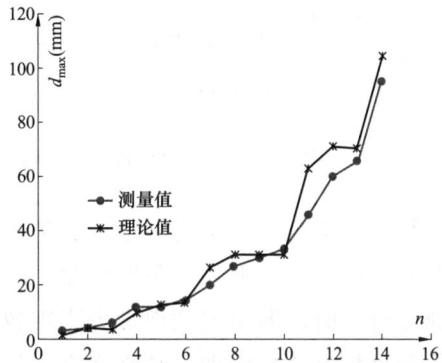

图 4–46　各级施工步最大位移变化

与 ANSYS 有限元分析结果较为接近，但测点 S8 的监测值在第 11 施工步和第 12 施工步有较大跳跃，与 ANSYS 有限元分析结果差异较大。这是由于测点 S8 位于圆环中部，该区域结构在合拢阶段受力变化较大。同时，现有软件难以准确模拟复杂的施工现场情况，故出现这种情况是可能的。从图 4–45 可以看出，结构最大应力监测结果为 70MPa，而数值计算结果为 84MPa，监测结果与有限元分析结果有一定的偏差，图 4–45 中还标示了每个施工步最大应力对应的测点编号。与有限元分析结果对比发现，实际监测中各施工步最大应力出现的位置与有限元分析结果基本一致。从图 4–46 可以看出，结构最大位移为 105mm，位于结构顶点，监测结果与有限元分析结果较为吻合。

（5）结论。

综上，本工程的监测结果与有限元分析结果在变化趋势上一致，数值上基本吻合，说明监测参数的选择和测点布置方式是准确、合理的。

2. 动力监测案例

（1）工程概况及监测目的。

重庆江北新建机场主楼屋架采取了顶推滑移的施工工艺。各榀桁架采取了单榀、两榀、三榀、四榀的逐步累积滑移的施工方法，如图 4-47 所示。

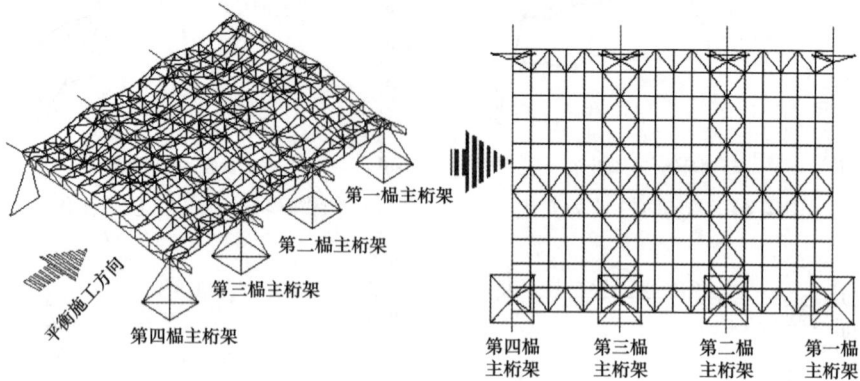

图 4-47　江北国际机场航站大楼主体钢结构平移施工示意

整个施工过程中结构的形式从单榀桁架到四榀组成整体大空间，其内力应力随着结构形式的变化而不断变化。结构在滑移施工时会有一定的加速度。当加速度过大时，所引起的惯性力不容忽视，尤其对于单榀滑移施工阶段，由于结构面外抗侧刚度较弱，惯性力会对结构的整体稳定性产生不利影响，因此有必要对主楼屋架进行施工过程监测。在滑移施工中的加速度和位移响应进行动态监测。

（2）监测关键参数选择。

主楼屋架采用累积滑移施工，滑移施工会使结构产生加速度。单榀屋架滑移时，由于面外抗侧刚度较弱，惯性力极易造成结构面外失稳，对加速度的敏感性大。故施工过程监测为动力监测，结构加速度响应参数和变形响应参数是本工程的监测关键参数。这两个关键参数可用来研究平移施工导致的结构动力响应，以及主体钢结构自重在主桁架平面外的二阶效应影响等关键问题。

（3）监测测点布置。

在各滑移工况中布置加速度测点。当单榀主桁架平移施工时，主桁架平面外布置 3 个测点，分别为跨中下弦测点 1 个、两侧支架位置上弦测点各 1 个、底座顶推施工处测点 1 个；主桁架平面内布置 1 个测点，即跨中上弦测点 1 个。传感器布置具体位置如图 4-48（a）所示。当两榀主桁架同步平移施工时，主桁架平面外布置 4 个测点，分别为跨中上弦测点 1 个、南侧支架位置上弦测点 1 个、底座处测点 2 个，其中一个位移顶推施工处。传感器布置如图 4-48（b）所示。当四榀主桁架同步平移施工时，主桁架平面外布置 4 个测点，分别为跨中上弦测点 1 个、两侧支架处上弦测点各 1 个、底座顶推施工处测点 2 个。主桁架平面内布置 1 个测点，即跨中上弦测点 1 个。传感器布置如图 4-48（c）所示。

　　仅当四榀主桁架同步平移施工时布置位移测点，如图 4-48（c）所示。靶标（绿色矩形）位于第二、三榀主桁架间南端第四个次桁架上弦处，激光发射器（红色矩形）位于南侧支架底座处，红色虚线表示激光束。利用该装置可测量靶标和激光发射器两点间沿平移施工方向以及在桁架平面内竖直方向的相对动位移。

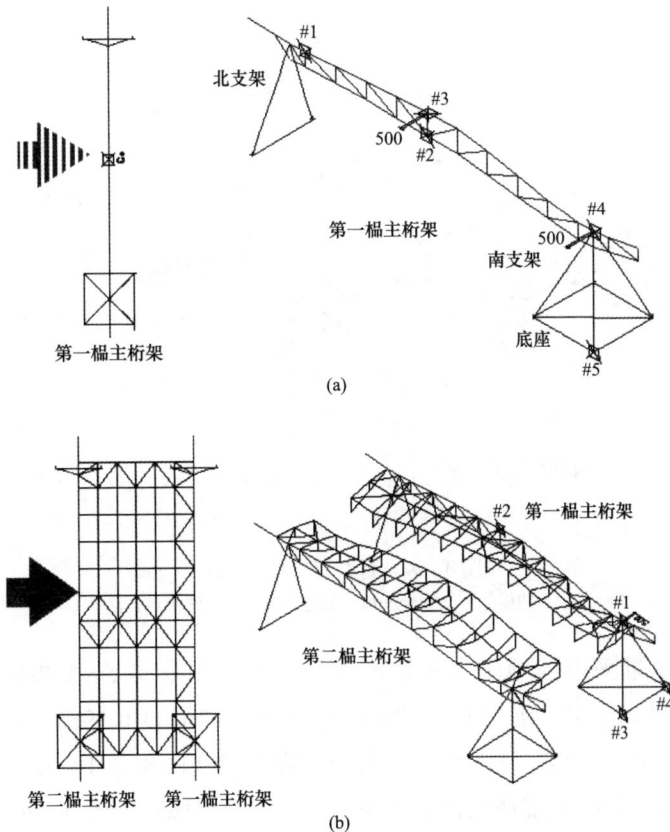

图 4-48　测点布置图（一）
（a）单榀主桁架平移施工时加速度测点布置；
（b）第一、第二榀主桁架平移施工时加速度测点布置

119

第四榀主桁架　　第三榀主桁架　　第二榀主桁架　　第一榀主桁架

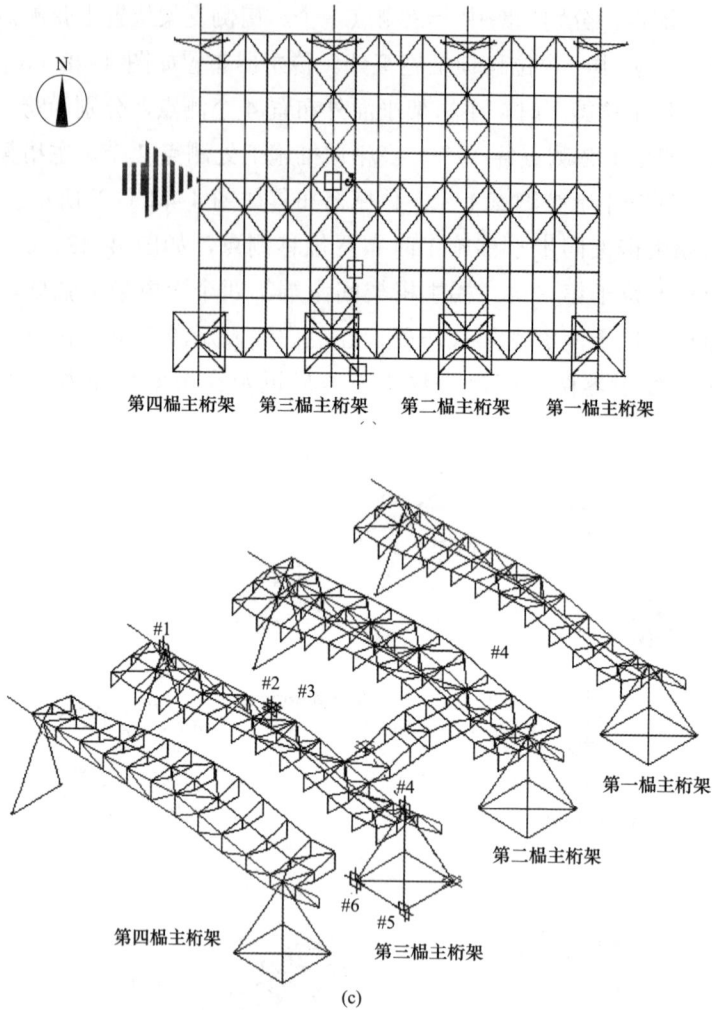

#1

#2　#3

#4

第一榀主桁架

#4

第二榀主桁架

第四榀主桁架

#6　#5

第三榀主桁架

(c)

图 4-48　测点布置图（二）

（c）四榀主桁架同步平移时加速度和激光位移测点布置

加速度测量采用低频压电陶瓷传感器，工作频率 0.2～500Hz，测量极限 300ms⁻²。信号线采用阻抗 75Ω 的单芯屏蔽导线。利用 DH-5935N 动态信号测试分析系统进行信号采集。该系统在采用一个模块时具有 8 个 16 位 A/D 通道，每通道均配备独立程控抗混滤波器。所使用的测试设备照片如图 4-49 所示。

动位移测量采用一个 WCY-1 型远程激光位移测量系统，经千分台标定其在水平/垂直方向的精度为 0.14/0.18mm。所采用的位移测量设备照片如图 4-50 所示。现场实施情况如图 4-51 所示。

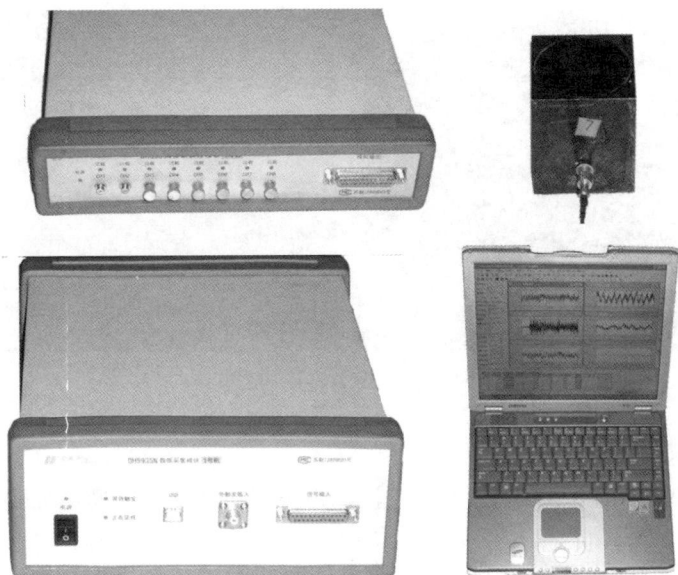

图 4-49　加速度测量设备

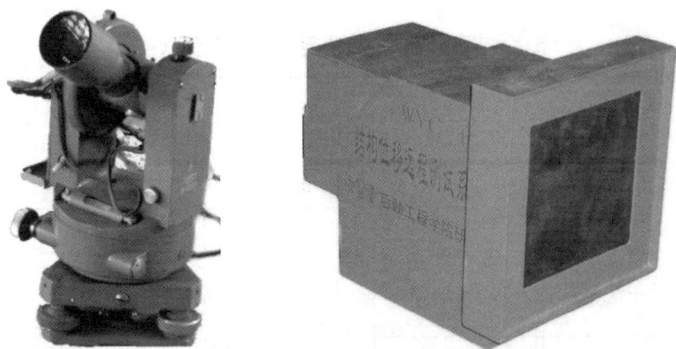

图 4-50　动位移测量设备

图 4-51　现场照片（一）

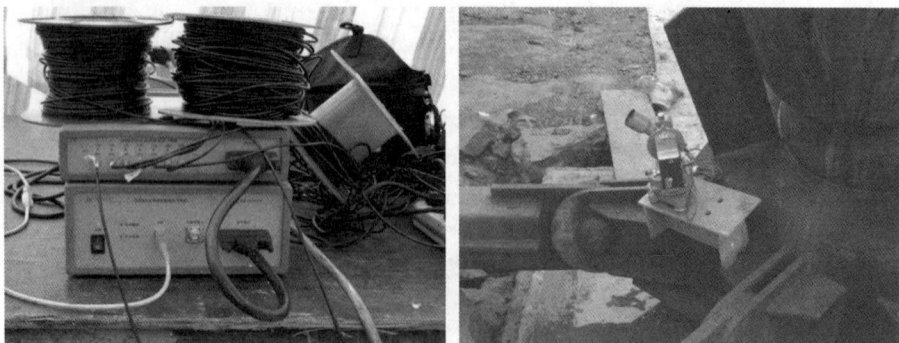

图 4-51　现场照片 (二)

（4）监测结果。

表 4-10 给出了单榀主桁架滑移时在各阶段下的最大加速度实测值（g=9.8m/s^2），表 4-11 给出了该工况下不同保证率下的最大加速度值。表 4-12 给出了四榀主桁架滑移时在各阶段下的最大加速度实测值，表 4-13 给出了该工况下不同保证率下的最大加速度值。

表 4-10　　　　　　　　　单榀主桁架滑移时加速度最大实测值（g）

施工工况	跨中 2 号	支架 1 号	支架 4 号	跨中 3 号
工况Ⅰ（一）	0.182	0.093	0.325	0.069
手动第二推	0.211	0.274	0.234	0.198
—	0.153	0.08	—	0.095
工况Ⅰ（二）	0.185	0.093	0.306	0.104
工况Ⅰ（三）	0.209	0.210	0.241	0.156
自动第三推	0.201	0.140	0.148	0.165
工况Ⅰ（七）	0.076	0.071	0.091	0.039
第三推	0.068	0.159	0.088	0.043
第四推	0.060	0.092	0.089	0.032
第五推	0.068	0.026	0.083	0.066
工况Ⅰ（八）	0.098	0.034	0.086	0.110
第七推	0.105	0.183	0.145	0.098

表 4-11　　　单榀主桁架滑移时不同概率保证下跨中最大加速度值（g）

保证率	0.98	0.92	0.85	0.75	0.60
最大加速度（g）	0.249	0.222	0.203	0.182	0.154

表 4–12　　　　　　四榀主桁架滑移时加速度最大实测值（g）

施工工况	跨中 2 号	支架 1 号	支架 4 号	跨中 3 号
第一次推动	0.013	0.09	0.207	0.010 4
第二次推动	0.036 9	0.112	0.129	0.031
第三次推动	0.014 4	0.299	0.087	0.017 3
第四次推动	0.008 5	0.048 2	0.023 7	0.009 6
第五次推动	0.018 6	0.057 8	0.025	0.023
第六次推动	0.019 3	0.044	0.021	0.026 2
第七次推动	0.026 9	0.054	0.125 2	0.032 4
第八次推动	0.029 1	0.087 9	0.029 3	0.038 2
第九次推动	0.032 7	0.088	0.096 9	0.044 6
第十次推动	0.032 9	0.262	0.083 2	0.042 4
第十一推动	0.040 5	0.067 6	0.108	0.048 2
第十二推动	0.029 3	—	0.125	0.033 2
第一次推动	0.009 7	0.056 2	0.081 9	0.014 8
第二次推动	0.010 8	0.105	0.045 1	0.023 6

表 4–13　　四榀主桁架滑移时不同概率保证下跨中最大加速度值（g）

保证率	0.98	0.92	0.85	0.70
最大加速度（g）	0.043 8	0.038 5	0.035	0.029 5

单榀主桁架平移施工过程中，跨中下弦平面外最大瞬时加速度实测值为 $0.21g$，其平均值、统计标准偏差分别为 $0.135g$ 和 $0.059g$。跨中平面外加速度响应峰值的平均衰减时间为 2.63s，最大值为 2.94s，反映出单榀主桁架在平面外因启动瞬间推动而获得的总动能不大，施工推动对结构的影响在短时间内完成。在 98% 保证率条件下，基于 Gram-Charlier 渐进展式给出的跨中下弦平面外最大瞬时加速度值为 $0.249g$。北、南支架上弦平面外最大瞬时加速度实测值分别为 $0.27g$ 和 $0.33g$。

在四榀主桁架同步平移施工中，跨中上弦平面外最大瞬时加速度实测值为 $0.04g$，平均值、统计标准偏差分别为 $0.023g$ 和 $0.01g$。在 98% 保证率条件下，基于 Gram-Charlier 渐进展式给出的跨中上弦平面外最大瞬时加速度值为 $0.044g$。北、南支架上弦平面外最大瞬时加速度实测值分别为 $0.297g$ 和 $0.207g$。

对动位移实测数据的分析可以发现，总的动力响应由两个部分组成：一是长周期分量；二是短周期分量。长周期分量源于施工时水平顶推力所导致的结构沿平移方向的压缩变形。当施工结束时，可以在位移实测中明显观测到结构弹性回弹现象。在保持流速和油压的条件下，长周期分量下的实测值见表4-14。短周期分量是由施工过程中结构的振动所引起，应视为零均值随机过程。长周期分量下的实测值见表4-15。

表 4-14   长周期分量下最大动位移实测值（mm）

施 工 工 况	实 测 值	施 工 工 况	实 测 值
第四次推动	10.1	第六次推动	19.1
第五次推动	14.8	第七次推动	18.5

表 4-15   长周期分量下最大动位移实测值（mm）

施 工 工 况	标 准 偏 差	占最大值比例
第四次推动	0.6	5.9%
第五次推动	1.15	7.8%
第六次推动	1.41	7.4%
第七次推动	1.46	7.9%

（5）结论。

监测结果表明，单榀主桁架在平移施工中支座约束条件的改变对特征频率的影响极小，可以忽略；但当采用点推控制时，特征频率会发生变化，该工艺造成的支座约束条件的改变是不能被忽略的。

利用环境激励对大型结构体系进行动态测试和模态识别是一种有效和实用的方法，可避免因平移施工引起的干扰和支座约束条件变化的影响。

实测数据分析指出，主桁架平面外的最大加速度取决于以下三个方面：① 启动瞬间为克服静摩擦阻力而施加的水平推动力大小；② 因连续顶推施工传递给结构的振动动能；③ 卡轨瞬间导致上部结构外甩所引起的加速度极值。不同测点加速度响应相关性分析还表明，平移启动过程中顶推处加速度响应之间、顶推处加速度与主桁架上各测点加速度响应之间高度相关，这种相关性在较短时间间隔内相当显著，但随着时间间隔t的增大而减弱。

响应相关性分析表明，卡轨现象出现瞬间底座顶推处加速度响应与其上部支架处测点的加速度峰值响应间几乎不相关。显然，此时测得的加速度极值是由于支座卡轨导致上部结构外甩而引起，而且以卡轨位置上方支架处最大，卡轨对其他部位响应的影响随其距离增加而减弱。因此，动态测试数据也可以为结构整体平移中的姿态调整提供判断依据。

在平移顶推施工过程中，当为克服摩擦阻力和卡轨阻力而连续施加较大的推动能量时，可在跨中观测到加速度响应为增大趋势并存在另一极值。其幅度虽然为启动过程时加速度极大值的 30%～50%，但由于持续时间长（可达数十至数百秒），对结构平面外的稳定有较大影响。速度比较快的平移顶推施工必然导致主桁架加速度峰值增加，对结构的整体稳定不利，在条件容许时应以缓慢平移为好。

4.4　施 工 控 制 技 术

4.4.1　结构评估及预警机制

1. 两层次综合评估

两层次综合评估方法[2]从施工过程中结构的失效模式出发，基于实测数据，分别在构件层次和结构层次对结构的受力状态直接进行评定。

施工过程失效模式可能有多种，如结构在施工过程中因发生整体失稳而倒塌、由于施工过程中出现瞬变体系而发生动力失稳，或者某根杆件局部应力过大而导致区域性破坏等。如何避免结构在施工过程中发生上述失效，是保证施工过程安全性的前提。据研究发现，结构的失效或破坏可归结为两种诱因：一种是局部构件（主结构或施工系统）破坏，使得结构不能继续承载或者使得整体结构发生连锁反应（如连续倒塌或失稳传播），诱发整体结构的失效；另一种是大部分结构偏离平衡位置发生了较为显著的变形，使得结构处于临界状态，外界微小扰动引起结构受力状态的显著变化，即结构发生整体失稳。因此，结构的失效机理可分为两种，即构件失效和整体结构失效。实际结构中，任何一种失效情况出现，均会给结构带来较大的安全隐患。

施工过程监测中，反映结构受力状态的参数主要为应力和变形。其中，应力可直观地反映出构件的局部受力状态，是一个局部参数，故在构件层次上，可通过应力参数指标来判定单根构件的安全性；变形指的是结构节点处的位移，可反映出与该节点相关的结构区域受力状态，是一个整体参数，故变形参数可作为评判结构整体受力状态的关键参数。

两层次综合评估法从结构失效机理入手，针对结构实际受力状态直接进行评估，相比于当前的综合评估方法，其物理意义更为明确，可操作性更强、适用性更好，其评估结果更直观，利于实际施工过程的控制。

2. 构件层次评估及预警

在构件层次上，可通过构件的应力状态进行判定，即根据应力实测数据对结构的安全性进行评定。当结构构件应力超过临界值（阈值）时，可认为该构件存在安全隐患，需要进行预警，并采取相关的措施进行加固。

根据实测经验可知，应变传感器测量的构件应力为构件的实际应力。对于单根构件而言，实测数据不能反映出构件的稳定状态。同时，基于现行的《钢结构设计规范》GB 50017 可知，仅通过构件的应力测量数据从强度上直观判定构件的安全性是不合理的，尚应考虑构件的稳定性能，因此，应从强度和稳定两个方面评估构件的安全。

（1）强度评估。

当测点监测数据为正值时，构件受拉，此时构件不存在稳定问题，仅需要进行强度评估即可。由于应变传感器可测量构件截面的实际应力状态，故对于被测构件而言，通过测量数据对构件的强度进行直观评定，即构件实测应变 ε 应满足以下规定：

$$\varepsilon \leqslant \frac{\gamma f_{y}}{E} \times 10^{6} (\mu\varepsilon) \tag{4-16}$$

式中，f_y、E 分别为构件的屈服强度和弹性模量，γ 为预警值调整系数，根据预警级别取值。需注意的是，实际工程中钢材性能与规范有所差异，为了保证构件安全性能评估的有效性，在监测工作之前应对工程材料进行材性试验，以获得相应的材性参数。

（2）稳定评估。

当测点监测数据为负值时，即构件受压，此时除了对构件进行强度评估外，还应对构件进行稳定性能评估。

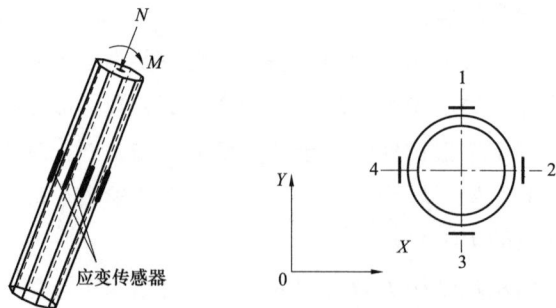

图 4-52　圆管构件

以圆管截面为例，现假定圆管构件均匀对称布置了 4 个应变计，如图 4–52 所示，该 4 个应变计的测量数据分别为 ε_1、ε_2、ε_3、ε_4，则可根据该 4 个数据，推算出构件的轴力和弯矩，其计算如下：

$$\bar{\varepsilon} = \frac{1}{4}(\varepsilon_1 + \varepsilon_2 + \varepsilon_3 + \varepsilon_4) \tag{4–17}$$

$$N = EA\bar{\varepsilon} \tag{4–18}$$

$$M_x = [(\varepsilon_1 - \bar{\varepsilon}) - (\varepsilon_3 - \bar{\varepsilon})]ERA \tag{4–19}$$

$$M_y = [(\varepsilon_4 - \bar{\varepsilon}) - (\varepsilon_2 - \bar{\varepsilon})]ERA \tag{4–20}$$

式中，$\bar{\varepsilon}$ 为平均应变，也为轴向应变，N 为构件轴力，M_x、M_y 分别为 x 向和 y 向弯矩，R 为圆管外径。

需要进行稳定性评估的构件主要有两类：轴压构件和压弯构件。根据现行《钢结构设计规范》可知，不同类型构件的稳定计算方法有所差异，其评估方法也相应不同。

当 4 个应变计测量数据相差不大时，构件合弯矩近似为零，被测构件为轴压构件。构件主要发生轴向变形，而且在稳定性评估时，需要考虑稳定系数，公式如下所示：

$$\varepsilon \leqslant \frac{\gamma \varphi f_y}{E} \times 10^6 (\mu\varepsilon) \tag{4–21}$$

式中，f_y、E 分别通过现场试验获得，γ 为预警值调整系数，根据预警级别取值，φ 可按照规范相应条文求得。

当 4 个应变计测量数据有一定差异时，构件合弯矩不可忽略，被测构件为压弯构件，此时，构件除了发生轴向变形外，还会发生弯曲变形。可根据《钢结构设计规范》第 5.2.2 条对结构进行稳定性评估。

平面内稳定评估：

$$\frac{N}{\varphi_x A} + \frac{\beta_{mx} M_x}{\gamma_x W_{1x}(1 - 0.8N/N'_{Ex})} \leqslant \gamma f_y \tag{4–22}$$

平面外稳定评估：

$$\frac{N}{\varphi_y A} + \eta \frac{\beta_{tx} M_x}{\varphi_b W_{1x}} \leqslant \gamma f_y \tag{4–23}$$

式中，f_y、E 分别通过现场试验获得，γ 为预警值调整系数，根据预警级别取值，构件内力可根据应变实测值计算求得，其他各项参数可根据规范相应条文求解。

（3）分级预警。

施工过程中结构正处于建造状态，其荷载如活荷载、风荷载、屋面荷载等与运营阶段相差较大，而且结构的几何形态并未完成，并且随着施工作业需求，实际施工时尚会增加较多的临时支撑，从而改变了设计结构的边界条件，因此，施工阶段结构及其施工系统的应力比运营阶段更为复杂，可能存在较多的应力集中、构件内力重分布现象，故需要对实际构件的应力状态设置合理的预警值，使得构件处于可控范围。根据结构的受力状态，采用三级预警[2]方法对结构的安全性能进行评估，即

一级：轻度预警，结构受力状态尚处于可控状态，但应实时关注受力较大构件或结构区域，预警调整系数 γ 取为 0.7；

二级：中度预警，局部构件或结构变形较大，应需要根据实际情况，对结构的受力状态进行分析评估，待判定下一施工步安全后方可施工，预警调整系数 γ 取为 0.8；

三级：重度预警，结构发生显著变形或局部构件受力较大已产生明显弯曲，结构存在较大安全隐患，应立即停止施工，并采用相应的补强措施，预警调整系数 γ 取为 0.9。

3. 结构层次评估及预警

结构的整体稳定性并非单个构件或节点的稳定性，即结构中某个或某些构件或节点的失稳不一定会引起结构的整体失稳，故结构的整体失稳必然是由结构的整体受力性态所致。一个结构发生整体失稳的诱因可能有多种，如局部节点或构件的失稳引起失稳传播、结构刚度较低使得稳定承载力较小或结构变形形态和受力状态使得结构的切线刚度矩阵奇异等。需要注意的是，结构整体失稳具有脆性破坏特征，尤其当结构整体失稳是由于结构的变形模式引起时，此时结构稳定承载力可能仍会满足规范要求，但结构依然会沿着失稳模态的路径而发生破坏，而且在整体结构在破坏之前没有任何征兆。与此同时，不同的结构变形形态可能会引起截然不同的失稳模态，所以，结构的整体稳定性除了基于规范中规定的稳定承载力要求对结构进行评估外，还需要寻找出结构可能的整体失稳模态，并以此作为失效预警的基准，评估结构的变形模式。因此，在结构层次上，选择整体状态参数——结构变形作为关键参数，分别在结构变形模式和稳定承载力方面对结构的整体稳定进行评估并预警。

结构整体稳定的预警评估方法[2]为：通过结构整体稳定分析获得结构可能的整体失稳变形模态，以这些变形模态为基准，通过 MAC 准则研究当前结构变形

模式与失稳模态之间的相关性，从而判定结构是否存在发生整体失稳的可能性并进行评估；同时，对修正后的结构进行双非线性（材料和几何）稳定分析，获得结构的稳定承载力，并对结构稳定承载力进行评估并预警。

（1）整体失稳模态。

当前评定结构整体稳定性的方法在《空间网格结构技术规程》[4]中有所规定，以结构整体稳定临界荷载系数的大小来评判设计的结构是否合理。然而，实际施工过程中可能存在这样一种情况，设计状态下结构的整体稳定临界荷载满足规范需求，但结构在施工荷载作用下发生了较大的变形，该变形模式趋近于结构整体失稳模态，从而诱发结构的整体失稳。因此，规范中的方法在结构设计中较为适用，但在结构预警中是不够的，还应考虑结构在施工荷载作用下的变形模式，并基于结构的整体失稳模态对结构的变形模式进行评估，进而预警。综上可知，当基于结构变形模式对整体进行稳定评估时，确定结构的整体失稳模态是首先需要解决的问题。

然而，结构可能的失稳模态往往并不止一种，而且各种失稳模态的出现还会受到施工环境、施工荷载等影响，故如何确定结构各种可能的失稳模态是一个非常复杂的问题，目前尚未形成较为有效的研究成果。本书拟选择线性整体稳定分析中的关键屈曲模态作为结构的失稳模式，尽管线性整体稳定分析得到的临界荷载不可用于判定结构整体稳定承载能力，但该分析得到的整体失稳模态是基于结构在线性求解中刚度矩阵奇异时的特征变形模式，故关键屈曲模态对结构的失稳模式具有较大的参考价值。

在选择关键屈曲模态时，应遵循以下原则：

1）选取的屈曲模态应具有代表性。

2）选取的屈曲模态应为整体模态。

3）选取的屈曲模态阶数应尽量靠前。

（2）MAC 准则及变形评估。

MAC 准则即模态置信准则，是评价两个模态向量空间交角的有效工具，现广泛应用于研究两个模态之间的相似性等问题。假定 $\{\phi_i\}$ 和 $\{\phi_j\}$ 为结构第 i 阶和第 j 阶变形模式，则两模态之间的 MAC 值为：

$$\mathrm{MAC}_{ij} = \frac{(\{\phi_i\}^T \{\phi_j\})^2}{(\{\phi_i\}^T \{\phi_i\}) \cdot (\{\phi_j\}^T \{\phi_j\})} \tag{4-24}$$

式中，MAC 值代表着 $\{\phi_i\}$ 和 $\{\phi_j\}$ 模态的相关性，MAC 值区间为[0,1]。其中，

MAC 值越大，则代表两个模态的相关性越大、越相似。当 MAC=1 时，两个模态线性相关；MAC 值越小，则表示两个模态的相关性越低；当 MAC=0 时，两个模态完全正交。

采用 MAC 准则对结构的变形模式进行整体稳定评估，其具体做法为：首先，将施工过程监测中的位移数据处理为位移列向量，设为 $\{\phi_m\}$；然后，对模型修正后的结构进行线性稳定分析，选取 n 个结构关键失稳模态，并提取失稳模态中位移测点处的位移，则结构关键失稳模态 $[\Phi]=[\{\phi_1\},\{\phi_2\},\cdots,\{\phi_n\}]$，其中 $\{\phi_i\}$ 为关于位移测点的第 i 个失稳模态；最后，分别求得实测数据 $\{\phi_m\}$ 与关键失稳模态 $\{\phi_i\}$ 之间的 MAC_{im} 值，并根据 MAC 值的大小评估结构的变形模式对整体稳定性能影响。其中，MAC_{im} 的表达式如下所示：

$$MAC_{im} = \frac{(\{\phi_i\}^T\{\phi_m\})^2}{(\{\phi_i\}^T\{\phi_i\})\cdot(\{\phi_m\}^T\{\phi_m\})} \tag{4-25}$$

据研究发现，当 $MAC \geqslant 0.75$ 时，表明两个模态之间具有较强的相关性，因此，当实测数据 $\{\phi_m\}$ 与失稳模态 $\{\phi_i\}$ 之间的 MAC_{im} 值超过 0.75 时，则认为结构可能沿着 $\{\phi_i\}$ 发生整体失稳。

然而，需要注意的是，尽管实测变形 $\{\phi_m\}$ 与失稳模态 $\{\phi_i\}$ 相似，但当实测变形 $\{\phi_m\}$ 中的最大位移 d_{max}^m 较小时，整体结构仍不会发生整体失稳，因此，在对结构整体稳定进行评估时，除了采用 MAC 准则判定结构实际变形模式与失稳模式之间的相关性之外，还应确定诱发结构发生与 $\{\phi_i\}$ 相关的整体失稳的阈值位移 d_{max}^u。令 $\alpha = \dfrac{d_{max}^m}{d_{max}^u}$，即 $\{\phi_m\}$ 中的最大位移 d_{max}^m 与阈值位移 d_{max}^u 的比值。在考虑材料非线性和几何非线性下，可选取稳定承载力极限状态下结构的最大位移作为结构整体稳定的阈值位移。因此，当 $MAC \geqslant 0.75$ 且满足以下条件时，可对结构的变形模式进行预警，采用三级预警方法，每级预警的定义如前所述，则

$$\alpha \geqslant \gamma \tag{4-26}$$

式中，γ 为预警值调整系数，对结构变形模式的预警分为一、二、三级，γ 的取值分别为 0.7、0.8、0.9。

（3）稳定承载力评估。

在对结构整体稳定进行评估时，当结构的变形模式与各阶失稳模态的相关性较低时，尚不能判定该结构的整体稳定是安全的，还应从承载力方面对结构进行评估。结构承载力评估方法为：对模型修正后的结构在考虑材料非线性和几何非线性条件下进行稳定分析，并根据规范中对结构稳定承载力的规定，对结构进行

预警。

假定修正后结构的整体稳定临界荷载因子为 K，则可按下式进行预警：

$$K \leqslant 2.0\gamma \tag{4-27}$$

式中，γ 为预警值调整系数，2.0 为《空间网格结构技术规程》中弹塑性分析结构的容许安全系数。在稳定承载力方面，对结构进行三级预警，每级预警的定义如前所述，预警调整系数的取值见表 4-16。

表 4-16　　　　　　　　　　　　　预 警 调 整 系 数

预 警 级 别	一级	二级	三级
预警调整系数 γ	0.9	0.8	0.7

（4）结构整体稳定评估流程。

对结构整体稳定进行评估，主要分为两个方面：变形模式和稳定承载力。同时，为了更精准地控制实际施工过程安全，在两方面分别采用分级预警方法。当两者评估值均达到预警值时，取两者中较高级别预警作为结构层次的预警级数。结构整体稳定评估流程如图 4-53 所示。

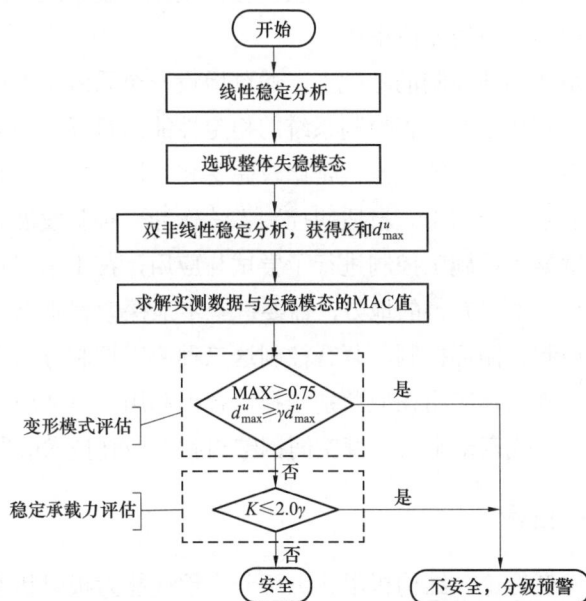

图 4-53　结构整体稳定评估流程图

4.4.2　工程控制原理

采用现代控制理论解决和处理影响施工设计状态与施工状态存在的问题，就称为施工控制。工程控制的基本方法主要有三种：开环控制、闭环控制和复合控制。

开环控制属于经典控制方法，已经非常成熟，目前已广泛应用于土木工程的结构施工中，如通过对大跨度转换钢的桁架起拱，使施工后最终达到与结构设计要求状态一致。由于缺乏反馈系统，不具备自动修正的能力，系统的输出量不会对系统的控制作用发生影响。因此，该方法控制精度较低，一般对于跨度不大的简单结构非常适用。

随着现代施工信息化技术广泛应用和结构分析模拟仿真计算方法的进步，闭环控制目前在许多大跨度钢结构、超高层建筑及桥梁施工控制中得到广泛应用。对于一个复杂的结构体系，虽然可以通过结构理论计算能够精确算出的成形状态与各施工阶段的理想状态。但是由于存在施工中材料的加工误差、安装误差、材料性能误差和监测系统的误差，并且随着施工过程误差的逐渐积累，使得结构最终的几何线形和内力状况与实际要求的状态存在偏差。鉴于此，施工过程中必须应严格质量验收标准，使误差最小化。

复合控制就是在闭环控制的基础上，通过增设一个系统辨识过程来达到提高系统的控制精度，从而达到改善控制系统的稳定性能的目标。该方法由于具有参数误差修正和模型参数估计的优点，是比较完备和实用的施工控制方法，目前主要应用于高精度的系统控制中。自适应控制方法作为一种新发展起来的施工控制方法，目前仅在桥梁工程施工控制进行了尝试与应用，在土木工程的其他领域还未得到应用。还存在不够完善的地方，需要进一步地探索和研究。

总之，开环控制、闭环控制、复合控制这三种施工控制方法由简单到复杂，都有优缺点，在工程具体应用在应甄别选择，合理利用。自适应控制作为一种新型的工程控制方法，代表未来大跨度空间钢结构施工控制技术的发展方向。

4.4.3　施工控制目标

根据结构可靠度理论，结构极限状态可分为承载能力极限状态和正常使用极限状态两类。施工控制的目的就是确保结构在施工阶段满足这两种极限状态，而这两种极限状态的基本力学指标即为内力和变形，因此大型复杂钢结构施工控制目标可以具化为内力控制和变形控制这两个基本方面[3]。

承载能力极限状态是结构或构件达到最大承载能力或达到不适于继续承载的变形的极限状态,具体表现为:① 整个结构或结构的一部分作为刚体失去平衡(如倾覆等);② 结构构件或连接因材料强度不足而破坏(包括疲劳破坏);③ 结构转变为机构;④ 结构或构件丧失稳定(如压屈等)。内力是影响结构承载力状态最重要的因素之一,因此必须把承载力控制作为施工控制的重要内容。

正常使用极限状态是结构或构件达到使用功能上允许的某一限值的极限状态,具体表现为:① 影响正常使用或外观的变形;② 影响正常使用或耐久性能的局部损坏(包括裂缝);③ 影响正常使用的振动;④ 影响正常使用的其他特定状态。变形控制目标既要满足施工过程中各分部分项工程密切配合(装配)需要,又要满足施工完成后建筑工程正常使用需要。变形控制目标还应综合考虑经济社会发展水平合理确定,应在国家有关结构施工质量验收规范的基础上,根据工程实际情况,由设计和施工等相关各方工程技术人员共同确定。

4.4.4　高层与高耸结构的施工控制技术

高层与高耸结构的施工控制主要包括基础沉降控制、结构标高控制、水平变形控制、关键构件应力控制及关键施工工序及工艺控制等内容。

1. 结构标高控制

对于高层建筑,由于结构高度很大,结构自重大,施工过程中结构竖向承重构件的竖向收缩徐变、压缩等变形较为显著,有时高达数十毫米;此外,地基基础的沉降不容忽视,有时高达数十厘米。两者共同作用下,结构的整体竖向变形量值可观,对各楼层的结构标高影响显著。如果不加以控制,会影响幕墙工程、电梯、楼梯工程等后续工种的施工。高层建筑绝对标高控制方法主要采用预补偿法,通过施工模拟计算,分析结构的整体竖向变形量值,考察各楼层在变形后的标高值与设计标高值的差异情况,确定各楼层的标高预补偿量。结构施工时按照预补偿值调整结构施工标高,最终确保结构完成时的绝对标高满足设计和使用要求。预补偿法简单易行、成本较低,在高层建筑中得到普遍应用。

上海中心大厦标高控制基准点位于核心筒内,距离±0.000 顶板向上约 50cm,如图 4–54 所示。在进行各楼层、各区及结构全高标高验收时,均以此点作为标高控制基准点,即结构设计标高测量均以此点作为起始位置。显然,若按照该控制标准,核心筒位置处的绝对沉降值 h(整体沉降)并不会影响最终的各楼层标高补偿值及长度预调整量,但核心筒与巨柱之间的相对沉降值 Δh(差异沉降)会影响最终的各楼层标高补偿值及长度预调整量。

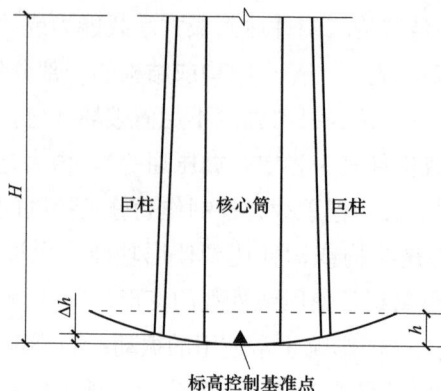

图 4-54　上海中心大厦标高控制基准点位置及标高控制示意图

另外，地基差异沉降对各楼层标高补偿值及长度预调整量的影响可分为直接影响和间接影响。所谓直接影响，即不考虑结构内力的重分布影响。从图 4-54 可以看出，地基差异沉降对核心筒的标高补偿值及长度预调整量不产生直接影响，但会对巨柱的标高补偿值及长度预调整量产生直接影响。同时，考虑地基差异沉降的巨柱标高补偿值及长度预调整量比不考虑时小。而所谓间接影响，即考虑结构内力的重分布影响。考虑地基差异沉降作用的情况与不考虑地基差异沉降作用的情况相比，由于地基沉降呈"锅"形分布，中间沉降大而边缘沉降小，导致出现核心筒相对卸载、巨柱相对加载的现象，从而影响核心筒与巨柱的竖向变形、标高补偿值及长度预调整量。因此实际上，差异沉降对核心筒和巨柱的标高补偿值及长度预调整量均会产生影响。不过，由于差异沉降作用引起的结构内力重分布影响常局限于筏板及底部区域，影响范围较小，因此差异沉降对核心筒标高补偿值及长度预调整量的影响仍然小于对巨柱的影响。

在综合结构自重下的弹性变形、基础沉降以及混凝土收缩徐变变形后，最终确定上海中心大厦结构各分区标高补偿值，见表 4-17。

表 4-17　　　　　　　各结构分区标高补偿数值统计（mm）

各结构分区标高补偿数值	核 心 筒		巨 型 柱	
	理论数值	执行数值	理论数值	执行数值
地下室	10	10	10	10
1 区	15	15	9	10
2 区	40	40	30	30
3 区	35	35	28	30

续表

各结构分区标高补偿数值	核　心　筒		巨　型　柱	
	理论数值	执行数值	理论数值	执行数值
4 区	35	35	28	30
5 区	32	30	24	25
6 区	28	30	20	20
7 区	33	30	15	15
8 区	24	25	13	15
9 区	6	5	—	—
总补偿值	258	255	177	185

2. 结构坐标控制

有些建筑结构造型奇特，建筑平面和立面并非横平竖直，此时必须考虑到结构在成型过程中因自重作用产生的不容忽视的空间变形，这种变形往往会影响构件的正常安装，这时，施工预变形的控制实际上就是各基准点的空间坐标控制。

广州新电视塔高 610m，由一座高达 454m 的主塔体和一个高 156m 的天线桅杆构成。总用地面积约 176 000m²，总建筑面积 99 946m²，钢结构总量 50 000t。由于广州新电视塔具有偏、扭的结构特征，因此结构在施工过程中，不仅会产生压缩变形、不均匀沉降，也会发生较大的水平变形，故必须进行预变形控制；否则，即使初始安装位置精确，但在后续荷载的作用下会发生较大的累计变形，使得节点偏离原设计位置。

通过严谨的分析计算，制定了以阶段调整、逐环复位为特征的预变形方案，由于风荷载和温度荷载为可变荷载，影响可以恢复，本工程仅进行钢结构在恒载作业下的变形补偿。具体实施方案[4]如下：

（1）钢外筒竖向预变形。

各环之间的柱子加工时在理论值的基础上留（+0，−3mm）公差进行加工制作。

考虑到施工中各个环节的误差，以及理论分析模型同实际结构的差异性，应在适当的部位根据现场实测的数据来调整结构的竖向坐标。使结构竖向坐标能够得到有效的控制。安装时的竖向坐标调整如下：

5～6 环柱子 Z 向坐标=理论 Z 向坐标+8mm−5 环以下结构 Z 向压缩；

11～12 环柱子 Z 向坐标=理论 Z 向坐标+16mm−11 环以下结构 Z 向压缩值；

17～18 环柱子 Z 向坐标=理论 Z 向坐标+24mm–17 环以下结构 Z 向压缩值；

24～25 环柱子 Z 向坐标=理论 Z 向坐标+32mm–24 环以下结构 Z 向压缩值；

30～31 环柱子 Z 向坐标=理论 Z 向坐标+40mm–30 环以下结构 Z 向压缩值；

38～39 环柱子 Z 向坐标=理论 Z 向坐标+48mm–38 环以下结构 Z 向压缩值。

分阶段调整后，各环钢管立柱相对于理论坐标的竖向偏差如图 4–55 所示，最大偏差值小于 30mm，满足要求。

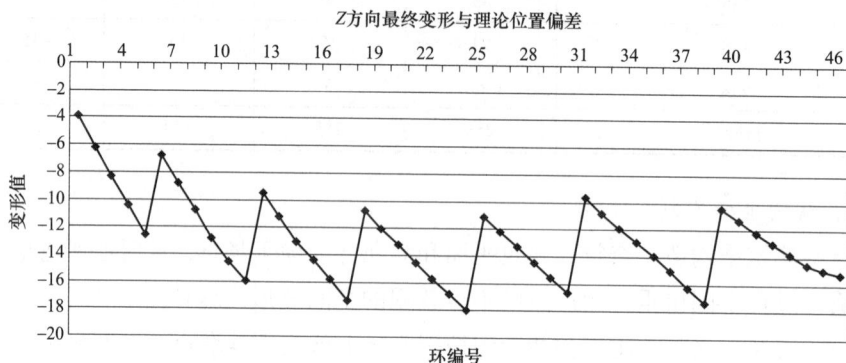

图 4–55　竖向最终变形与理论位置偏差

（2）钢外筒水平方向的预变形。

施工过程中，安装钢外筒立柱时每一节均安装到理论坐标点位置。这种水平方向的预变形方案可以对已安装的下部钢结构产生的变形进行补偿。

例如：在安装第 N+1 层时，第 N+1 层的所有结构都安装到理论位置。这样第 1～N 层由于结构自重产生的变形能够进行补偿。

采用该方案后，X 方向最大预变形值为 15mm，出现在第三十八环；Y 方向最大预变形值为 5.4mm，出现在第二十七环。

最终变形完成后，X 方向与理论最大差值为 33.9mm，出现在第四十一环；Y 方向与理论最大差值为 35.3mm，出现在第三十九环。

最终成形结构形态和理论坐标值的比较如图 4–56 所示：

红色：$\delta \leqslant 10mm$；黄色：$10mm < \delta \leqslant 20mm$；

绿色：$20mm < \delta \leqslant 30mm$；浅蓝色：$30mm < \delta \leqslant 40mm$；

深蓝色：$40mm < \delta \leqslant 50mm$；粉红色：$50mm < \delta$。

其中，单方向变形值均在 50mm 以内，满足要求。

（3）核心筒劲性柱预变形方案。

为保证内外筒变形的协调，外筒钢结构进行竖向阶段调整的柱子相对应的核

心筒劲性柱也进行分阶段预变形（阶段调整）处
理，分为 6 个阶段，在结构标高为 64m、126.4m、
184m、240.8m、292.8m 和 376m 处楼层的每个阶
段 Z 方向预变形 8mm，总预变形量为 48mm。

　　具体位置和数值（具体数值可根据实测值调
整）如下：

　　58.8～64m 钢骨柱 Z 向坐标=理论坐标+
8mm–58.8m 以下结构 Z 向压缩值；

　　121.2～126.4m 钢骨柱 Z 向坐标=理论坐标+
16mm–121.2m 以下结构 Z 向压缩值；

　　178.8～184m 钢骨柱 Z 向坐标=理论坐标+
24mm–178.8m 以下结构 Z 向压缩值；

　　235.6～240.8m 钢骨柱 Z 向坐标=理论坐标+
32mm–235.6m 以下结构 Z 向压缩值；

　　287.6～292.8m 钢骨柱 Z 向坐标=理论坐标+
40mm–287.6m 以下结构 Z 向压缩值；

图 4-56　整体水平方向形态偏差图

　　370.8～376m 钢骨柱 Z 向坐标=理论坐标+48mm–370.8m 以下结构 Z 向压
缩值。

　　以上数据仅考虑核心筒在自重作用下的变形，未考虑混凝土的收缩徐变。

　　表 4-18 列出了核心筒钢骨柱预变形后在恒载作用下的最终坐标值与理论坐
标的差值。

表 4-18　　　　　　　　　　核心筒钢骨柱最终坐标值与理论坐标的差值

标高（m）	差值（mm）	标高（m）	差值（mm）
64	−12.9	220	−27.2
116	−20.9	272	−25.5
168	−25.5	376	−25.6

　　3. 伸臂桁架施工控制

　　超高层建筑伸臂桁架是结构抗侧力体系的重要组成部分，确保结构满足整
体侧向变形和稳定性要求；然而，由于其刚度非常大，对核心筒和外框架之间
的差异变形敏感性相当强。施工过程中，核心筒和外框架的结构材料不尽相同，
承担的荷载存在差异。此外，结构在温差、混凝土收缩徐变及基础沉降等作用

下，伸臂桁架两端将产生不同步变形。若过早合拢，将在伸臂桁架中产生较高的附加应力，从而影响结构功能的正常发挥。目前，控制伸臂桁架附加应力的主要方法主要是两阶段安装法，即钢结构安装过程中，伸臂桁架部分关键构件或节点暂时不安装到位，人为降低伸臂桁架的刚度，提高其适应差异变形的能力，待结构继续施工到一定阶段，已安装的伸臂桁架所在部位核心筒与外框架之间的差异变形已基本发生，再安装伸臂桁架的关键构件或节点，此时伸臂桁架才开始起到抵抗侧向荷载的作用。由于伸臂桁架是在核心筒与外框架之间差异变形基本完成后才形成整体，提供抗侧刚度。这样，在形成整体前发生的差异变形就不会在伸臂桁架中产生附加内力，从而有效控制了伸臂桁架的附件内力。

在上海中心大厦的项目建设中，为了减小竖向变形差对伸臂桁架受力带来不利影响，考虑施工到伸臂桁架层时先临时固定，在伸臂桁架腹杆中部设置滑动连接，并使弦杆与核心筒和巨柱连接节点处于铰接状态，使之处于机构状态，从而释放由于变形差产生的附加内力。待结构施工到后一道伸臂桁架层时，再把前一道伸臂桁架终固。此时，伸臂桁架腹杆轴力大幅减小，最大轴力应力比由 0.141 降至 0.076，降幅约 50%。同时，也确保外幕墙在流水搭接作业下，整个幕墙系统满足变形控制要求。

4.4.5 大跨度及空间结构的施工控制技术

大跨度及空间结构的施工方法较多，施工过程中的结构形式往往与设计成型状态差异较大，不同的施工方法对结构内力和变形的影响又不尽相同；此外，对于跨度超过 100m 的刚性空间结构以及所有的柔性空间结构，几何非线性的影响不容忽略。有时，需要结合参数敏感性分析结果，对主体结构及临时支撑的关键参数进行施工控制。

刚性大跨度空间结构成型后结构内力及线形不易调整，在施工完成后通常无法进行干预。柔性大跨度空间结构可通过调整张拉力等方法，在施工过程中和施工完成后对结构位形和内力进行控制干预。

1. 结构挠度控制

对于大型场馆建筑的大跨度桁架式屋盖，受到运输和起重性能等因素的制约，必须将整个桁架分为若干分段构件后，按既定的施工流程安装。不同的施工方法下，结构成型过程中的受力性能是不同的。也就是说，桁架成型后的内力和变形情况不同。过大的挠度会影响后续的楼面或屋面施工，必须事先对桁架成型后的跨中挠度做出准确预判并制定相应的预变形控制方案。对于挠度的变形控制，一般又被称作结构预起拱，较为常见的做法主要包括工厂预起拱和施工预起拱。工厂预起拱是指深化工作中已经考虑了预起拱量值，并由加工厂按图加工后直接出厂，适用于整体提升、整体滑移等施工工艺。施工预起拱是指深化图纸未考虑预起拱量值，构件运至施工现场后，按照预起拱量值调整现场的拼装胎架或临时支撑的标高值，适用于分段支撑的吊装施工工艺。

国家大剧院总建筑面积为 15 万 m^2，是一个巨型椭圆形半球壳体，壳体长轴长度为 212.2m，短轴长度为 143.64m，半竖轴为 46.285m。壳体钢结构由中心环梁、梁架、斜撑和环向连杆等构件组成，通过节点连接，并同壳体坐落的钢筋混凝土环梁连接固定，形成稳定的空间结构体系。

壳体采用构件分段、多道支撑、四条作业线对称安装的施工技术路线[5]，即将构件在工厂分段制作后运输至现场，组成吊装单元，在建筑东侧、西侧、南侧、北侧各设一条作业线，按中心对称的施工顺序，先中心环梁、后梁架、再环向杆件，进行逐件节间安装。

由于结构分布相对于短轴对称、长轴不对称，结构质量中心与几何中心不重合，因此壳体在竖向荷载作用下会出现三个方向的位移。在结构自重作用下，最大竖向变形为 143mm，两个方向的最大水平变形分别为 83mm 和 20mm；在所有恒荷载作用下，最大竖向变形为 191mm，两个方向的最大水平变形分别为 98mm 和 32mm。为减小壳体自重产生的变形影响，采用如下预变形措施：在保持环梁及梁架平面状态不变的前提下，仅对上段梁架做竖向预变形，平均值为 170mm。另外，通过对梁架上段屋面支座作适当调整，解决径向变形和局部竖向标高的微调。

根据控制结构变形，确保安装精度的原则，设置可调节的临时支撑系统，作为各构件支承和施工阶段结构稳定的依托。壳体共设置 3 道临时支撑。其中，S1 为外环支撑，S2 为内环支撑，S0 为中心支撑，将结构形成整体。完成全部节点连接后，利用可调节支撑装置（即螺旋千斤顶）按多步骤循环、微量下降的原则，逐步实现荷载平稳转换。结构转换步骤分为整体步骤和每一步骤的子过程。整体步骤分为 13 步，按先 S2，再 S2 和 S0 的顺序循环下降，每步下降值为 5～10mm，每个步骤的子过程通过分布在 3 道支撑上的 148 个点逐步分轮下降，每次下降 1～4mm。最终，实现壳体的卸载施工。

表 4-19　　　各卸载步结束各网架支撑反力最大值（单位：kN）

卸 载 步 骤	S1	S2	S0
初始	91.392	156.220	152.050
第 1 步		160.140	146.700
第 2 步		162.150	137.760
第 3 步		146.660	139.160
第 4 步		148.680	134.320
第 5 步		123.880	138.120
第 6 步		129.960	124.670
第 7 步		105.170	128.460
第 8 步		111.240	115.030
第 9 步		80.249	119.750
第 10 步		77.487	130.210
第 11 步			142.950
第 12 步			123.990
最大值		162.150	152.050

本工程还考察了预变形对网壳结构整体稳定性的影响。分析结果表明[6]，预起拱后的网壳在恒载作用下的非线性整体稳定系数为 3.24，满足整体稳定性要求；预起拱模型变形后的形状和理论设计曲面之间的最大几何偏差为 97.9mm，相当于网壳短轴长度的 1/1500，对最终设计几何形状影响很小，因此预起拱方案可行。按照上述卸载工艺进行结构卸载时，网壳结构所有杆件都能满足强度和稳定性要求。从表 4-19 中可以看到，临时支撑的反力在卸载过程中均匀减小，而且最大反力不大于 165kN，故卸载流程合理可行。

2. 临时支撑反力控制

分段支撑的吊装施工是一种常见的大跨度结构施工工艺，在结构成型前，其自身重量由临时支撑直接传递至下部支承结构。下部支承结构可能是自然地基、地下室顶板或是上部结构楼层板。但无论是什么支承结构，正常使用时并非用来支承其上部的大跨度空间结构，因此，必须对这些支承结构的极限承载力进行准确的评估，确保施工安全。

一般来说，对结构承载能力极限状态的控制被认为就是对结构构件内力的控制，当承载能力不足时，往往会对结构采取有效的加固措施。但换个角度看，外部荷载才是产生结构内力的本源，对外部荷载的控制实则就是对结构受力性能的控制，将外部荷载的量值控制在结构承载能力之内，就可以避免大量的加固措施，节省施工成本。而对于分段支撑的吊装施工，控制临时支撑的反力值，实际上就是控制下部支承结构的外部荷载量值。

位于国家会展中心（上海）项目中心区域的商业中心圆楼（E1）为一地下一层，地上七层的结构。其建筑平面呈环形，内径 54.5m，外径 83m，中心区域为圆形露天广场。中心圆楼坐落于地铁二号线徐泾东路站上方，且首层有东西向和南北向通道贯通，上部结构需跨越两个方向的通道。该车站为二号线的终点站，地下设备用房面积很大。车站及区间隧道为东西走向，东、西两侧最大转换跨度为 117m，南、北两侧转换跨度相对较小。中心圆楼与地铁车站平面关系如图 4-57 所示。

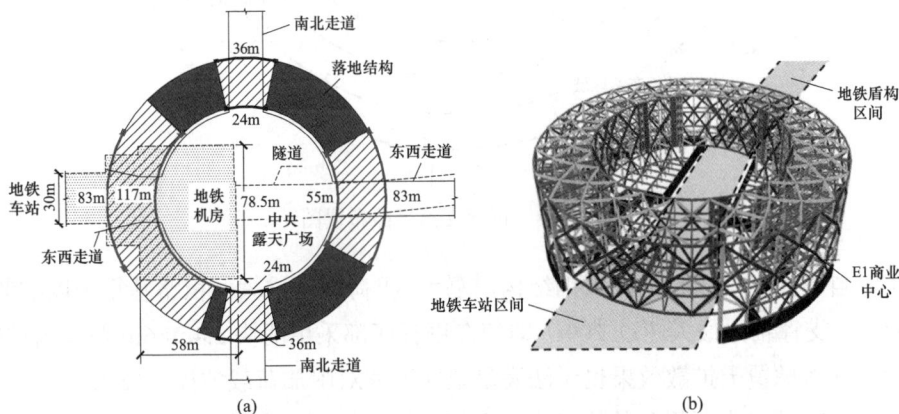

图 4-57　中心圆楼和地铁车站的位置关系
（a）与地铁关系平面图；（b）与地铁关系轴侧图

相比悬臂法施工，支撑法施工可保证转换区构件按设计位形进行加工和安装，不需要进行空间预变形处理，也没有合拢对接施工，施工的难度大大降低。而且由于转换区底部至路面只有 8m，只增加有限的临时支撑费用。唯一的问题是转换区的正下方是地铁车站的顶板，顶板上覆土 4～5m，需保证正在运营地铁的安全。

上海市地铁保护技术标准要求地铁周边施工对地铁工程设施的影响，必须符合以下要求：① 地铁结构设施绝对沉降量及水平位移量≤20mm；② 由于建筑物垂直荷载等施工因素而引起的地铁隧道外壁附加荷载≤20kPa。

若采用支撑法施工，转换区钢管支撑的布置图如图 4-58 所示。由于钢管等临时支撑轴向刚度很大，接近于刚性支承的方式，钢结构施工过程中标高容易控制。

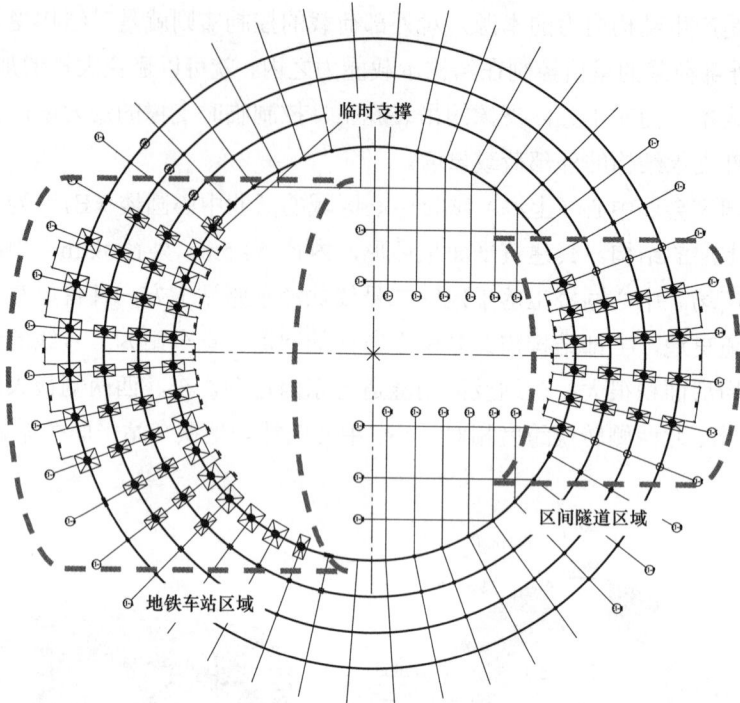

图 4-58　钢管支撑平面布置图

施工时自下而上安装转换区域钢结构，钢管支撑荷载通过大面积路基箱予以扩散。经验算，支撑轴力最大超过 200t，即使在钢管底部采用两块 2.4m×6m 路基箱扩散应力，并考虑覆土扩散效果也无法满足地铁区间对附加荷载的控制要求。

第 4.2.5 节 2 中所提到的临时支撑系统的恒力控制装置首次应用于国展中心圆楼的施工中，形成一种可控轴力变刚度支撑的施工工艺，该工艺兼顾了刚性支承和无支撑悬臂施工的特点，既通过控制轴力来确保下部结构附加荷载满足要求，又降低施工难度，保证施工质量。根据验算结果，在地铁车站区域和区间隧道区域分别采用预设轴力为 100t 和 80t 的变刚度支座。以前者为例，当支撑所承受的外荷载小于等于 100t 时，支座刚度很大，几乎无压缩。当支撑所承受的外荷载大于 100t 时，支座随蝶形弹簧压缩发生位移，支撑轴力始终保持 100t。此时，悬挑段部分相连，形成部分结构，结构自身参与共同受力。

首先，完成悬挑部分两侧钢结构，形成固定端。在悬挑结构下方设置可控轴力变刚度支撑，保证悬挑段的二三层施工如同采用刚性支撑法，直至二三层施工完成部分形成结构，如图 4-59 所示。

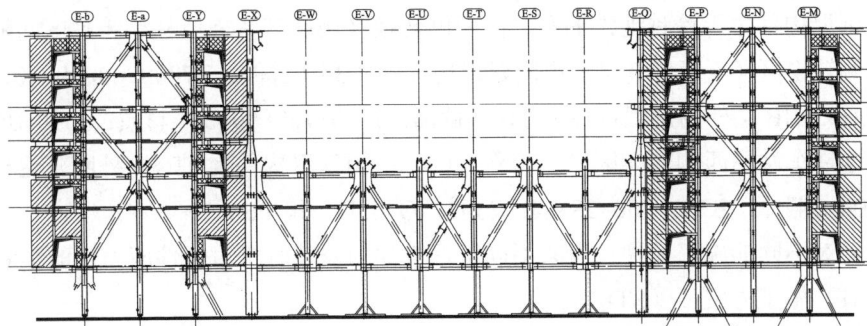

图 4-59　施工立面图（工况 1）

在安装悬挑结构四～七层时，采用两侧逐步阶梯延伸的施工方法，有效地承担跨中后续施工结构的自重荷载，如图 4-60 所示。此阶段，由于悬臂段自重不断增加，变刚度支撑轴力超过设定值时会开始压缩，限制支撑轴力的增加。由于此时二三层已经相连，四～七层施工是半悬拼的施工方法。悬挑段所有主结构完成后，支撑同步卸载，施工阶段性结束。

图 4-60　施工立面图（工况 2）

3. 延迟构件布置

延迟构件是指对安装时机或施工工序有特殊要求的结构构件。这个概念最早是由华东建筑设计院在中央电视台新大楼的项目建设中提出，旨在通过延迟安装部分构件，避免其在悬臂施工过程中承担过大的内力，而降低了其在使用阶段的安全储备。而在国家会展中心（上海）项目的中心圆楼的设计中再次引入了延迟构件，如图 4-61 所示。

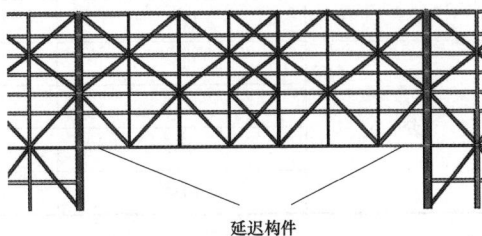

图 4-61　延迟构件位置

143

延迟构件位于跨越地铁的东、西两侧转换区域底部紧邻巨柱。跨越区间隧道的东侧转换区（下简称 3 区）内圈延迟构件为 TB5（截面：B700×700×40×40，材质：Q345GJB），外圈延迟构件为 TB6（截面：B700×700×50×50，材质：Q390GJC）。跨越地铁车站的西侧转换区（下简称 6 区）内圈延迟构件为 TB6，外圈延迟构件为 TB4（截面：B700×700×28×28，材质：Q345B）和 TB6。

针对不同的施工流程，考察不同延迟构件的安装时机对杆件应力比的影响。

（1）施工方案一（ST-1）。

支撑法施工，其中延迟构件和其他钢构件同步安装。经历两个阶段，阶段一（ST-1-1）指支撑拆除，卸载，钢结构安装完成；阶段二（ST-1-2）指结构附加恒载及活载形成。

（2）施工方案二（ST-2）。

支撑法施工，延迟构件在结构恒载及附加恒载形成后方可安装。其中，经历三个阶段，阶段一（ST-2-1）指支撑拆除，钢结构安装完成；阶段二（ST-2-2）指附加恒载形成；阶段三（ST-2-3）指活载形成。

（3）施工方案三（ST-3）。

悬拼法施工，延迟构件在结构恒载及附加恒载形成后方可安装。其中，经历五个阶段，阶段一指阶梯状施工至最大悬臂状态；阶段二指 2F~4F 结构合拢；阶段三（ST-3-3）指结构安装完成；阶段四指附加恒载形成；阶段五（ST-3-5）指活载形成。

表 4-20　　　　　　　　　　活载形成后延迟构件应力比

对应施工方案及阶段		ST-1-2	ST-2-3	ST-3-5
施工分区	延迟构件编号	轴力（kN）	轴力（kN）	轴力（kN）
分区 3	789	0.67	0.20	0.20
	799	0.49	0.15	0.15
	1060	0.62	0.19	0.19
	1151	0.51	0.15	0.15
分区 6	886	1.18	0.33	0.33
	970	0.56	0.16	0.16
	984	1.10	0.31	0.31
	1034	0.86	0.24	0.24

表 4-20 的计算结果表明，延迟构件先装或后装对转换结构内力分布有一定的

影响。延迟构件后装将使转换结构中的大斜撑承担更多的拉力，从而优化结构内力。6 区已同步安装的延迟构件在所有竖向荷载都施加上后应力比超过 1.0，因此延迟构件不能承担结构施工阶段的恒载作用。

对于延迟构件的安装，可以采用两阶段安装法，即延迟构件按常规构件一样顺序安装，但先进行临时连接。当整个结构达到设计要求中的指定状态后，再终固延迟构件。具体的临时连接构造可以是在箱形构件的四个面各焊接两块连接板，连接板采用螺栓连接，其中一头开长圆孔，节点如图 4-62 所示。该构造可以保证延迟构件在受到轴力作用时，具有一定的变形能力，从而达到释放轴力的目的；同时，截面变形后，翼缘和腹板也不会出现明显的错边。

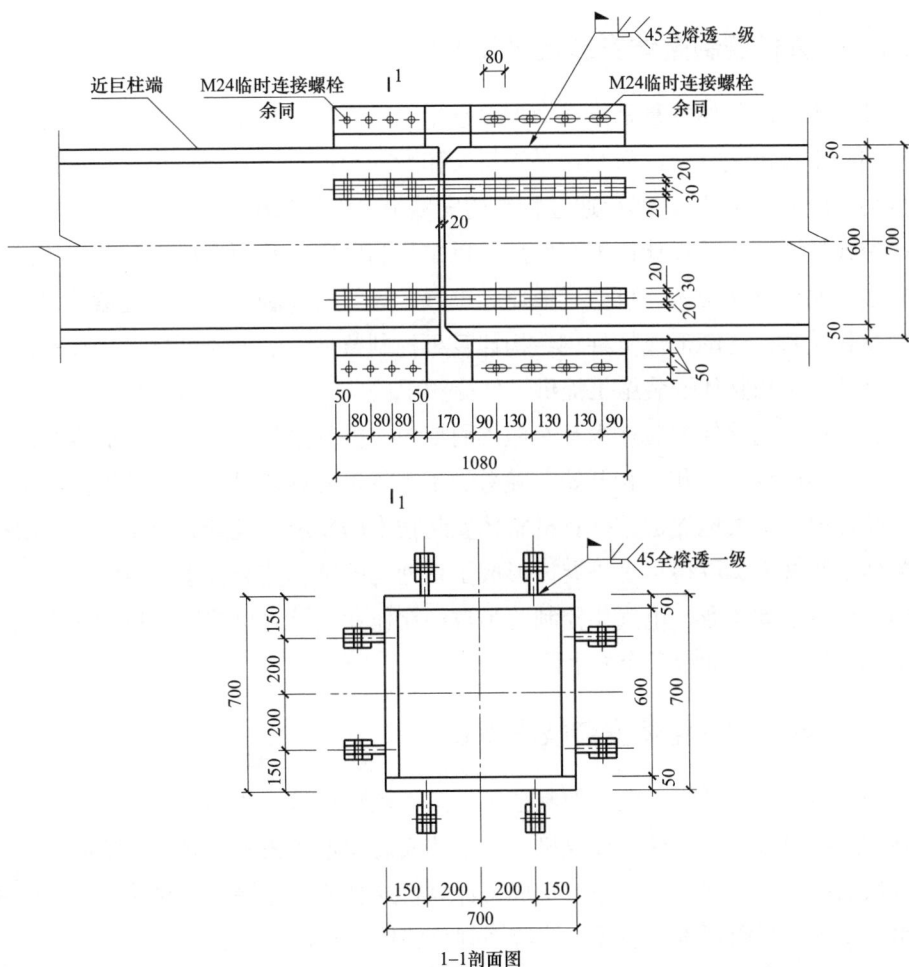

图 4-62 延迟构件临时连接节点详图

第5章

计算机控制整体安装技术

5.1 概　　述

5.1.1 计算机控制整体安装技术发展历程

计算机控制整体安装是指在大型复杂钢结构安装工程中不采用散件吊运、原位拼装等常规吊装方法，而是在易于拼装作业的地面（或其他位置）将钢结构整体拼装（或局部拼装），然后通过特殊的安装手段将结构整体移位（提升或平移）至高空或特定空间等设计位置，然后予以定位和固定，从而完成大型钢结构的整体安装。通过整合结构、机械、液压、电气、计算机控制、互联网通信等多专业领域学科技术，逐渐形成特种钢结构计算机控制整体安装的系列化施工技术，为大型复杂钢结构整体安装施工提供了便捷的手段。

计算机控制整体安装技术具有施工周期短、临时措施省、交叉作业少等诸多优点。自 20 世纪 90 年代初开始，随着城市大规模发展建设，特别是钢结构工程的不断涌现，极大地促进了计算机整体安装技术的发展。尤其近年来，计算机控制整体安装技术又取得可喜进展，形成了系列化的整体安装技术。整体安装技术经历了单点手动作业，电气化控制的半自动化作业，计算机控制的自动化作业，数字化智能控制作业等各个发展阶段。

5.1.2 计算机控制整体安装技术现状

随着液压传动技术、电气控制技术、工程控制技术、传感技术、结构分析、互联网通信等技术的发展，计算机控制整体安装技术也相应发展，并趋向于多学科领域的高度交叉集成。目前，形成了计算机控制的整体提升，整体顶推，整体牵引，整体自平衡顶推，整体下降等系列化整体安装技术（表 5-1）。

表 5–1　　　　　　　　　计算机控制整体安装技术

施工方式	承载方式	控制策略	控制精度	适用场合
整体提升	钢绞线和提升架承载	高度偏差、负载偏差	各作业点与基准点的高度差或位移偏差可控制在 2～3mm 以内。施工结束时的最终定位误差可控制在 3mm 以内	高耸结构、大跨度结构
整体下降	钢绞线和提升架承载	高度偏差、负载偏差		高耸结构、大跨度结构
整体顶升	千斤顶直接承载	高度偏差、负载均衡		高耸结构、大跨度结构
整体牵引	牵引反力架承力,轨道承载、导向	位移偏差、速度偏差		桥梁、大跨度结构
整体顶推	顶推反力架承力,轨道承载、导向	位移偏差、速度偏差		桥梁、大跨度结构
整体自平衡顶推	千斤顶直接承载	位移偏差、速度偏差、载荷偏差		桥梁、大跨度结构

5.1.3　计算机控制整体安装技术发展方向

计算机控制整体安装技术的发展趋势为多技术交叉集成、数字化、智能化和互联网化。具体有如下几个方面：

（1）多专业集成的成套计算机控制整体安装技术装置的研发。

（2）基于现代传感技术的计算机控制系统的开发，实现数字化、智能化控制。

（3）基于互联网通信技术的监控与管理系统开发，实现远程控制。

5.2　计算机控制整体安装的系统集成

5.2.1　基本原理及构成

计算机控制整体安装系统主要由控制机构、驱动机构和执行机构三部分组成。控制机构负责决策指挥，由计算机或计算机网络担任，称为计算机子系统。驱动机构将控制机构的指令放大传递给执行机构，并将执行机构的信息反馈给控制机构，由电气装置（包括弱电和强电）担任，称为电气子系统。执行机构根据控制机构的指令进行施工作业，由液压千斤顶集群担任，称为液压子系统。这三大机构既是相对独立的，又通过电气连接和数字信息联系形成三位一体的有机整体。三大机构的内部也采用模块结构，因此整个系统可以灵活地拆分、组合和扩展，同时方便运输和布置。

图 5-1 计算机控制整体安装系统原理

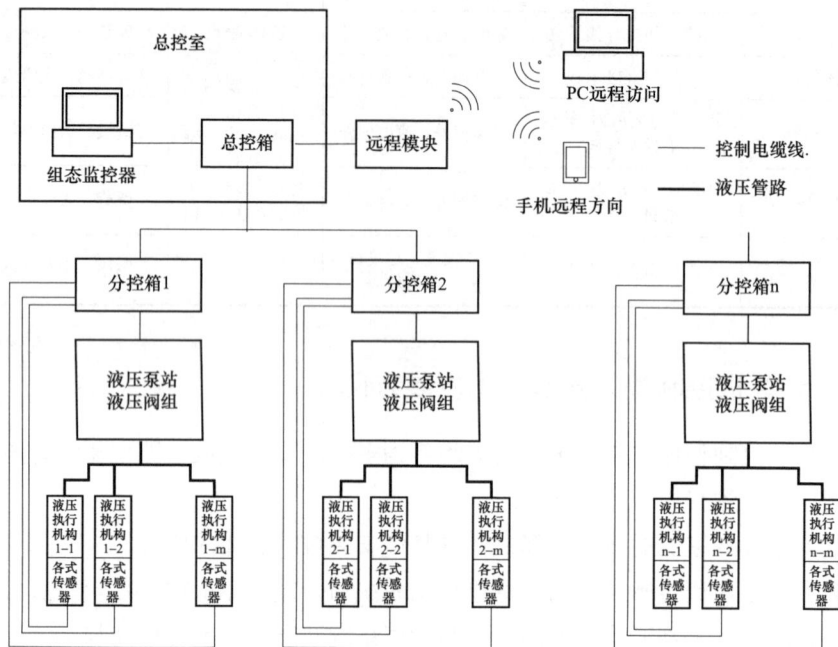

图 5-2 计算机控制整体安装系统构成

1. 计算机控制系统

计算机控制系统分为上位机和下位机。上位机主要形式为组态监控器、远程客户端或者移动客户端。其主要功能为显示控制系统内的各项数据，并供操作人员调整各项参数。下位机分为总控站和分控站两种形式，一般由工业 PLC 组成，是控制系统的核心控制部分，进行数据的采集、分析计算和操作指令。上位机与下位机，及下位机内的总控站与分控站之间由通信线串联。

2. 电气驱动系统

电气驱动系统由总控箱和分控箱组成，其内部安装大量的电气控制元器件，如继电器、接触器、按钮、断路器等，用以直接驱动液压系统中相关的元器件。同时，控制系统发出的动作信号，需通过电气系统放大成执行信号，发送给液压系统，才能真正驱动液压系统进行动作。同时，将液压系统在过程中的各种信号通过传感器采集后实时的传送给控制系统。

3. 液压执行系统

液压执行系统主要由油泵、电磁换向阀、比例换向阀、溢流阀、比例溢流阀、调速阀、液压缸、液压马达等液压元器件组成。通过不同工程需要的不同组合，实现对液压执行机构的液压传动控制。

5.2.2　液压控制技术

液压控制是以液压泵将原动机的机械能转换为液体的压力能，通过液体压力能的变化来传递能量，经过各种控制阀和管路的传递，借助于液压执行元件（液压缸或马达）把液体压力能转换为机械能，从而驱动工作机构，实现直线往复运动和回转运动。

1. 液压同步控制技术

液压同步控制技术是实现计算机控制整体安装的关键技术之一，液压传动技术因其特有的特性，具有体积小、易扩展、高频响应、柔性传输、无缝无级变速、可操控性能好等优点。

液压同步控制分开环同步和闭环同步两大类。表 5-2 列出了液压开环同步控制的几种类别。

表 5-2　　　　　　　　　　　　　　液压开环同步控制类别

开环同步种类	方法	同步精度	抗偏载能力	优点	缺点
机械同步	采用机械结构连接各液压油缸同步	低	弱	稳定性好	体积庞大，机械连接结构容易失稳
串联同步	将执行机构串联，容积同步	高	强	所需元件少	体积大，补油困难，安装受限，成本高
同步分流阀	通过分流截流方式实现同步	中高	弱	价格低，安装方便，流量范围大	如果出现偏载严重，同步效果随即失效
同步分流马达	一种容积同步方式，用同心轴连接	高	强	抗偏载能力强	体积大，价格高，维修困难，流量范围小
复合控制	用分流，调速阀，单向阀等组成一个控制回路	高	弱	比单纯的用一个元件同步效果好	需要反复调节，油路多，调试困难

液压闭环同步是通过电调液压阀与位移传感器组成一个闭环回路。其结构紧凑、高速响应、动态调整、抗偏载能力强、同步精度极高，对专业性要求高。根据不同的控制精度要求，可选择不同的电调液压阀，如图 5-3 所示。

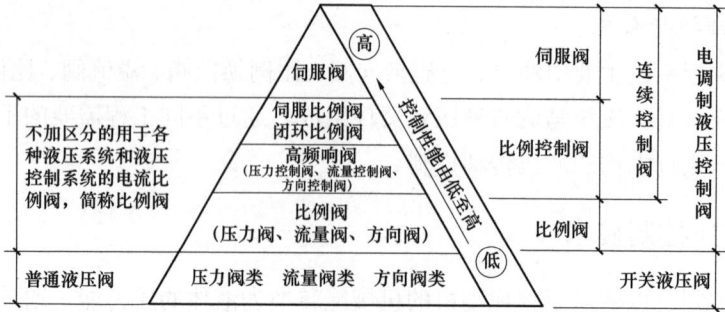

图 5-3　液压闭环同步控制金字塔示意图

2. 液压控制流程

计算机控制钢结构整体安装应根据结构特点和施工环境来确定合理的液压动作流程。液压动作流程有下面几种：

（1）整体提升/下降动作流程。

在整体提升（下降）工程施工中，根据施工工况制定整体安装的控制策略，通过细化设计，形成液压控制系统的具体动作流程技术（图 5-4）。

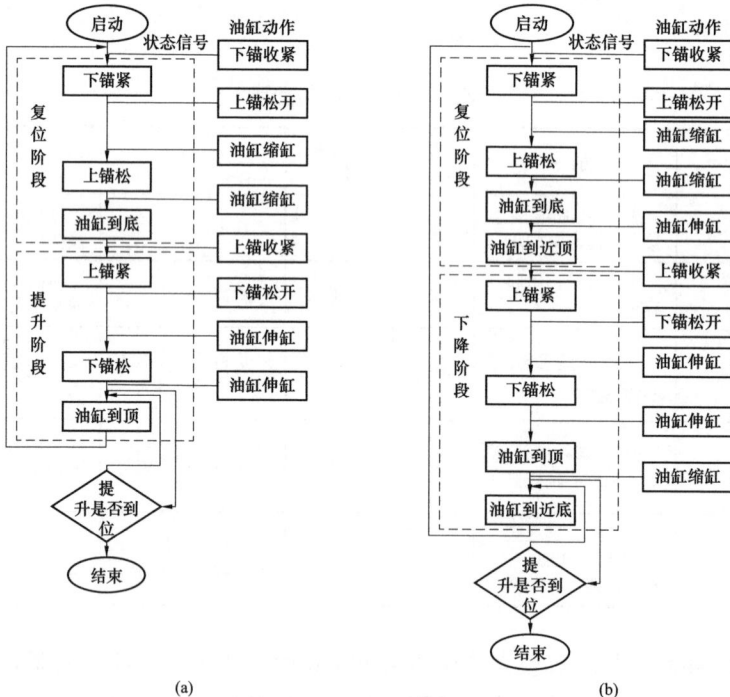

图 5-4　整体提升/下降动作流程

（a）整体提升；（b）整体下降

（2）整体顶推、牵引动作流程。

在整体顶推和牵引平移工程施工中，根据施工工况制定整体安装的控制策略，通过细化设计，形成液压控制系统的具体动作流程技术（图5-5）。

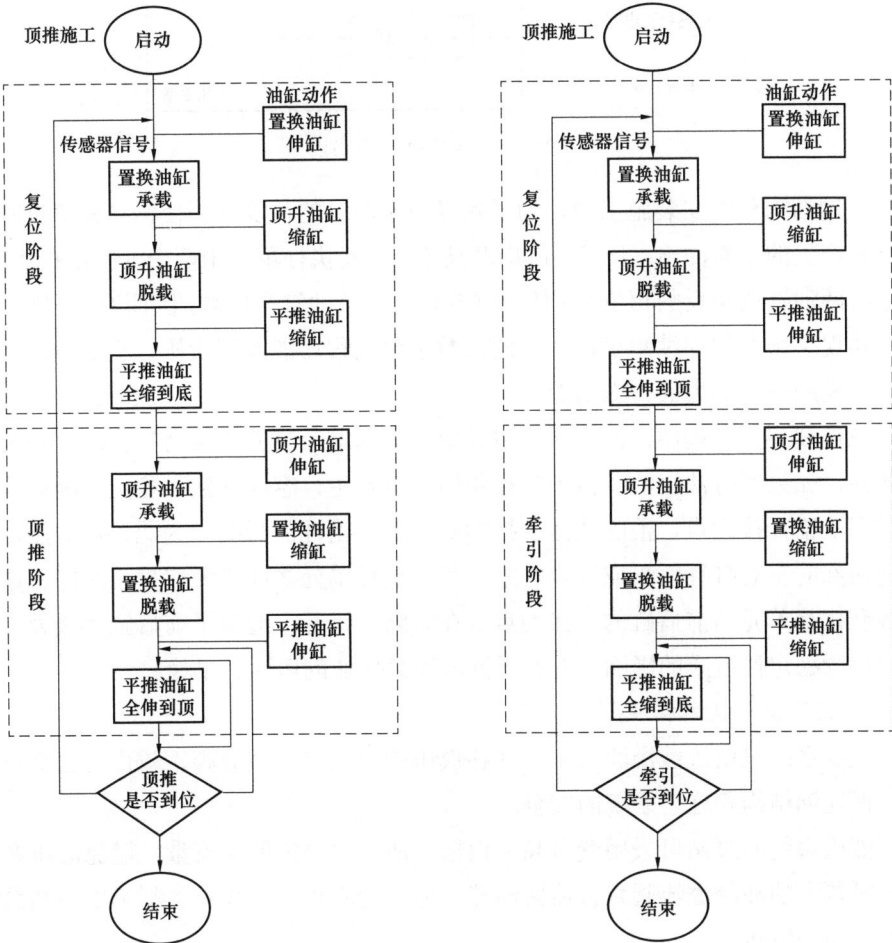

图 5-5　整体顶推和牵引动作流程

（3）液压连续移位行程控制技术。

液压油缸的行程控制实际是油缸伸缸和缩缸两个不断交替往复的阶段，每次伸缸到顶后就要缩缸，因此其输出功率是间歇的，施工时钢结构的移动也是间歇的。所移位的行程、速度取决于液压元器件的机械性能，但也可以由计算机通过液压驱动电路来控制和改变（图5-6）。

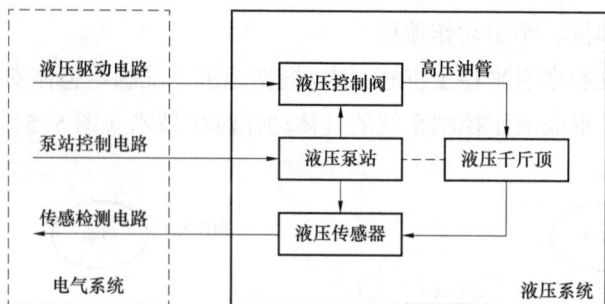

图 5-6　液压系统控制原理

　　在钢结构整体安装施工中，为了减轻液压油缸的往复行程使钢结构移位时对钢结构产生的不断冲击，开发多缸串联技术，每套执行单元由两个油缸串接而成，运行时两油缸取相反的相位，在任一时刻总有一个油缸在伸缸，因而通过双缸"接力"实现了平稳的连续牵引作业。通过数字化编程还能改变液压行程的相位和时序，实现助推、加力等特殊功能。

　　在连续移位过程中，液压执行单元中串联的前后缸的"接力"实际上是负载的转换，如果所有油缸的"接力"在相同时刻发生，容易导致不稳定，因此应当在时间上错开接力点，消除或减少接力对作业平稳性的影响。为此，对液压执行单元内部的左右缸行程采取同步时序，各个执行单元之间则采取异步时序。这样使各套执行单元的前后缸的"接力点"在时间上错开，避免了前后缸"接力"可能对运行稳定性造成的影响，有利于液压连续作业的恒速、平稳。

　　3. 液压安全技术措施

　　液压系统采用过载溢流技术，在各液压阀组上安装溢流阀，防止动态负载过大，保证钢结构和施工系统的安全。

　　液压系统的泵站可采用变量泵，根据供油范围调定所需流量，避免液压系统工作时较多的油经溢流阀直接流回油箱，造成功率损失。变量控制可以提高系统效率，减少发热。

　　液压缸的上、下锚具或上、下卡爪设置互锁机构，不会同时松开。

　　在整体提升工程中，液压油缸装有液控单向阀，保证油缸即使在油管失效的情况下活塞杆能长时间停在原位置而不会下沉。

　　在整体提升工程中，每个提升吊点都装有安全锚和导向锚，防止钢绞线"溜索"和保证上锚油缸顺利开闭。

5.2.3 电气控制技术

电气系统是计算机系统与液压系统之间的桥梁和中介。电气系统将计算机系统的指令传递给液压系统，使其按要求正确工作，又采集液压系统的工作状态和施工数据反馈给计算机系统，使其能够正确指挥。因此，电气系统的主要作用就是液压驱动和传感检测。电气系统还要负责整个施工系统的启动、停机、安全连锁及供配电管理等（图 5-7）。

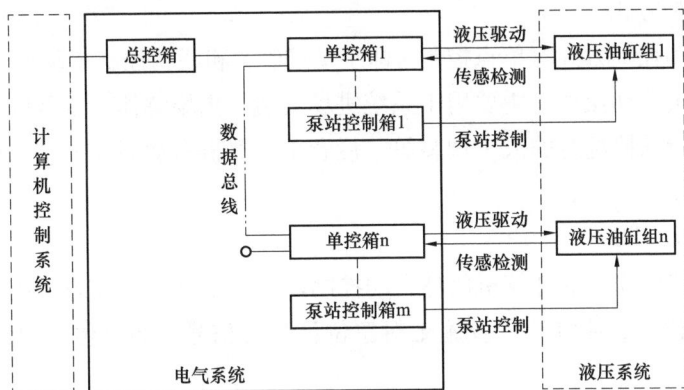

图 5-7 电气系统构成原理

电气系统包括控制线路（系统启停控制电路、液压驱动电路、传感检电路等）和供配电线路等。电气系统的控制线路采用集中控制的结构形式，以总控制室为中心，以各个作业点的控制箱（称为单控箱）为节点，可以是星形结构，也可以是总线型结构（目前多为总线型结构）。电气系统的供配电线路一般根据施工现场供电条件铺设。

总控室负责整体安装系统的总控，主要设施有总控制台、控制计算机、电源柜等。中小型工程可以不设总控室，只用总控制箱即可。单控箱负责单个点的液压驱动、信号传输、信号显示。它们既是系统联动时计算机控制的执行机构，又是系统处于单控时的单点控制装置，可以独立操作油缸动作。在作业点上还设有泵站控制箱负责液压泵站的电气控制，泵站控制箱是否纳入总控室控制，由具体工程要求而定。

电气控制技术主要包括液压驱动技术、传感检测技术、连锁保护技术。

1. 液压驱动技术

液压驱动功能主要是电磁阀驱动和比例阀驱动。

（1）电磁阀驱动。

在计算机控制时，由计算机指令驱动电磁阀操纵控制液压油缸的动作组合控制油缸的伸缩及锚具的松紧等动作，组合动作受根据安全连锁的制约策略，如伸缸与松锚不能同时进行。

（2）比例阀驱动。

在计算机控制时，由计算机指令操纵电液控制器，控制比例阀的开度，以开度大小控制流量大小，从而也就决定了施工功率和速度的大小。

（3）控制方式。

液压驱动控制方式有单点控制（即手动控制）和联动控制（即自动控制），前者由操作人员手动操作，主要用于系统进场安装、出场解体，以及施工作业的后备方式，如特殊情况时的人工调整等。后者由计算机自动同步控制，用于施工自动连续作业。

2. 传感检测技术

为实现整体安装的计算机闭环自动控制，在施工时，必须通过传感器随时检测液压油缸位置、油缸行程及施工对象位移量等信号，通过传输电路输送给计算机。

（1）油缸位置检测。

油缸位置检测的传感器由固定的微动行程开关和随油缸移动的触点构成。触点碰到行程开关时，采样电路接通，发出高电平信号，表示油缸到达某一位置。触点离开行程开关时，采样电路断开，发出低电平信号，表示油缸不在某一位置。

（2）油缸行程检测。

油缸行程检测的传感器由电位器和一套弹簧复位机构组成。油缸伸、缩时带动电位器转动，使电位器上输出的电压随油缸的位置而变动。变动的电压信息通过电缆的输送，在主控台上的油缸行程显示指示灯上指示。此装置也是对油缸位置检测的量化和补充。

（3）位移量检测。

位移量检测的传感器采用光电旋转编码器。编码器和传动箱固定在被移位的钢结构上，通过传动箱的转盘在滑道边缘的摩擦，使编码器转动并发出方波脉冲，输入计算机计数后，即可得出钢结构的位移量。

（4）检测信息的传输。

传感检测信息的传输如果采用点对点的直接传输方式，一种信息就要占用一条线路，不仅电缆布线量巨大，而且模拟量传输时，距离远的还要加中继放大装置，因此不宜用于大型工程。为此，采用 A/D 转换技术，在作业点设置 I/O 接口和转换器，将传感检测信息转换为数字量，以数据总线方式传输给控制中心。

3. 连锁保护技术

为确保整体安装施工的安全可靠，电气系统设置连锁保护。以下是整体提升时的 4 种连锁保护：液压动作的时序性连锁、液压动作的排他性连锁、控制方式连锁、应急中断连锁。

液压动作的时序性连锁包括：伸缸时任一油缸到顶就停止所有油缸的伸缸动作；缩缸时全部油缸到底后才能停止缩缸动作；紧锚具时，必须待所有锚具都紧上，才能停止紧锚动作；松锚具时，必须待所有锚具都松开，才能停止松锚动作。

液压动作的排他性连锁包括：上下锚具不能同时松开；上下锚具同时紧的状态下禁止伸缩缸。

控制方式连锁包括：手动控制与自动控制之间的连锁（双重连锁）；自动控制中的单步、顺序、自动作业之间的连锁。

紧急中断连锁包括：紧急中断按钮被按下时，提升系统立即脱离作业状态；紧急中断状态未解除之前，切断所有操作，禁止所有动作。

5.2.4　传感器技术

传感器是将采集到的被测物理量转换成容易进行传输的电量的元件（图 5-8）。

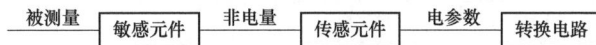

图 5-8　传感器构成

传感器按被测对象不同可分为速度传感器、位移传感器、温度传感器、压力传感器等。按转换原理可分为电容式传感器、电感式传感器、光电式传感器和电阻式传感器。

由于每个工程的工况的不同，所需检测的要求也不同，应根据实际需求选择合适的传感器。选择传感器应综合考虑下列参数：

量程：传感器量程是一项重要技术指标，传感器量程并非越大越好，量程过大会造成实际所需测量范围的精度很低。一般情况下，传感器量程在实际所需量程的 1～1.5 倍为宜。例如，压力传感器在系统工作时可能出现过载压力或异常情况下出现的冲击压力。

分辨率：传感器分辨率表示了其测量所能达到的精度，表示其输出与被测量真值的一致程度。传感器的分辨率选择也应根据所测的目标确定，并非越高越好。

对于一般的定性比较测试或系统的状态监控和故障诊断，则选择普通准确度（1%～2%FS）的传感器即可；而对于一些获得精确量值以作定量分析研究的情况，则应选择高准确度（0.1%～1%FS）或超高准确度（0.01%～0.1%FS）的传感器。

工作温度：工作介质的温度直接影响传感器的热零点漂移和热灵敏度漂移，从而影响其准确度。传感器适应的工作温度范围越宽，其制造的技术难度越大，价格也就越高。因此，对于室内使用，可选用普通商业级（−5～60℃）的传感器；对室外使用，则可选用更高级别的传感器。

其他参数：传感器还包括了滞回死区、线性度、重复度等多个选型参数，均代表了传感器的性能精度。

5.2.5 计算机控制技术

计算机系统是钢结构整体安装控制系统的核心。计算机系统通过电气系统指挥液压系统，又通过电气系统采集液压系统的工作状态和作业点反馈数据，对下一步的施工进行主动控制和调节。大型复杂钢结构整体安装的计算机控制技术包括顺序控制、偏差控制、操作控制和安全控制等，并根据上述控制需求，通过研究和编制控制算法，形成了成套的能够满足各种大型复杂钢结构整体安装的计算机控制技术（图5-9）。

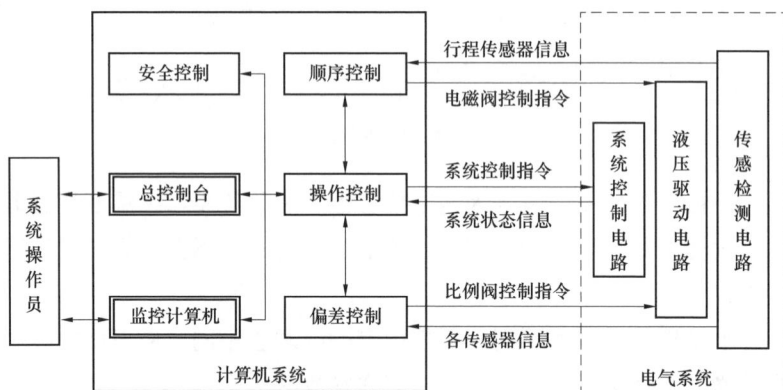

图5-9 计算机控制系统原理

1. 顺序控制技术

顺序控制的主要功能是液压油缸集群控制和施工作业流程控制。液压油缸集群控制：为了保证钢结构移位的同步、平稳，对整体安装设备的所有油缸进行集群控制，实施同步作业。顺序控制功能还能根据需要改变液压行程的相位和时序，以实现加力、助推等特殊功能。

施工作业流程控制：施工作业流程的基本步序有若干步，其动作内容、先后顺序和持续时间长短不是固定不变的，而是因工况的不同、液压机械特性之差异而有所变化。顺序控制能够自动或半自动或手动地根据不同工况、液压特性修正作业流程。

另外，还有特殊控制功能：根据钢结构整体安装的不同施工方法和不同工程要求，往往还需要单点调整、多点同步调整、点动短距提升（顶推）等特殊功能，以满足特殊需要。

2. 偏差控制技术

偏差控制的主要功能包括位移偏差控制、速度偏差控制和负载偏差控制等。

（1）位移偏差控制：在作业点中选择一个关键点作为基准点，并不断检测各作业点的位移量。信号输入计算机后，根据规定的策略和算法进行计算与决策后，再由计算机发出控制信号，改变各作业点油缸电液比例阀的开度，通过调节流量来改变作业位移速度，从而缩小位移偏差，力图使之趋向零，形成位移反馈的闭环控制回路。

（2）速度偏差控制：通过不断检测各作业点的位移速度，信号输入计算机后，对照操作员设定的加速度值和速度值，根据规定的策略和算法进行计算与决策后，再由计算机发出控制信号，通过调节液压动力来修正位移速度，使之保持在设定值上。所以这是一个速度反馈的闭环控制回路。

（3）负载偏差控制：不断检测各作业点的负载，信号输入计算机后，根据规定的策略和算法进行计算与决策后，调节液压动力或发出警报。这是一个由负载反馈的闭环控制回路。负载偏差除了直接由传感器检测外，还可以通过分析各作业点的速度、位移量等数据来判断，从而提高计算机控制的可靠性。

3. 操作控制技术

操作控制界面分软件和硬件两种，软件操作控制是监控系统软件系统，硬件操作控制是以电气开关和按钮组成的硬件面板（图 5–10）。操作控制又称操作台控制，主要是操作员与系统之间的人机界面，其基本功能是施工系统的启与停控制、准备情况检查、运行情况监控、控制策略和系统运行参数修改、工作数据存储、历史数据查阅分析等。

（1）整体安装系统的启停控制：整体安装系统的启动、停机、紧急停机等指令是总控台上的操作按钮发出的，操作台控制模块接收后分别发往顺序控制、偏差控制等相关模块。操作台控制模块还要根据顺序控制或偏差控制模块因异常情

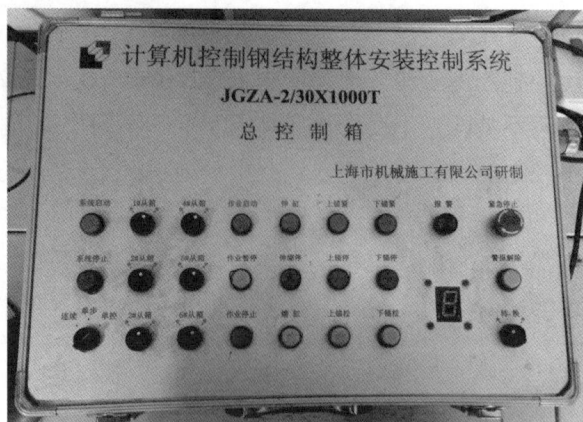

图 5-10　操作台控制面板

况或故障而发出的紧急信号，向总控台发出紧急停机指令，使系统自动停机，同时做好断点保护工作。

（2）准备情况检查：作业开始之前，操作台控制模块要检查各项准备情况，主要是所有传感器以及关键部位的状态。此项检查有的是自动的，有的是半自动的，如传感器检查，需操作人员转动或触动传感器。所有检查通过后，才能进入正常作业程序。

（3）运行情况监控：以表格、图形等形式在屏幕上显示系统的工作状态、运行数据，以及各种提示信号。主要内容有：当前移位方向（A 向还是 B 向，A、B 向指结构的升、降及油缸的伸、缩）；当前作业方式（自动、半自动，还是手动）；当前控制方式；当前各类控制参数；各点位移量、速度、加速度，各油缸的控制电压、工作缸位置、工作缸行程，锚具状态；系统故障信息等。图 5-11 和图 5-12 为系统施工状态监控和故障信息屏显实例。

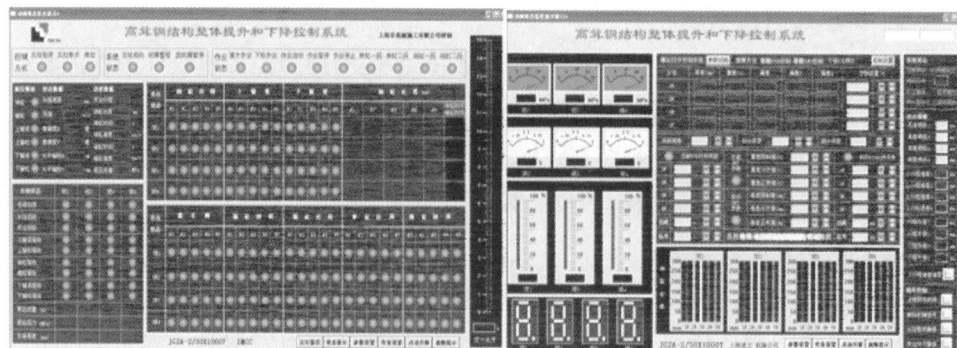

图 5-11　系统施工状态监控（一）

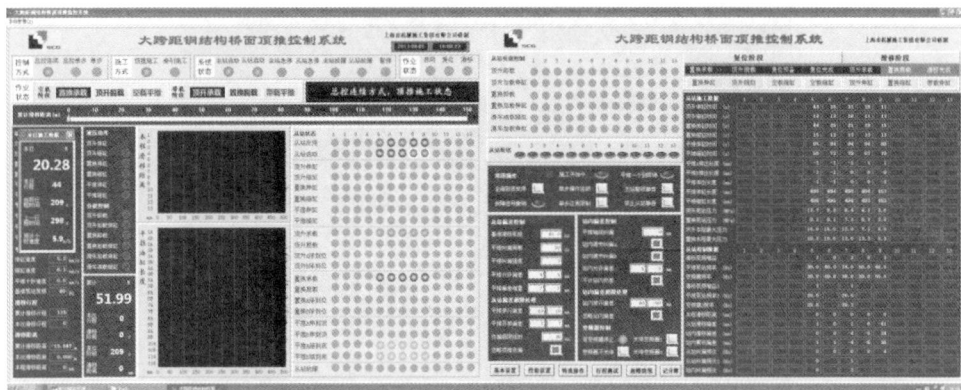

图 5-11　系统施工状态监控（二）

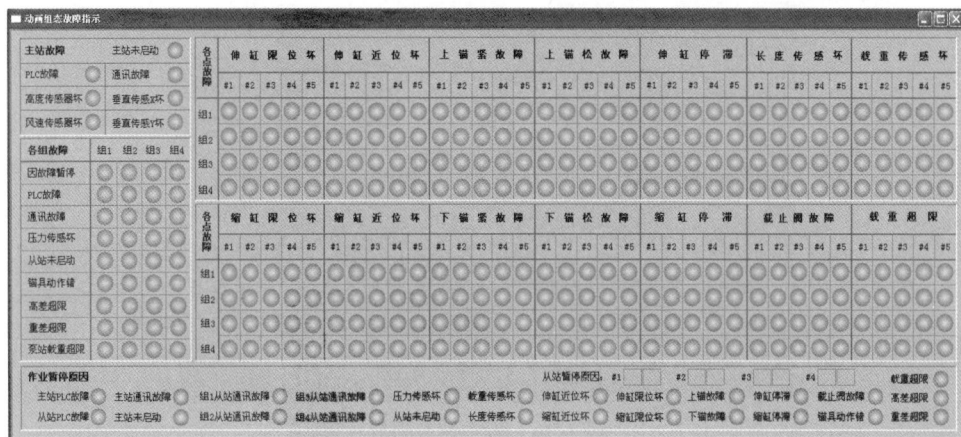

图 5-12　系统故障信息

作业状态设置和系统参数设置等供操作员以人机交互方式动态调整或修改各类控制参数，主要有速度设定值、加速度允许值、姿态校正值（位移偏差设定值）、控制扫描周期、比例控制常数、积分控制常数、微分控制常数、开关控制阈值、基本控制步长、输出带宽、零飘校正、各类滤波系数、时间常数等（图 5-13和 5-14）。

偏差、负载调控设置供操作员修正或改变控制策略、控制方法或控制算法，主要有：多目标控制中优先顺序的选定，速度控制方式的选择、负载调整方式的选择、各点控制的联机/脱机/隔离/关闭的选择，液压增益开关、电压增量开关、高速运行开关、定位控制方式、故障处理方式的选择等及模糊控制的一系列参数（调控常用参数见图 5-15）。

159

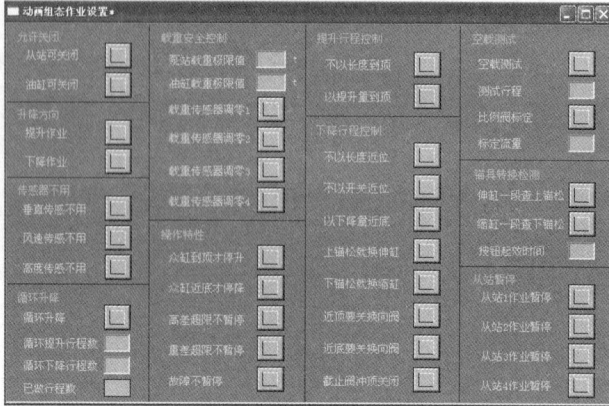

图 5-13　作业状态设置

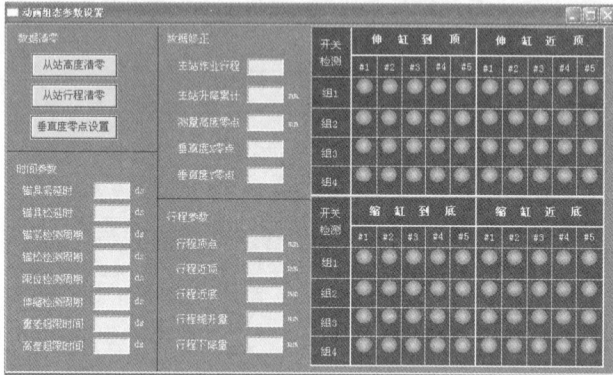

图 5-14　系统参数设置

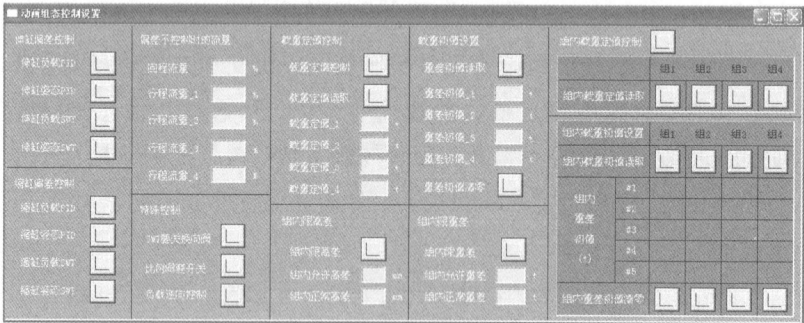

图 5-15　偏差、负载调控

（4）工作数据存储和历史数据查阅：工作数据的存储是自动、定时的。通过人机交互软件，存储各类施工数据，并可以根据存储的历史数据以用表格形式或曲线图形进行检索显示，有利于对液压作业情况进行技术分析。

（5）操作台控制模块的界面：操作台包括"设置""检测""监控""调整""单点""响应图""存储""数据曲线图"等多个屏面，采用组态软件开发，修改维护方便。

4．安全控制技术

在钢结构整体安装中，安全至关重要。安全控制通过采用硬件主控台控制按钮，在施工流程中设置安全连锁，通过算法验证和逻辑判断，等方法防治误操作；通过对数据传输线里采取防护屏蔽措施，采取电源抗干扰措施，采取数字滤波等软件抗干扰措施等，从技术和设备手段上保证系统整体抗干扰性能；通过不断检测系统各部分的异常信息及故障检测处理等，保证系统和施工安全。

（1）防止误操作措施。

系统启动、停止、操作方式转换等均用主控台的硬旋钮，不用监控计算机的键盘和鼠标，防止误触键、碰撞等引致的误动作；在液压集群控制和施工流程控制功能中设置了各种安全连锁功能，防止手动误操作；在人机交互界面设置了各种检验算法和判断逻辑，防止操作者修改系统参数时误操作。

（2）抗干扰措施。

在易受干扰的物理层面上采用抗干扰性能好的可编程控制器（PLC）及性能优良的元器件，并采取数字滤波等软件抗干扰措施；采取电源抗干扰措施，并对现场的通信线、信号线采取防护、屏蔽措施。

（3）故障检测处理。

不断检测系统各部分的异常信息并进行相关分析，诊断出异常发生处和问题性质。并将分析诊断结果以文字、声音等形式向操作员报警；在报警的同时，利用决策表、规则库等找出处理方法进行自动处理。无法自动处理作停机或紧急停机。

5．计算机控制算法

（1）多目标控制算法。

在整体安装中往往同时存在多个控制目标，应当进行综合协调和控制。

整体安装系统对钢结构的姿态（位移偏差）、施工负载和施工速度等多目标进行综合协调；根据工程情况和结构特点确定多目标的优先顺序。有的为：姿态、负载、速度，有的则为负载、姿态、速度；实际运行中优先级会作动态调整，主要是当优先级较低的目标的控制效果较差甚至偏差值接近警戒线时，其优先级就自动提高；如果几个目标控制效果均不好时，将报警，并自动转入相应的处理程序，如单点调整、单步调整或紧急停机等。

（2）PID 控制算法及其改进。

在偏差控制中多采用 PID 算法，并根据工程具体情况做了改进。

由于整体安装系统的执行机构是各类电液阀，需要输出量与阀门开度位置一一对应，故选用位置型 PID 算法。

采用逼近法和分析法整定 PID 参数的计算机软件 HLPA，通过分析系统工作数据，观察系统响应曲线，根据各参数对响应曲线的作用，反复试验逼近，直到取得满意的响应曲线。通过反复调试，整定的 PID 参数使系统做到了反应快、超调小、基本消除静差，系统抗扰动能力较强。

通过调试证实，整体安装系统采用的 PID 算法基本符合工程控制要求，但是由于液压机构的动作滞后和性能差异，要取得好的控制效果，保持稳定的控制质量，还要对 PID 算法作改进。为此，还可以采用积分分离的 PID 算法、等距 PID 控制法、砰砰—PID 控制法等。

（3）模糊控制算法。

模糊控制是由计算机来执行操作人员的控制策略，既可以不用事先建立复杂的数学模型（在实际工程中往往难以建模），又可以用操作人员的经验来弥补常规控制方法的缺陷，还便于系统实现自适应调整。整体安装系统的模糊控制算法包括输入模糊化、制定模糊控制规则、制定模糊决策表三部分，实现了较为精准的控制。

（4）故障自动诊断算法。

控制系统的各项输入之间往往具有逻辑关系，在异常情况下，这些逻辑关系就可能偏离。因此采用相关分析法，通过不断分析以下各种关系，就可能发现系统运行中的异常或故障。例如，位移、时间与速度的关系；钢结构位移增量与油缸伸缸行程的关系；油缸伸缸时间与伸缸行程的关系；油缸工作缸位置与工作缸行程的关系；伸缸时间与缩缸时间的关系；当前值与历史平均值、本日平均值的关系等。

根据在以往调试、试运行、运行中积累的经验和知识，建立规则库，采用基于知识的诊断方法进行推理诊断。对于不确定情况，则通过计算机屏幕向操作员提示，需要时可提示几种可能的情况，帮助操作员快速检查和判断。

自学习法为系统设置一些初步的自学习功能，可以自动建立或修正某些规则。例如，有一条判断规则是：如果缩缸动作持续的时间超过正常值，则应怀疑缩缸故障或缩到位的限位开关坏了。那么缩缸时间的正常值是多少呢？这固然可以由操作员事先确定，但在不同条件下，缩缸时间的正常值是不同的，为此让系统通过自学习来确定或修正缩缸时间值。

5.3　计算机控制整体提升技术及装备

大型复杂钢结构的整体提升技术及装备包括：大跨高重心钢结构整体提升技术及装备；塔桅钢结构整体升降技术及装备；顶升、提升、下降集成应用技术及装备。根据结构特点和安装要求，制定控制策略和控制流程，编制控制程序，通过控制机构、驱动机构和执行机构的相互配合，对高度偏差、负载偏差进行动态控制，完成计算机控制的整体提升安装。

5.3.1　工艺原理与装备

大型复杂钢结构的整体提升工程实践，形成了成套的计算机控制整体提升技术，包括：高重心钢结构整体提升施工技术及装备、塔桅钢结构整体升降施工技术及装备、大型调谐质量阻尼器整体安装施工集成应用技术及装备。根据结构特点，通过对对施工中高度偏差、负载偏差和姿态控制的要求，制定控制策略，制定控制流程，编制控制程序，通过控制机构、驱动机构和执行机构的相互配合，采用"计算机控制、钢绞线承载、液压千斤顶集群作业"的技术原理，完成结构的整体提升安装。

1. 计算机控制

提升作业由计算机通过传感器和信息传输、控制电路进行智能化的闭环控制。计算机控制主要是 3 项作用，首先是控制液压千斤顶集群的同步作业；其次是控制施工偏差；再次是对整个作业进行监控，实现信息化施工。计算机控制具有智能化功能，可以在施工过程中自动对施工系统进行自适应调整，进行故障的自动检测与诊断，并能模仿与代替操作人员的部分工作，提高施工的安全性和数字化程度。

2. 钢绞线承载

集束的钢绞线被提升器的锚具夹紧，钢绞线又与被提升结构连接。被提升结构通过钢绞线承载，从而实现提升作业。

3. 液压千斤顶集群作业

以液压千斤顶作为提升作业的动力设备。根据工程需要和结构情况，设置若干吊点，每一吊点由若干液压千斤顶与液压阀组、泵站等组成液压提升器，所有液压提升器组成液压千斤顶集群。液压千斤顶集群在计算机控制下同步作业，使

图 5-16　液压油缸及锚具构成

提升过程中各吊点速度一致、受力均衡，确保钢结构姿态平稳、顺利安装到位。由于液压千斤顶可以灵活布置与组合，可以根据钢结构的特点和施工现场的条件，构成受力合理、动力足够的提升动力系统，因此可以用于各种大型、特殊、复杂的结构安装工程。

其中提升器主要由 3 个液压油缸组成，分别为主缸、上锚具与下锚具（图 5-16）。提升器的主缸可以在提升器的内部做往复运动。上锚具可以夹紧或松开穿过提升器的钢绞线，并且上锚具安装在主缸的活塞上，主缸活塞伸出或缩回，就会带着上锚具一同做往复运动。下锚具可以夹紧或松开穿过提升器的钢绞线，并且主缸无论如何动作，下锚具的位置都不会发生变化。当上锚具夹紧钢绞线，下锚具松开，此时主缸伸缸或缩缸，提升器就能实现带载提升或下降施工。带载完成一个行程后，下锚具夹紧钢绞线，上锚具松开，此时主缸就能复位，为下次带载施工做准备，通过这3 个油缸的动作配合，完成整个的提升下降施工。

5.3.2　整体提升控制系统构成

控制系统硬件（安装和运行环境）由 PLC 控制系统、计算机监控系统、液压驱动电路、传感检测电路等组成。

1. PLC 控制系统

PLC 控制系统（又称为系统的下位机）由 1 台主站 PLC（用于系统总控）和4 台从站 PLC（分别用作 4 组提升器、4 组传感器的控制器）组成 ControlLink 控制网络。主站 PLC 安装在总控箱里。总控箱为手提箱状，由主站 PLC、转换开关、按钮开关、指示灯及插座和接线端子等组成，能嵌装在中央控制室的控制台上。从站 PLC 安装在单控箱里。单控箱是单点控制箱的简称，由从站 PLC、24V 开关电源、PWM 放大器、输出中间继电器等组成。单控箱既是控制系统的执行单元，又可以独立使用，用于设备进出场装拆，或单元试验调试。网络选型采用 Controller Link（控制器网），主要功能有大容量数据链接和节点间信息通信，适用于集中管理、分散控制的自动化网络。

采用如此架构的目的是使提升系统的各提升器既可以在总控下联动，又可以单独动作（单控），以满足各种不同用途和场合的需要。例如，在设备装拆或作业微调时，都可能用到单控功能。

2. 计算机监控系统

计算机监控系统（又称为系统的上位机）是控制系统的运行监控和数据处理终端，供操作人员操控、监视、调节施工作业，记录和处理施工数据，并可对提升设备进行设置、调整，使其更好地适应现场工况，还可以通过计算机仿真技术对提升设备和提升作业进行三维的实时监控，以及施工结束后的回放分析。

计算机监控系统采用两台 PC 计算机，通过 RS232 与主站 PLC 连接，分别用于提升作业监控、数据采集处理。

3. 液压驱动电路

控制系统的液压驱动对象包括液压泵站及配套液压阀组。液压驱动电路主要包括：液压泵站起动电路，输出开关信号，包括流量泵起动和锚具泵起动电路；液压泵站变频控制电路，输出 RS485 数字信号，包括有节变频、无节变频、变频增益等；泵站换向阀控制电路：输出开关信号；油缸截止阀控制电路：输出开关信号；油缸比例阀控制电路：输出模拟量信号；油缸锚具阀控制电路：输出开关信号，包括上锚具控制电路、下锚具控制电路。

液压驱动电路安装在各单控箱和泵站起动箱，并通过 ControlLink 网络经由单控箱的从站 PLC 连接到总控箱的主站 PLC。

4. 传感检测电路

传感检测电路包括各类传感器及其传输电路，通过以太网络经由单控箱的从站 PLC 连接到总控箱的主站 PLC。传感器主要包括：液压泵站压力传感器：检测泵站压力，输出 4～20mA 电流信号；液压油缸行程传感器：检测油缸伸出距离，输出 4～20mA 电流信号；液压油缸位置传感器：检测油缸是否伸到全伸、预全伸、预全缩、全缩位置，由行程开关组成；液压锚具传感器：检测锚具开闭状态，由限位开关组成；下降重量传感器：检测每个油缸所承受的重量，输出 4～20mA 电流信号；高度传感器：检测钢结构高度，采用激光测距器，输出 RS485 数字信号。

图 5-17 显示了控制系统构成的原理。

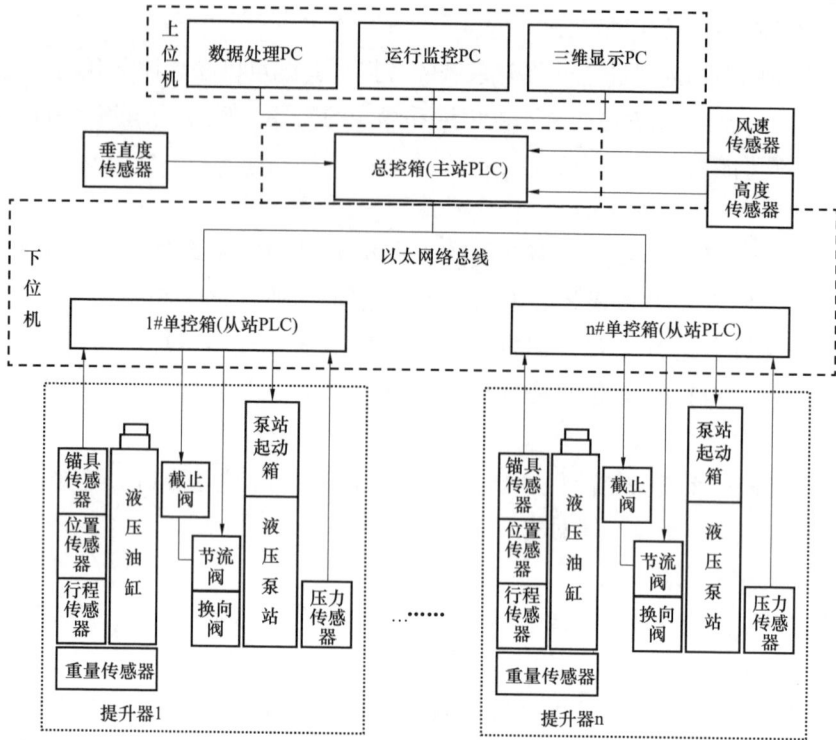

图 5-17　控制系统构成原理

5.3.3　高重心钢结构整体提升技术

1. 高重心钢结构整体提升技术特点

高重心钢结构是重心点位比较高的结构，此类结构的安装位置往往位于数百米高的超高建筑主体结构的顶部，空间位置狭小，重型机械难以就位，更难以施展身手，高空风载荷又大，再加上结构本身重心高的特点，施工难度和安全风险都很大。因此，在安装时可考虑整体提升。

高重心钢结构的整体提升，是在易于进行钢结构拼装的地面或其他适宜位置进行拼装；然后，在超高建筑的主体结构顶部安装液压提升系统。在计算机的控制下，将高重心钢结构整体提升到高空指定位置，完成定位、连接和安装施工。高重心钢结构是在整体提升施工中提升点位的不同步导致的结构倾斜极易引起绕低位提升点的侧向翻转，是整体提升中比较难以控制的结构类型，对整体提升控制技术要求极高。

高重心钢结构整体提升的过程中，当发生各点提升速度不同步时，整个结构将围绕着提升较慢的那个点发生侧向旋转。两侧提升点与结构重心之间的距离，由于结构的旋转而发生了变化。在未旋转的时候，两侧的距离是相等的；旋转之后，两侧的距离是不相等的。

以两点提升的情况为例，在高重心结构提升的情况中，被抬高的一侧，该点与重心间的距离变大，另一侧距离变小。基于两侧载荷对于重心点的力矩平衡原则，被抬高一侧的提升载荷变小，另一侧的提升载荷变大。该情况下，在某个提升点上，提得越快，载荷变得越小；越小就提升得越快，如此往复，两侧差距越来越大，结构提升的不平衡趋势呈发散型变化，如不及时采取措施，最终将导致被提升结构与周围结构处于一个危险的状态，也可能出现钢绞线偏移距离过大，对提升液压设备造成损害。

2. 工程案例

"生命之环"是辽宁沈抚新城的一个落地指环状标志性建筑，其结构高度逾150m，堪称世界第一环。圆环钢结构顶部合拢段长约90m，重240t，安装高度约150m，若采用分段吊装，须增设大量临时支撑。因此，采用计算机控制的液压提升系统整体提升技术进行安装（图 5-18）。合拢段在其安装位置正投影下方的混凝土基座上组装，为控制拱形合拢段在提升过程中的变形，两提升端"拱脚"之间设置水平预应力张拉索，拉索总预张力为100t。

图 5-18　"生命之环"高重心合拢段桁架整体提升安装

整体提升系统对称布置在合拢段两侧分段上端，每侧设 4 台 50t 级穿心式千斤顶，单侧提升能力 200t，总提升能力 400t。单侧千斤顶同步控制采用液压并联、等齐控制技术，误差≤10mm；两侧采用行程累计、全站仪监测、阶段调整的方法，误差≤250mm。提升下锚点设置在合拢段两端的下弦杆端部，共四个锚点。图 5-19

为该工程整体提升控制系统。

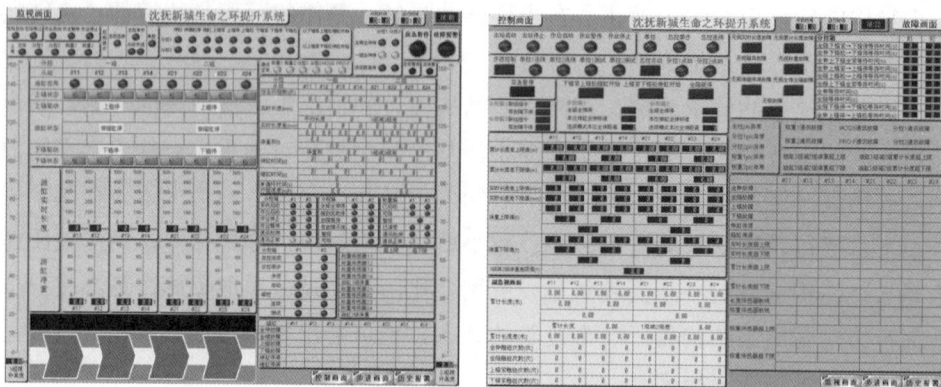

图 5-19　计算机控制整体提升控制系统

5.3.4　塔桅钢结构整体升降技术

1. 塔桅钢结构整体升降施工技术特点

塔桅结构在国内外建筑行业中普遍应用，而且多布置于超高层建筑顶部。普通的散装方式的施工难度较大，同时，施工周期长。为了规避塔桅结构施工中的诸多弊端，实现合理降低结构安装高度、避免超高空作业、降低安装难度和风险、提高工效的目的，形成了塔桅钢结构成套的计算机控制整体升降施工技术。

塔桅结构整体提升的安装方法大大减小上段结构安装高度，降低了施工机械超高空使用高度，减小了风险。而且，上下连段结构，互相依靠、互为依托，保证了结构安装阶段的稳定，也便于控制提升的垂直度。一般需设置可调导轮导轨系统作导向及抗风纠偏装置，以液压千斤顶为提升设备，采用计算机多参数数字化自动控制，最终实现实腹段天线的超高空连续提升、就位安装。整体提升过程中，需要重点控制提升过程中塔桅结构的姿态，保持各提升点之间的同步，控制各点间位移差。另外，应通过导向系统的调节控制，使塔桅结构尽量沿其理论中心线向上提升运动，避免由于偏斜造成的结构卡死或者载荷超差。

工程实施时，应根据塔桅结构整体提升安装的控制机理、结构特性，结合施工模拟分析结果，制定整体提升控制策略和控制目标。这些目标包括：通过施工模拟计算，确定的各点间高差临界值，塔桅结构际轴线与理论轴线的夹角；在综合考虑多种载荷因素的叠加效应的数值分析后得出在整个提升施工过程中导轮导向系统所需要提供的最大纠偏载荷和位移值。

有别于塔桅结构整体提升，在某些特定的环境下，塔桅结构需整体下降。整体下降时结构悬臂长，重心高，要承受高空风载，对下降过程的稳定性和垂直度要求很高，下降系统的同步控制精度往往需高于原有的整体提升工况。由于桅杆安装后的附加负载的不均衡、下降段卸开时的误差、下降承重用的钢绞线的初张程度不一致等因素，导致下降中姿态与负载可能成为矛盾，即姿态平了负载不均，负载均了姿态不平，因此要找到两者之间的平衡点是问题的关键。

钢结构提升时其重力方向与运动方向相背，系统比较稳定。下降时，其重力方向与运动方向一致，计算机进行同步控制时容易影响系统稳定，对液压油缸的一致性、液压阀组的制动性等要求就很高。另外，下降施工时，液压行程中油缸动作切换与锚具负载转换是不同步的，必须为液压行程专设上、下锚具打开的步骤，将原来的两步行程改为四步行程，再如在下降系统的偏差控制中，控制相位与提升是相反的。因此，要研究、改进原有的液压控制技术和算法，同时要提高液压器件的性能要求，并通过严格测试进行验证。

2. 工程案例

广州新电视塔总高度达 600m，其中主塔高 453.8m，天线桅杆高 146.2m。天线桅杆重约 2000t，坐落于主塔混凝土核心筒顶部，采用提升法安装。为此，将天线桅杆分为上、下两段。下段长度 75.2m，由塔式起重机组装在主塔顶部（以下称为组装段）。上段长度 92m，拼装于组装段的空腹芯筒内。然后，在组装段的顶部设置提升平台和液压提升系统，对天线上段进行整体提升（以下称为提升段），使之向上垂直运动，从组装段的空腹芯筒里抽出，提升约 65m，一直升至设计位置，将提升段与组装段连接固定，就完成天线桅杆的安装。

用于天线提升的液压提升系统，由 20 个 50t 级穿芯式液压千斤顶和 4 台液压泵站组成，安装在提升平台的支架上。承重钢绞线穿过液压千斤顶芯筒由锚具夹紧下垂，锚固在天线提升段的底部锚环。提升时，通过液压油缸反复伸缸、缩缸，上下锚具交替卡紧、松开，向上提起钢绞线，使天线提升段随之上升，直至规定位置。

液压提升系统由计算机控制系统通过传感器进行闭环控制，以实现提升的同步、平稳和自动化。计算机控制系统由 5 台 OMRON PLC 组成 CCLIK 现场控制网络，控制终端采用两台 PC 计算机。为了完善控制系统的功能和性能，提高天线提升施工的技术含量，有利于施工安全和工程质量，天线提升项目组经过研究开发，将计算机三维仿真、虚拟现实等当代高新技术应用于施工控制，为天线提升施工研制了三维实时仿真系统（图 5-20）。

图 5-20　三维实时仿真系统

5.3.5　刚体钢结构整体顶升、提升、下降集成应用技术

1. 刚体钢结构顶升、提升、下降集成应用技术特点

根据实际工况需要，可对同一钢结构整体安装进行先顶升，再提升，最后下降的集成应用。刚体钢结构是指在运动中和受力作用后，变形微小或可忽略的结构体。在对刚体钢结构进行整体安装时，因其内部受力基本不会变化，则一般不需要考虑刚体钢结构本身的受力状态或姿态控制。然而又因其刚度很大，多点设备在进行整体移位时，位移偏差或负载要求很高，稍有不同步作业，就会造成设备过载，甚至因设备过载造成装备损坏。

在整体提升与下降时，是用钢绞线承载，钢绞线是一种相对柔性的作用力，所以对同步精度要求允许一定偏差。但是，在进行整体顶升作业时，因为千斤顶活塞杆直接作用在刚体钢结构上。如果当多点千斤顶同步作业发生较大偏差时，会使某个千斤顶瞬间承受几乎所有钢结构载荷，这样的载荷往往超出设备额定载荷的几倍甚至数十倍，这将直接导致该千斤顶的损坏。更危险的是，如果所有千斤顶顶升时均有些许不同步，随着第一个千斤顶的损坏，全部载荷转换到第二个千斤顶，那么第二个千斤顶也随之损坏，如此接二连三如同多米诺骨牌式的设备发生连锁损坏，是非常严重的后果。

2. 工程案例

上海中心大厦总高为 632m，结构高度为 580m，为了减轻强风荷载、次强风荷载下建筑物的晃动，改善风荷载下的舒适度指标和在地震时防止对建筑物产生的不利影响，在建筑顶部设置了大型电涡流调谐质量阻尼器，阻尼器总重约 1000t，通过拉索与主体结构相连。

阻尼器的整体安装分为整体顶升、整体提升、整体下降、到位精调四个阶段：

（1）整体顶升：在阻尼器装配阶段，通过安装在阻尼器下方的顶升设备，通过整体顶升技术将阻尼器整体顶高约 300mm，腾出底部螺栓连接和焊接工作空间（图 5–21）。

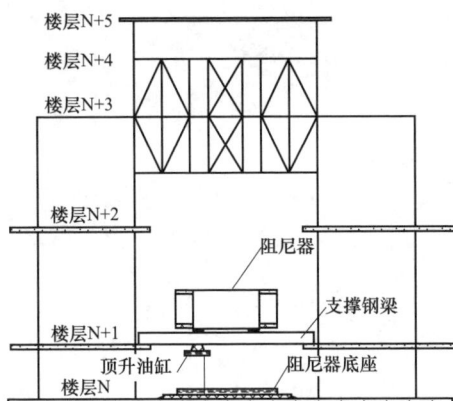

图 5–21　上海中心大厦阻尼器整体顶升

（2）整体提升：阻尼器装配完成后，将阻尼器固定钢丝绳与提升油缸链接，再通过整体提升技术将阻尼器向上提升 600mm，以拆除装配时使用的临时钢梁（图 5–22）。

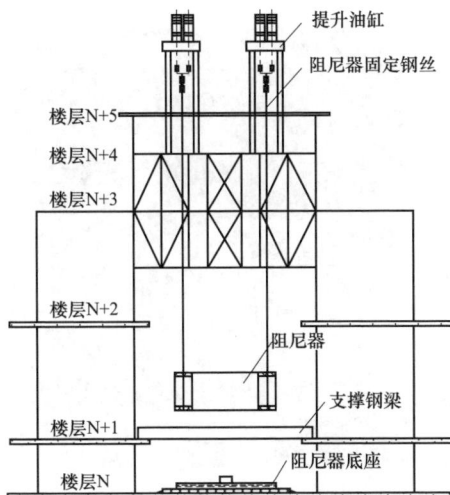

图 5–22　上海中心大厦阻尼器整体提升

（3）整体下降：临时钢梁拆除期间，设备停止动作，将阻尼器悬停于空中一段时间，等到临时钢梁拆除完成，再开始整体下降作业，通过下降过程中对结构的偏差控制和负载控制，将阻尼器整体下降4700mm（图5-23）。

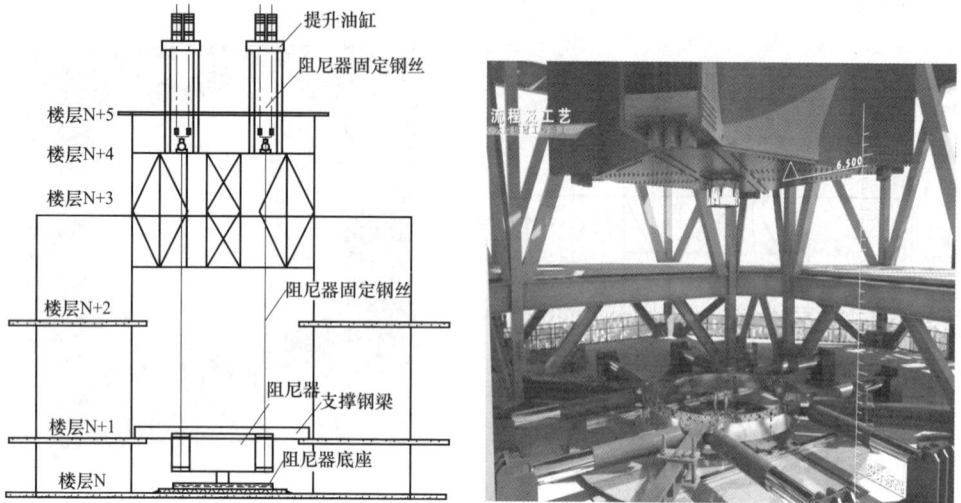

图 5-23　上海中心大厦阻尼器整体下降

（4）定位精调：在离最终目标还有35mm处，最后35mm进行精确调整工作，缓慢下降到125层楼层平面上方（+579.8mm）的最终位置，最终定位精度达到约0.5mm，将固定用拉索与阻尼器相连接，以完成阻尼器的安装（图5-24）。

图 5-24　上海中心大厦阻尼器整体精调定位（一）

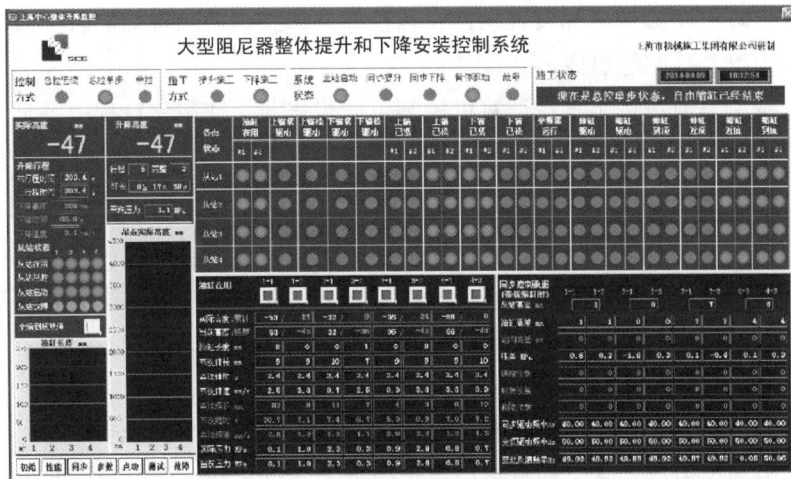

图 5-24 上海中心大厦阻尼器整体精调定位（二）

5.4 计算机控制整体平移技术及装备

大型复杂钢结构的整体平移技术及装备包括：整体牵引滑移技术及装备；整体有轨式顶推平移技术及装备；整体无轨式顶推平移技术及装备。根据结构特点和安装要求，制定控制策略和控制流程，编制控制程序，通过控制机构、驱动机构和执行机构的相互配合，对位移偏差、速度偏差、负载偏差进行动态控制，完成计算机控制的整体平移安装。

5.4.1 工艺原理与装备

钢结构整体平移安装技术的基本思路是将整个钢结构分成几个自身稳定的结构分段，根据结构体系以及现场施工条件，在动力源的作用下，或将每个结构分段各自平移到位或将几个结构分段组成若干更大的结构分段平移到位或将拼装成整体的结构整体平移到位。计算机控制整体平移多采用"有轨反力装置、无轨自平衡装置"等装置，通过"计算机控制"实现。

1. 有轨反力装置

以液压千斤顶作为平移的动力设备，平移路径上铺设滑移轨道，并结构底部设置滑移脚，根据工程需要和结构情况，选择牵引或顶推。牵引时，在结构头部设置牵引点与牵引反力架，牵引点由若干液压穿心式千斤顶与液压阀组、泵站等组成。顶推时，在结构尾部设置顶推点与顶推反力结构，顶推点由若干液压千斤顶与液压阀组、泵站等组成。

液压牵引器或顶推装置在计算机控制下同步作业，使平移过程中各牵引器或顶推装置位移一致、速度同步、受力均衡，确保钢结构在轨道内平移时平稳，顺利安装到位。

由于液压牵引器或顶推装置可以灵活布置与组合，可以根据钢结构的特点和施工现场的条件，构成受力合理、动力充足的牵引或顶推动力系统，因此可以用于各种大型、特殊、复杂的结构安装工程。

2. 无轨自平衡顶推

无轨自平衡装置即不需要在平移路径上铺设滑移轨道，仅需要按间隔的设置若干自平衡顶推装置，且结构直接由自平衡顶推装置承载，受力明确并可控。自平衡装置由平推油缸、顶升千斤顶、置换千斤顶、泵站、液压阀组等组成。

顶推装置在计算机控制下同步作业，在平移过程中对平移、标高、横调三维进行实时动态调控，在平移时确保位移一致、速度同步、受力均衡，更可以主动纠偏，修正结构的平移路径，确保钢结构平移安装达到精确定位。

3. 计算机控制

计算机控制整体平移时应考虑以下控制策略：保持各个液压顶推器的速度同步，保证钢结构滑移的稳定，确保其结构安全；以动态调节保持各顶推点的负载均衡，确保承载点的安全；控制滑移的方向偏差，确保其沿正确路径到达终点；检测顶推滑移设备的运行状况，及时发现异常，正确诊断和处理设备故障；监察施工全过程，向操作者提供完整的施工实时信息，便于操作者正确、安全地进行施工控制；做好数据采集、分析、存储工作，既满足实时精确控制要求又积累技术数据，供以后工程借鉴。

5.4.2　整体平移控制系统构成

控制系统由一个总控台，若干个单控箱、变频器、液压控制电路及传感检测电路组成。每个动力点配置一个单控箱、一台变频器、两套液压阀组及若干长度、压力、位置等传感器。控制系统采用 PLC 控制技术，由一台主站 PLC 和若干从站 PLC 组成现场总线网络，并采用基于组态技术的 PC 监控器。主站 PLC 负责系统总控，从站 PLC 根据主站 PLC 的指令控制动力单元，PC 监控器连接于主站 PLC，作为整体平移装置的人机界面之一和数据处理器。

以无轨自平衡顶推装置控制系统构成为例，控制系统构成如图 5-25 所示：

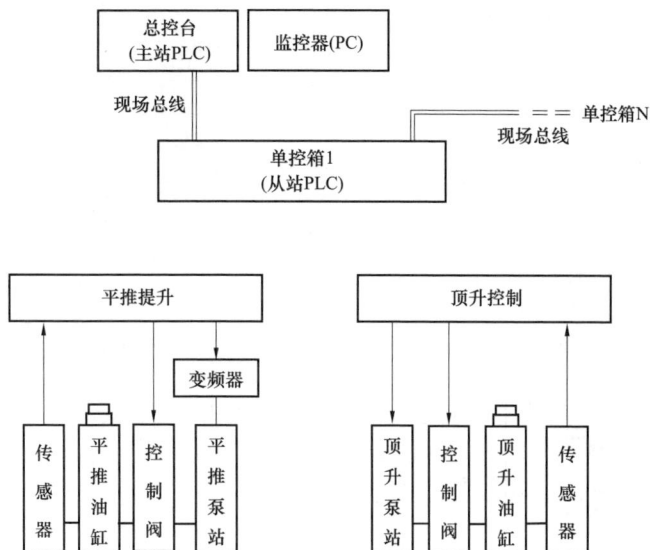

图 5-25　控制系统构成示意

5.4.3　整体牵引平移施工技术及装备

1. 整体牵引平移施工技术特点

整体牵引平移技术就是利用液压设备或卷扬机等牵引设备，将钢结构整体牵引到指定位置。牵引时需要一定数量的带有减摩材料的滑移脚，在轨道中滑移行走，确保牵引过程中钢结构的轴线偏差在可控范围之内。如图 5-26 所示，牵引力 F2 需克服滑动摩擦合力 F1，才能使结构整体平移。

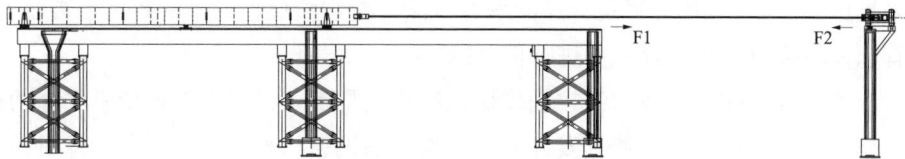

图 5-26　整体牵引平移示意

牵引平移的具体方法为：根据需要配置由若干液压穿心式千斤顶组成的千斤顶集群，并安装于反力架上（图 5-27）。钢绞线锚固在被牵引的钢结构上，由于钢绞线弹性变形较大，需要控制总长度，如果需要牵引长度较长时，可以采取可置换的钢绞线锚固点，使锚固点可以随着牵引的进行逐步往后移动，直至牵引平移就位。

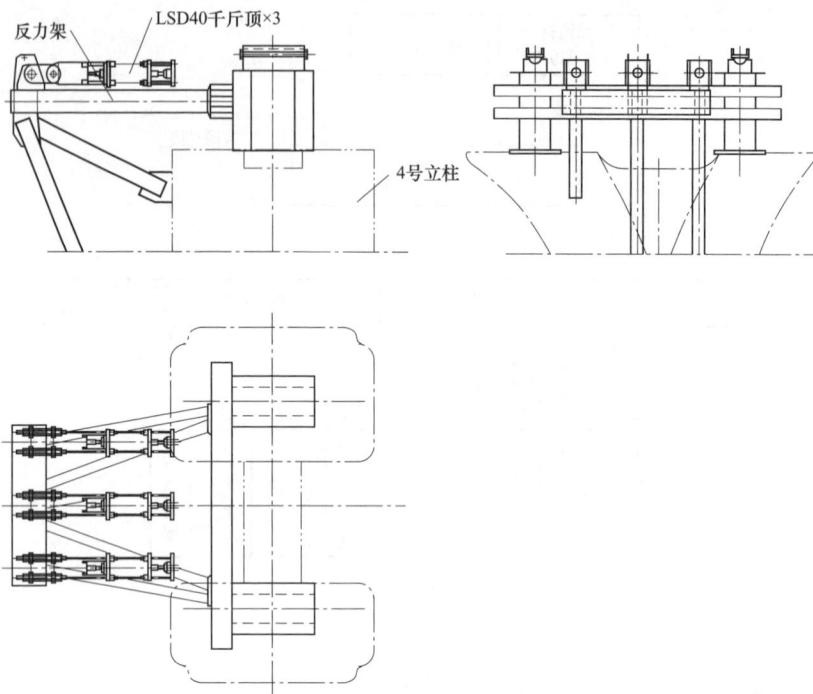

图 5-27　牵引反力架结构

由于为千斤顶集群作用，需要对牵引过程中的牵引力大小、牵引行程进行控制，保证在过程中实时控制千斤顶伸缩缸速度及钢结构牵引过程中的线性偏差。利用基于传感器的计算机控制控制技术进行有效的控制，在千斤顶缸体上安装拉线传感器，以采集千斤顶伸缩速度及长度数据，在液压泵站上安装压力传感器实时采集压力数据。利用计算机程序的解算方法分析判断反馈回来的数据是否超差，若有超差将会自动报警提示并进行自动纠偏。

应用计算机控制整体安装控制模块，结合大型复杂钢结构整体牵引平移的控制策略和参数，进行子模块开发并形成大型复杂钢结构整体牵引平移计算机控制系统。

2. 工程案例

上海虹桥商务区内新建连接中国博览会会展综合体的二层人行步廊（钢箱梁桥梁）有 5 跨（长 113.7m）需要下穿已建成的高架道路、上跨运行中的市政道路。钢箱梁桥面距高架底约 3m，受高架桥制约，吊装难度大。同时，钢箱梁施工时无法对下部的市政道路采用封路措施。在这种特殊工况下，该部分桥面采用了整体牵引的技术进行施工。

施工时在临时支座上安装滑移轨道，在轨道内安装滑移支撑柱并将制作好的桥面固定在滑移支撑柱上，整体牵引施工采用两组牵引设备，分别布置在桥面一端的支座的左右两边，每组配置一套 200t 级穿心式油缸组，把钢丝绳用锚具分别固定桥面和穿心油缸，通过计算机控制驱动液压牵引设备，实现累计滑移，并最终将需滑移桥面整体牵引到指定位置（图 5-28）。

图 5-28　高架桥整体牵引平移

5.4.4　整体有轨式顶推平移技术及装备

1. 整体有轨式顶推平移技术特点

有轨式顶推平移就是利用平推液压千斤顶，顶推钢结构的后方，钢结构上安装滑移脚，使其借助轨道的轨迹平移至待安装位置。

有轨式顶推平移的具体方法为：在使用平推液压千斤顶顶推钢结构水平移动时，千斤顶后面需要有固定的反力座，顶推了一个行程后，反力座需要朝前移动一个油缸行程，再次进行固定，以便油缸继续下一个行程的顶推。如图 5-29 所示，钢结构整体顶推平移安装时，顶推千斤顶的尾部通过前反力架与钢结构连接，千斤顶的头部与顶推横梁连接。横梁后面是插在反力孔的后反力架。顶推时，千斤顶头部（活塞）伸出，通过横梁顶在后反力架上，将力传递给后反力架和反力孔，后反力架和反力孔通过反作用力将千斤顶推出，推动钢结构整体滑移运动（图 5-29）。

当需要顶推的距离比较长时，反力座的移动和固定工作量很大。所以根据自锁原理，创新设计可以跟随钢结构的向前移动的步进式夹轨器反力支座系统（图 5-30）：当油缸伸缸时，夹紧器自动夹住轨道，形成固定反力座，使重物朝前移动；当油缸的一个行程走完后，开始缩缸时夹紧器自动松开轨道，随着油缸的

177

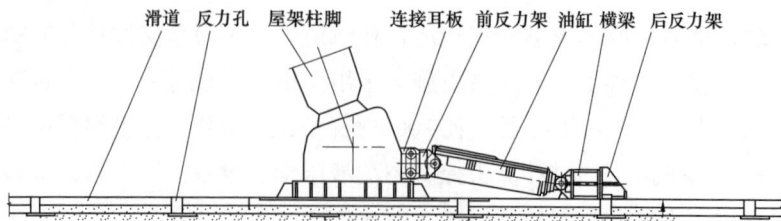

图 5-29   钢结构整体顶推平移示意图

回缩朝前运动；当油缸开始下一个顶推行程时，夹紧器又自动夹住轨道成为反力座，使油缸能顶推重物移动。

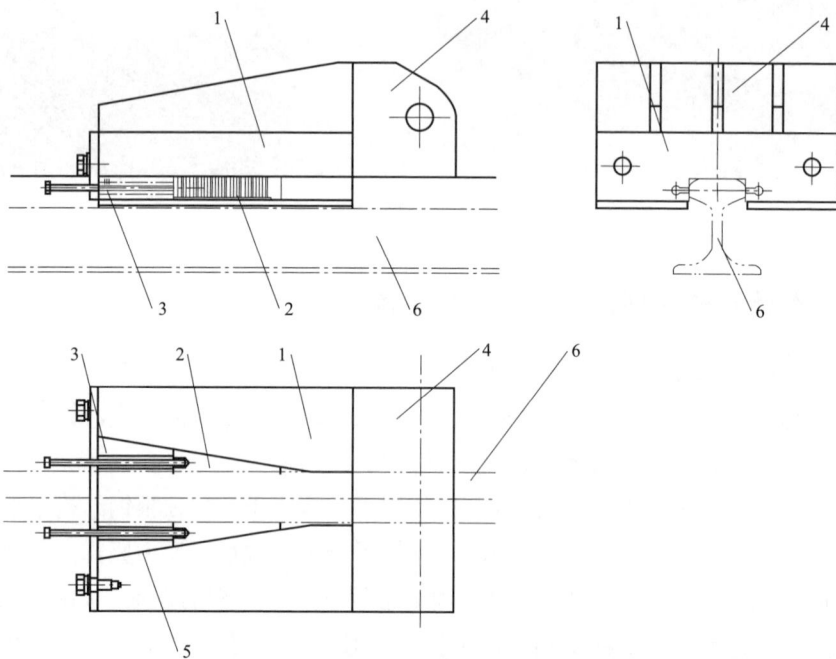

图 5-30   步进式夹轨器反力支座系统

1—夹片座；2—锲形夹片；3—弹簧；4—固定反力座；5—锲形槽；6—顶推轨道

2. 有轨式顶推平移技术

在整体有轨式顶推计算机控制中，控制系统通过电气控制部分驱动液压系统，并通过电气控制部分采集液压系统状态和顶推工作的数据作为控制调节的依据。其中，计算机控制系统主要功能是控制液压千斤顶的同步顶推，并将各顶推点的位移控制在允许范围内。计算机控制系统由顺序控制系统、偏差控制系统和操作台监控子系统组成。监控软件起到一个纽带的作用，监控软件通过与控制系统的 PLC 控制计算机相连接，采集处理现场施工数据，将控制计算机中抽象的由"0"和"1"组成的数据以动画、阿拉伯数字、跳跃的指示灯等易于接受的形式显示出来，为施工技术人员提供可靠的施工数据，辅助工程技术人员解决工程中遇到的实际问题。

应用计算机控制整体安装控制模块，结合大型复杂钢结构整体有轨式顶推平移的控制策略和参数，进行子模块开发并形成大型复杂钢结构整体有轨式顶推平移控制系统。

3. 工程实例

上海旗忠森林网球中心主赛场（图 5-31）钢屋盖由八个绕各自固定轴旋转的花瓣状结构单元（简称"花瓣"）组成，在计算机的控制下协调运作，实现开启和闭合。"花瓣"由纵横交叉的管桁架构成的大跨度异形空间结构，单个长 70.2m、宽 45.7m、高 7m，支承在下部外径 144m、内径 96m 的环状倒梯形空间管桁架钢环梁上。整个钢屋盖坐落在圆形的预应力混凝土看台结构上。钢屋盖总重逾 4000t，其中钢环梁重 1780t；每个"花瓣"重 164t，八个"花瓣"共重 1312t；机械驱动装置（包括弧形轨道梁等）重 1020t。

图 5-31　上海旗忠森林网球中心

钢屋盖安装采用了有轨式计算机控制整体顶推技术（图 5-32），根据结构的安装顺序，先在同一位置利用起重机将钢环梁分段吊装至指定高度，顶推系统沿着在混凝土结构上安装的环形轨道将钢环梁旋转顶推（图 5-33）。钢环梁全部安装完毕顶推到位后，利用起重机安装机械传动设备和可开启式"叶瓣"，根据承重力对称原则安装一组"叶瓣"；然后，采用顶推系统进行指定角度和距离的顶推（图 5-34）；最终，经过 14 次累积顶推，旋转了 1125°，完成整个钢屋盖的安装。

179

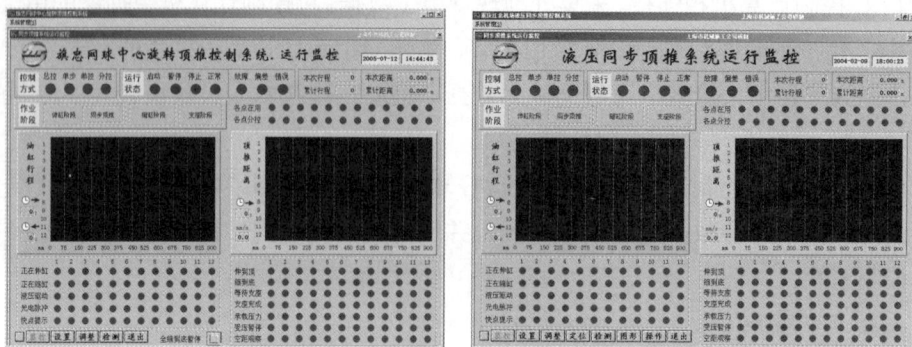

图 5-32　整体有轨式顶推控制系统

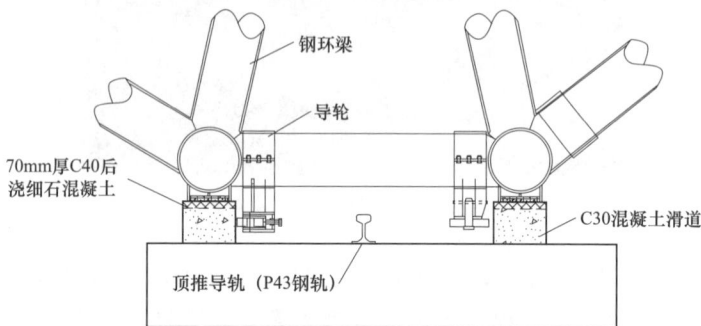

图 5-33　顶推导轨系统构造及环梁滑移

　　重庆江北国际机场航站楼主楼钢屋盖由 4 榀主桁架、36 榀次桁架和若干悬挑钢梁组成，高 30m；主桁架投影长度达 117m，跨度约 90m，单榀重约 500t；次桁架单榀重约 22t。主桁架通过两端的巨型人字形组合柱和四肢组合柱支承在地面基础上（图 5-35 和图 5-36）。

图 5-34 "叶瓣"顶推平移施工

图 5-35 重庆江北机场

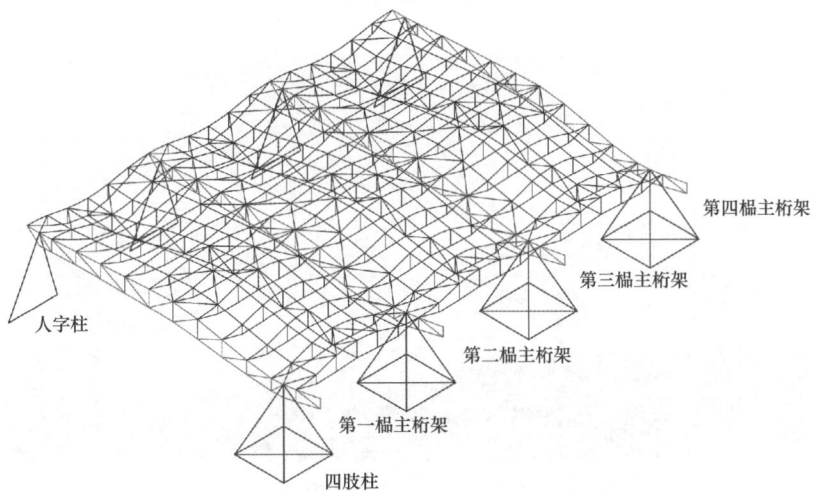

图 5-36 重庆江北机场航站楼主楼钢屋盖结构体系

航站楼主楼钢屋盖施工时，其下部的钢筋混凝土结构已施工完毕，因此采用了"跨端组装、计算机控制液压同步矩阵式顶推累积平移"的新工艺进行安装，即在跨端设置拼装胎架，利用150t履带起重机进行钢立柱及主桁架的整体拼装。一榀主桁架及立柱拼装完成后，将主桁架与立柱向前整体平移一个柱距（平移45m）；然后，再在跨端拼装胎架上拼装第二榀主桁架与立柱，并安装两榀主桁架之间的次桁架和檩条等结构，使两榀主桁架联成整体结构，然后将其整体向前平移一个柱距（平移45m）；接着，再安装第三榀主桁架与立柱及之间的次结构，与前两榀累积组合成更大的结构，再向前平移45m；最后，1榀主桁架与立柱及之间的次结构拼装后，累积形成约5000t重的结构，整体向前平移45m，完成整个钢屋盖的平移安装（图5-37）。

图5-37　重庆江北机场顶推平移施工（一）

图 5-37　重庆江北机场顶推平移施工（二）

5.4.5　整体无轨式顶推平移技术及装备

1. 整体无轨式顶推平移技术特点

无轨式顶推平移就是利用顶升及平推液压千斤顶的组合，连续顶推钢结构向前或向后移动。钢结构无需设置滑移脚等结构，也无需铺设平移轨道。

无轨式顶推平移的自平衡具体方式为：顶升千斤顶与滑块为一体，支撑着需平移的钢结构，平推千斤顶固定于底座上。向前平推时，顶升千斤顶同步顶住钢结构，滑块底部与底座接触面设置一层减摩材料，由于钢结构与顶升千斤顶顶部钢板对钢板接触，顶部摩擦力远远大于顶升千斤顶滑块底部的摩擦力（$f_q>f$），因此滑块能够带动顶升千斤顶与被顶升的钢结构在底座内发生相对滑移，平推千斤顶则是提供钢结构水平移动的动力系统。平推千斤顶对底座产生作用力等于滑块对底座产生的摩擦力（$F=f$），故而是自平衡系统，即不会对支承的主体结构或临时支撑结构产生附加反力，具有极大的优越性能（图 5-38）。

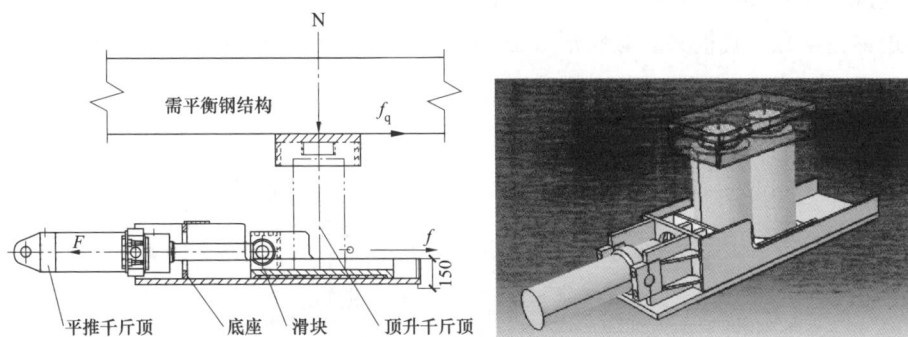

图 5-38　无轨式顶推平移的自平衡原理

2. 整体无轨式顶推平移技术

根据整体无轨式顶推平移的机理和控制要素，计算机控制控制系统要对以下三套不同功能的电器和液压设备进行控制：

（1）顶推置换设备：承载钢结构的竖向载荷、通过顶升与置换千斤顶的循环置换，使钢结构在滑移过程中保持线型高度不变。

（2）平推设备：驱动钢结构纵向滑移、并通过计算机控制系统来控制纵向滑移姿态。

（3）恒力支撑设备：在钢结构相对不利工况时，通过恒力支撑设备承载部分钢结构自重的某个恒力值。

整体无轨式顶推装备主要由顶升置换泵站、平推泵站、恒力泵站、顶升置换千斤顶、平推油缸、从控箱、总控箱、通信线等组成。从控箱与总控箱经控制系统运算后，发出执行指令给各液压执行元件（如伸缸、缩缸等指令）；同时，通过传感器接收各液压执行元件的工作状态信号（如位移信号、伸缸到位、缩缸到位等信号）反馈给控制系统，总控箱与从控箱之间通过通信线连接，从而实现通信。

应用计算机控制整体安装控制模块，结合大型复杂钢结构整体无轨式顶推平移的控制策略和参数，进行子模块开发并形成大型复杂钢结构整体无轨式顶推平移控制系统。

3. 工程实例

整体无轨式顶推平移技术在江苏昆山市中环快速化改造工程沪宁高速跨线桥工程中得到成功实践。该桥上部结构采用等截面连续钢箱梁，下部结构采用花瓶墩接承台及群桩基础。跨线桥分为 B 线桥和 C 线桥两幅，均直线跨越沪宁高速，B 线桥跨径为 44+70+36m，梁高 2.8m；C 线桥跨径为 36+70+44m，梁高 2.8m；通过钢箱梁顶、底板共同倾斜形成 2% 的桥面横坡。钢桥总重约 3600t（图 5-39～图 5-41）。

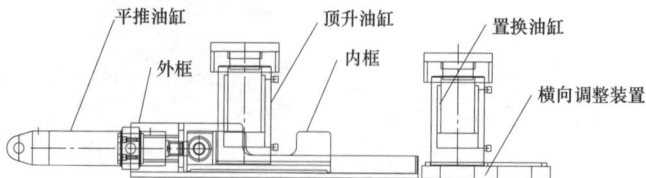

图 5-39 无轨式顶推装备（一）

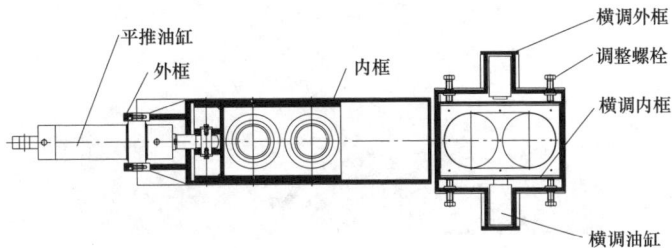

图 5-39　无轨式顶推装备（二）

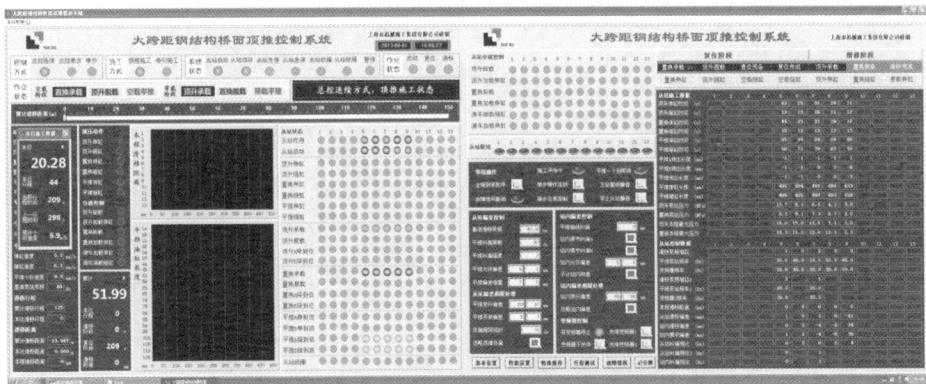

图 5-40　整体无轨式顶推控制系统

图 5-41　昆山中环沪宁高速跨线桥无轨式顶推平移施工（一）

图 5-41　昆山中环沪宁高速跨线桥无轨式顶推平移施工（二）

第6章

大型复杂钢结构数字化建造焊接机器人技术

6.1 概　　述

　　焊接机器人是在焊接生产领域代替焊工从事焊接任务的工业机器人。早期的焊接机器人缺乏"柔性"，焊接路径和焊接参数须根据实际作业条件预先设置，工作时存在明显的缺点。随着计算机控制技术、人工智能技术以及网络控制技术的发展，焊接机器人也由单一的单机示教再现型向以智能化为核心的多传感、智能化的柔性加工单元（系统）方向发展。

　　焊接机器人在高质量、高效率的焊接生产中，发挥了极其重要的作用。工业机器人技术的研究、发展与应用，有力地推动了世界工业技术的进步。近年来，焊接机器人技术的研究与应用在焊缝跟踪、信息传感、离线编程与路径规划、智能控制、电源技术、仿真技术、焊接工艺方法、遥控焊接技术等方面取得了许多突出的成果。随着计算机技术、网络技术、智能控制技术、人工智能理论及工业生产系统的不断发展，焊接机器人技术领域还有很多亟待我们去认真研究的问题，特别是焊接机器人的视觉控制技术、模糊控制技术、智能化控制技术、嵌入式控制技术、虚拟现实技术、网络控制技术等方面将是未来研究的主要方向。

　　当前，焊接机器人的应用迎来了难得的发展机遇。一方面，随着技术的发展，焊接机器人的价格不断下降，性能不断提升；另一方面，劳动力成本不断上升，我国经济的发展，由制造大国向制造强国迈进，需要提升加工手段，提高产品质量和增加企业竞争力，这一切预示着机器人应用及发展前景空间巨大。

　　世界工业发达国家焊接自动化程度已高达80%，因此在工效和质量上都有很大的优势。而在我国按手工焊和自动焊消耗的焊材估算，名义上焊接自动化程度为30%，相比之下存在很大差距。随着建筑焊接结构朝大型化、重型化、高参数精密化方向发展，焊接手工操作的低效率和质量的不稳定往往成为生产效率的提高和产品质量稳定性的最大障碍。为适应高强、厚板、长焊缝的特殊要求，焊接水平特别是自动焊水平的提高是实现钢结构技术快速发展的关键所在，因此，迅速提高我国焊接自动化程度已经成为一项刻不容缓的重要任务。

6.1.1　钢结构焊接机器人需求

目前，建筑钢结构行业由于优秀焊工紧缺，所以开始重视焊接自动化技术。国外已经能够自动检测焊接坡口形状、长度、厚度并自动调节焊接参数，自动进行焊接直到全部焊完的"迷你"型机器人，这正是建筑钢结构所需要的机器人。国内虽然已经进入示教机器人领域，但同国外相比尚有一定差距，应用范围有限。建筑钢结构采用机器人自动焊肯定是大势所趋，这是我们的努力方向。目前，最困难的是建筑钢结构设计标准化，标准化实现的速度越快，水平越高，越有利于焊接机器人自动焊技术的推广应用。焊接机器人自动焊技术涉及面很广，包括经费的投入、管理体制的调整及人员习惯的改变等，因而困难会很大，所以不能求大、求全、求快。在任何情况下都要把提高建筑钢结构施工质量、提高企业经济效益作为推行技术进步的根本目的。

焊接机器人的效率是一个经常碰到的问题，提问的多数是对科技创新有决策权的领导，他们的决策对建筑钢结构焊接机器人自动焊技术的推广举足轻重。焊接机器人智能化程度越高，其焊接效率也就越高，这是一个侧面。同时，与机器人配套的焊机也是决定机器人效率的关键因素。一台机器人和一个熟练焊工相比，假如焊机相同，在板厚不大的短焊缝中，机器人因辅助时间长，所以焊工具有优势。而在厚板长焊缝焊接时，焊接机器人的效率高，工人劳动强度低，焊接质量稳定性也非常好。

6.1.2　国内外焊接机器人发展差距

我国焊接机器人技术与世界钢结构生产强国相比，还存在一定差距。日本在高层、超高层建筑钢结构，除采用轧制 H 型钢外，工厂制作焊接 H 型钢一般都采用高效的埋弧自动焊，而且厚板往往采用双丝或多头多丝；日本广泛采用埋弧贴角焊工艺，可同时焊接两条焊缝，而基本淘汰了船形位置焊；隔板则采用管焊条电渣焊或丝极电渣焊；中、薄板则采用 CO_2 气体保护焊（实芯焊丝或药芯焊丝）焊接；特别是日立造船堺工场介绍的钢结构生产"4C"控制，即"CAD"（计算机辅助设计）、"CAM"（计算机辅助加工）、"CAT"（计算机辅助检测）、"CAE"（计算机辅助评价），已能够很大程度地提高钢结构的生产效率和产品质量；同时，

小巧的 CO_2 药芯焊丝自动焊爬行移动焊接机器人，实现高效焊接；欧美发达国家为进一步提高生产效率，开发了一种四元气体的高速焊接。由于这种气体的成本较高，影响了这个新工艺在我国的推广使用。同时，他们也在开发高效、节能、低排放、低污染的搅拌摩擦焊在钢结构焊接方面的应用，而我们在这方面还几乎是空白。

日本建筑钢结构制造焊接自动化技术也大量朝焊接机器人方向发展，日本神户制钢所焊接公司是唯一既生产焊接材料、焊接电源又生产机器人系统的综合焊接厂家。焊接系统主要是由焊接机器人（操作机、机器人控制器焊接电源）、变位机（固定焊接工件）、移动装置（机器人移动装置，核芯焊接中不需要）及计算机（内藏有钢结构软件）构成。钢结构软件作为钢结构焊接机器人系统的中枢，其功能包括：进行工件尺寸的输入，焊接条件的归纳、生成、管理，动作形式的生成、管理，动作结果状况的归纳、管理。使用者只需在计算机界面输入焊接对象的直径、板厚、长度，即可自动实施焊接，焊缝成型美观、质量好，可以大幅度提高生产效率。

钢结构焊接主要分为工厂车间焊接和施工现场焊接。由于工厂生产条件相对较好，工况简单，采用自动化生产线和机器人自动化焊接技术手段容易得到保证。尽管我们目前与国外存在一定差距，但在巨大的市场驱动下和国内大型相关研发企业和合资公司的作用下，相信在不久的将来，我们完全有可能赶上甚至超过其他强国。而对于现场安装作业的焊接机器人，由于现场的复杂性、环境条件的恶劣性，预示着这条道路比较艰辛。

6.1.3　钢结构焊接机器人特点

钢结构现场焊接施工的条件复杂，现场需要焊接机器人体积小巧、重量轻、安装方便、操控简单。焊接机器人采用模块化配置，整套装备大多由焊接机器人执行器、多自由度焊枪调节控制器、机器人控制平台及智能化控制模块等组成，能满足超高层钢结构现场安装焊接作业需求。焊接机器人应具有焊枪姿态在线可调、焊接参数存储记忆、焊缝轨迹在线示教、焊接电源联动控制等功能，可解决厚壁、长焊缝、多种焊接位置的钢结构现场自动化焊接问题。焊接未端执行机构能实现多自由度组合，可以适应常规构件的轨迹渐变焊缝自动焊接。焊接机器人柔性本体技术和焊接过程智能化控制技术和机构模块化、操作空间/体积比大特点，可满足钢结构现场不同焊接作业需求，主要特点如下：

（1）柔性化焊接。适应焊接位置：平、横、立、仰 360° 全位置焊接；适应焊缝形式包括直缝、环缝及不规则焊缝。

（2）焊接效率高。在焊接的同时，焊工可以完成焊缝的焊渣清理等工作，焊接过程可实现连续作业。与气保焊手工焊接相比，焊接效率提高50%以上。

（3）轨道快速安装。磁吸附式轨道采用摩擦传动，机器人本体结构精巧，安装便捷。

（4）焊接质量优异。表面成型美观，焊缝与母材过渡平滑，无损检测合格率100%。

（5）工人劳动强度低。焊接机器人操作焊工只需调整好焊接参数，完成焊缝的示教工作，焊接机器人可以自动进行焊缝的往复焊接。

6.2　钢结构焊接机器人

鉴于建筑钢结构现场安装作业环境的复杂性、不确定性，为攻克工程施工难题，需要从复杂问题中寻求规律、简化问题，由易到难逐渐突破是寻求问题解决的一个方向。钢结构发展到今天，钢结构现场安装制作中除了复杂节点外，还有大量诸如牛腿等的大厚壁长焊缝的现场焊接和制作。国家体育场"鸟巢"工程中，Q460E-Z35钢在我国是第一次大规模生产和应用，上海中心桁架层采用120mm厚、单条焊缝长达4.5m。这些结构的主要特点是厚壁、长焊缝，一个焊工长达数小时或者数天的时间才可以焊完一道完整的焊缝，这就要求焊接机器人能够具有自动排道焊接的功能，可以省去焊工反复的引弧、停机、调整焊枪的繁复工作；其二，由于这些焊缝是现场加工组对，坡口偏差大，要求机器人在往复的多次多道焊接中具备对中跟踪焊接技术；其三，钢结构现场作业，往往在高空作业，诸如，上海中心吊装一次需0.5h，因此这就要求机器人的体积小、质量小，拆装方便。

6.2.1　焊接机器人的分类

按照钢结构焊接机器人现场施工的安装形式，可以分为无导轨式和有导轨式。其中，有导轨式又可以分为刚性直轨道、刚性圆轨道和柔性轨道等多种类型。

1. 无导轨焊接机器人

考虑到现场安装方便，国内开发出无导轨焊接机器人系列产品，以磁吸式轮式传动代替导轨，由左右二个交流伺服电机驱动实现四轮行走，利用磁轮的强大吸附力将无导轨焊接机器人可靠的吸附于工件的表面，实现复杂渐变式构件表面的各种空间位置全位置稳定爬行，包括前进、后退、拐弯等各种运行方式。车体载有焊枪二维姿态调整模块和焊枪摆动模块，实现构件的多种焊接方式和全位置焊接技术。其技术特点有：① 无导轨导向，现场安装方便；② 适用于碳钢等可导磁金属的焊接；③ 可实现焊缝的自动跟踪；④ 适合全位置焊接。

无导轨焊接机器人又因跟踪传感技术的不同形成不同的细分产品，图6-1（a）为无导轨光电跟踪焊接机器人在某蓄水发电站高强钢压力管的现场焊接；图6-1（b）为无导轨自适应管道焊接机器人在某输水管道现场焊接。

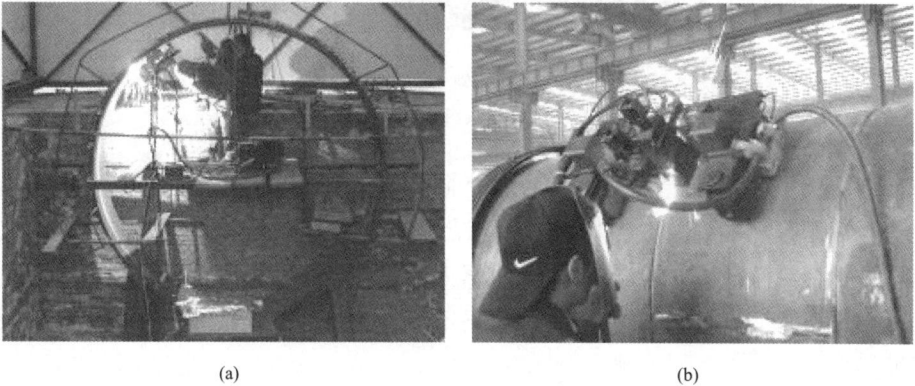

(a)　　　　　　　　　　　　　　　(b)

图6-1　无导轨焊接机器人

2. 刚性轨道焊接机器人

刚性轨道焊接机器人一般采用了齿轮齿条啮合，根据导轨的具体形式不同，分为刚性直轨道和刚性圆轨道两种类型。刚性直轨道适用于钢结构直焊缝的焊接，刚性圆轨道则是用于圆管的焊接。具体技术特点有：① 刚性轨道焊接机器人因为采用了齿轮齿条啮合，传动精度较高；② 适应于碳钢、不锈钢等金属的焊接；③ 可采用焊缝示教等跟踪技术；④ 适用于全位置焊接。

如图6-2所示，（a）为刚性直轨道焊接机器人用于国家体育场（"鸟巢"）的钢结构焊接，（b）为某特大桥桥梁拱钢结构的焊接。

3. 柔性轨道焊接机器人

为了满足建筑钢结构形状复杂多样的需求，在刚性轨道研究基础上，衍生出系列柔性轨道焊接机器人产品。采用柔性轨道，可以适用于平面结构或者曲面结构焊缝的焊接，拓宽了柔性轨道焊接机器人的应用场合。柔性轨道长度可任意定制，使用可消磁的磁力座固定轨道，安装操作方便，机器人采用摩擦传动，优越于国外的齿式传动的柔性轨道焊接机器人，不仅运行平稳，而且可以满足连续

图 6-2　刚性轨道焊接机器人
（a）直轨道焊接机器人；（b）圆形轨道焊接机器人

不同曲率的变化需求，可适用于各种不同曲率工件的自动焊接。另外，机器人具有记忆跟踪功能、可在线修改焊接工艺参数，具有直摆和角摆两种摆动方式，具体技术特点有：① 柔性轨道焊接机器人可适用于平面、曲面的焊接；② 适应于碳钢、不锈钢等金属的焊接；③ 可采用焊缝示教等跟踪技术；④ 适用于全位置焊接。

6.2.2　焊接机器人的主要组成及智能控制

建筑钢结构主要采用数字化示教焊接机器人装备。主要由焊接机器人移动小车、轨道、控制箱、焊接电源系统和手控盒五部分组成。

1. 焊接机器人的车体结构

焊接机器人移动小车是焊接过程的执行机构，具有左右移动、高低移动、焊枪角度（角摆）、车体移动 4 个自由度，这 4 个自由度采用可控的伺服电机驱动，为实现全数字化提供了最优化的数字接口。其中，通过左右、高低、角度 3 个自由度的调整，可以使焊枪嘴头在坡口的截面空间实现任意位置的调整，用以支撑坡口自动排道的硬件需求；车体移动自由度，采用一个伺服驱动电机，实现焊枪沿着坡口轨迹的方向的数字化进给；焊枪角度（角摆）自由度，是一个符合功能的驱动模块。除完成上述焊枪角度姿态的功能调整之外，还要实现焊枪焊接时的运条方式，以满足焊接作业的运条工艺要求，配合程序，实现"之""弓""点之"等摆动方式。

2. 焊接机器人轨道

焊接机器人轨道采用刚性结构，其采用轻质铝合金材料，结构为滚动方式导向、齿式传动，该轨道规格以标准 1m 长度为单位，模块式组对安装；轨道与车体为可快速拆卸的连接方式；轨道与工件连接方式是通过可消磁的磁力支座连接，便于快速现场安装。另外，考虑钢结构墙板的栓钉结构，机器人要通过 200mm 的栓钉移动，磁力支座和导轨之间的连接设计成分体结构，对于不同场合可选用不同连接板的高度。由于栓钉也影响支座的空间安装位置，如果支座与导轨采用固定口的连接，势必造成现场安装冲突，所以也要求导轨和支座之间采用快速连接结构。

3. 焊接机器人轨迹跟踪控制

由于导轨安装时的偏差，以及坡口轨迹为曲线或折线，这就要求机器人具有焊缝轨迹跟踪功能，才能满足现场焊接工作需求。对于现场作业的移动焊接机器人，常规的办法就是选用各种传感器。众所周知，由于焊接电弧的复杂性和工作现场的不确定性，使得传感器跟踪方法的应用大大受到了局限。因此，借鉴关节机器人的常规轨迹控制办法，在移动焊接机器人上，开发了一套示教控制程序，可以解决焊枪相对坡口位置的三维空间的轨迹跟踪问题。尤其对于大型厚壁钢板的多层多道焊接，焊工只要合理选取空间几个特征位置进行存取，很方便地解决坡口跟踪问题。示教操作使用一个选点按钮和一个存储按钮，操作简单，焊工无需培训即可掌握，易于推广。

4. 焊接机器人坡口组对偏差调整

在大型构件的现场组对过程中，往往会出现喇叭形坡口、一端大一端小的现象。对于采用机器人的自动化焊接来说，遇到这种情况需要人工手动干预，常常增加运动参数和焊接参数的实时调整，调整参数多、变化快，有些参数来不及调好，造成焊缝成形不好，甚至影响焊接质量，严重影响了焊接机器人现场推广应用的使用性。通过开发出焊接机器人的坡口组对偏差自动调整功能模块，操作者输入焊缝偏差，机器人就能够依据偏差等信息进行智能控制，自适应调整机器人的焊接电流、电弧电压等焊接工艺参数和机器人 5 个运动控制参数，实现坡口偏差的自动化焊接。

5. 焊接机器人焊缝坡口焊道自动规划

钢结构件常常是厚壁的长焊缝，对于机器人多层多道的自动化焊接，在试件的两端需要焊工启停机器人，调整焊枪角度和姿态，手动操作机器人的参与量的增加，不仅增加工人的工作量和劳动强度，而且也降低了工人对于焊接机器人的使用兴趣，不利焊接机器人的推广。焊接机器人焊缝坡口焊道自动规划功能控制模块。则依据坡口类型、焊接位置、焊接方式、焊件材料、坡口厚度，建立了坡口规划管理数据库，分类存储若干坡口焊缝排道的数据。操作者焊接时，在设定焊缝长度、板厚等参数后，机器人自动调用坡口规划数据程序，不停机连续焊接，实现整个焊缝的多层多道的自动化焊接。

6. 焊接机器人焊接参数与运动参数管理数据库

讨论机器人焊接自动化，离不开机器人电源的焊接参数和机器人实施焊接的运动参数，如果这些参数的调整可控制，一直脱离不了人工操作，那么就无法实现自动化焊接，更上升不到机器人的控制。所以，有一个与焊接工艺相互匹配的机器人焊接的数据库管理系统，实现机器人的自动化焊接是十分必要的。开发出基于自学习的机器人全位置焊接专家系统，根据有经验的焊接专家和焊接技师的焊接经验，采用基于自学习功能的智能控制技术，解决只有专业技能的专家才能够建立焊接专家数据库的瓶颈，实现普通焊工就可以建立专家数据库，便于数据库的真正推广和实用化。该数据库系统，不仅解决了现场实时焊接的数据调整及控制问题，而且焊接时的数据可以生成可视化的 Excel 文件，便于对焊接数据存档和管理。

7. 焊接机器人焊接作业控制管理

由于焊接作业的复杂性，决定了焊接控制的复杂和多样性，如何优化和使用好这些功能，对于焊接机器人使用的便捷性、可控性和人性化等方面都十分重要。通过长期的现场应用实践，对焊接机器人焊接作业的参数进行优化总结，开发出焊接机器人焊接控制操控功能管理模块。对于焊接方式、运动控制、焊缝示教、坡口规划管理、焊接方向、参数库管理、往返焊接、焊缝长度、焊缝接头偏移量、焊缝组队偏差等参数进行优化分类，建成良好的可控制的机器人操控界面。

6.3　钢结构高效双枪焊接机器人

为了提高钢结构现场安装作业的效率，建筑钢结构焊接也可采用双枪焊接机器人，该机器人结构是在轨道式焊接机器人的基础上，增加一套新的焊枪姿态调整机构和焊枪摆动器，全数值化控制。

新型双枪焊接机器人要用于厚板的横焊、立焊及堆焊，双枪同时焊接可以大幅提高焊接效率，降低生产成本。在现场焊接时，将焊接机器人安装在磁吸式轨道上，在行走机构的带动下，沿轨道行走。当两把焊枪处于同一状态时，可成倍提高焊接效率。当进行打底焊或其他仅需要单只焊枪工作的场合，可控制单只焊枪进行焊接。

　　轨道式全位置双枪焊接机器人具有焊枪姿态在线可调、焊接参数存储记忆、焊缝轨迹在线示教、焊接电源联动控制等功能，可解决各种壁厚、长焊缝、多种焊接位置的钢结构现场自动化焊接问题。焊接未端执行机构能实现多自由度组合，全面适应常规构件的轨迹渐变焊缝自动焊接；焊接机器人柔性本体技术和焊接过程智能化控制技术，满足钢结构现场不同焊接作业需求。它的主要特点有：

　　（1）可根据需要建立"横焊""堆焊""立焊"三种参数表，并分别存储多种焊接参数，适应不同场合的焊接需要。

　　（2）特有的"坡口规划"功能，可将坡口内每个焊道的位置信息进行存储，从而实现厚板坡口的自动焊接。

　　（3）具有"轨迹存储"功能，可记忆焊缝位置偏差及焊枪高度偏差，因而在焊接过程中自动调节焊枪以适应焊缝的变化。

　　（4）特有的"坡口偏差自动校正"功能。对于坡口两端宽度不同的坡口，只需输入坡口起点宽度、终点宽度及焊缝长度等数据，机器人可自动完成该坡口的焊接。

　　（5）提供焊接电源控制接口，可协调控制两部焊接电源的焊接电流、电压，实现焊接过程的联动控制，提高焊接质量和效率。

　　（6）手控盒与触摸屏控制相结合，实现焊车运动与焊接参数的智能化控制。

　　全位置双枪焊接机器人具有在线焊缝轨迹示教、全位置焊接参数示教、离线焊接参数设置等智能控制手段，可适应不规则焊缝的轨迹跟踪、实现多层多道焊及全位置焊的自动化焊接，并可灵活、方便地完成多台焊接电源的焊接参数设置，将焊接机器人应用于工程焊接中（图6-3），不仅可以实现焊接生产自动化，大幅度提高焊接质量和效率，降低劳动强度，提高钢结构工程的品质和可靠性。

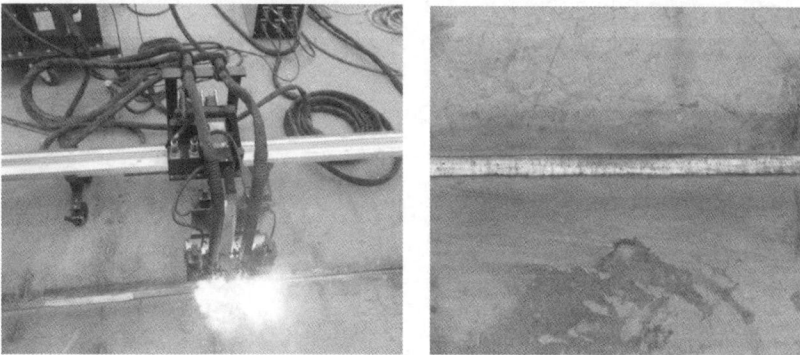

图6-3　双枪焊接机器人现场焊接

6.4 混联五轴焊接机器人

6.4.1 混联五轴焊接机器人的特点

混联 5 坐标焊接机器人具备空间焊缝轨迹跟踪与焊接变形控制技术，焊接末端执行机构能实现多自由度组合，既可以适应不同规格异形截面构件的轨迹渐变焊缝自动焊接，也适应于大管径多管相贯及不同规格大型异形截面（H 型钢、三角形、箱形等）构件的空间焊缝轨迹跟踪技术与焊接变形量控制技术。

整套装备分为将焊接执行器、机器人平台、移动搭载平台、工作平台。其中各模块基于自主研发，控制系统基于国外成熟先进的 Keba 机器人控制器二次开发。高空焊接机器人由五自由度混联机械手、机架（高空焊接平台）、回转机构组成，如图 6–4 所示。

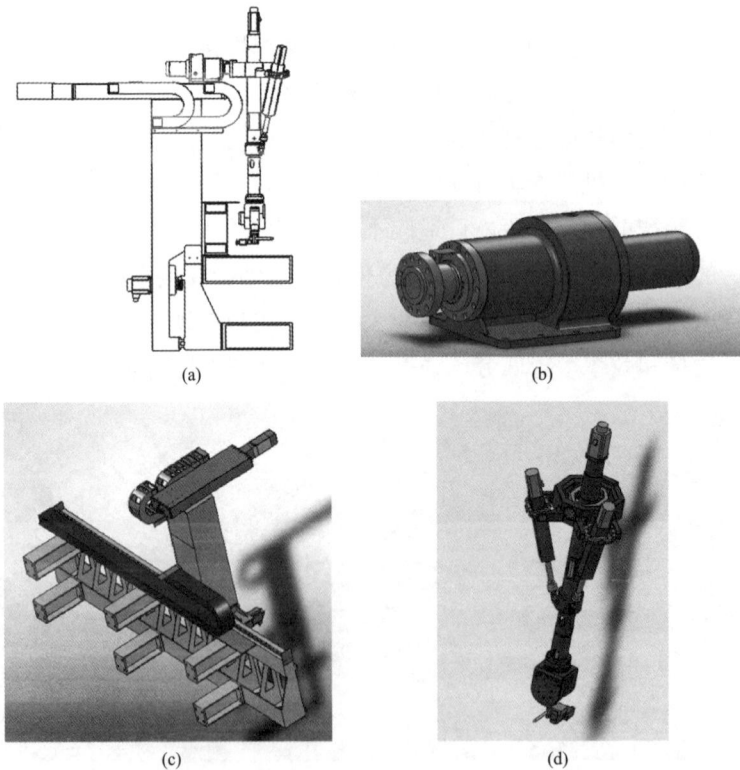

(a)

(b)

(c)

(d)

图 6–4　高空焊接机器人整体布局及组成机构

（a）整体布局；（b）回转机构；（c）机架；（d）机械手

　　五自由度混联机械手为焊接机器人的主体部分，末端执行器为焊枪，用于驱动机器人完成其焊接工作。机架支撑机器人的整体结构，并将焊接机器人固定在焊接区域的建筑结构上。回转机构，作为高空焊接平台，完成机器人在空间纵向、横向的平移，使其能够达到所需的工作空间。

　　该机器人具有模块化程度高、结构刚性高优点，处于国际先进水平。可搭载 1 平 1 转机架及可快速吊装及精确定位的轻型大移动范围的焊接及装配用机器人搭载平台、施工平台。

6.4.2　焊接机器人的机械结构

　　如图 6-5 所示，数控焊接机器人是 TriVariant 机械手在添加两个移动副，一个腰部转动副后的 8 自由度变异机构，其中混联结构与 TriVariant 机械手一样，主杆通过万向节与静平台相连，静平台固连在腰部并随腰部绕滑轨转动，滑轨连接到底座上并沿着底座移动，底座能沿着焊接支架移动。三个万向节由同心的主杆套筒和外圈组成，如图 6-6 所示，主杆套筒通过共轴线 a 的两个转个转轴连接在静平台上，外圈可以绕 b 轴相对于静平台旋转，而且 a、b 两轴相互垂直。内圈有一个舌状突出部分，用来将丝杠螺母固定在套筒上。滚珠丝杠螺母和套筒固定在一起，主杆上端的电机通过联轴器带动滚珠丝杠旋转时，由于套筒相对于静平台不移动，所以丝杠可以相对于丝杠螺母移动，从而带动主杆实现相对于主杆套筒轴线方向的移动，同时套筒带动主杆相对于静平台绕 b 轴自由转动。主杆外壁上

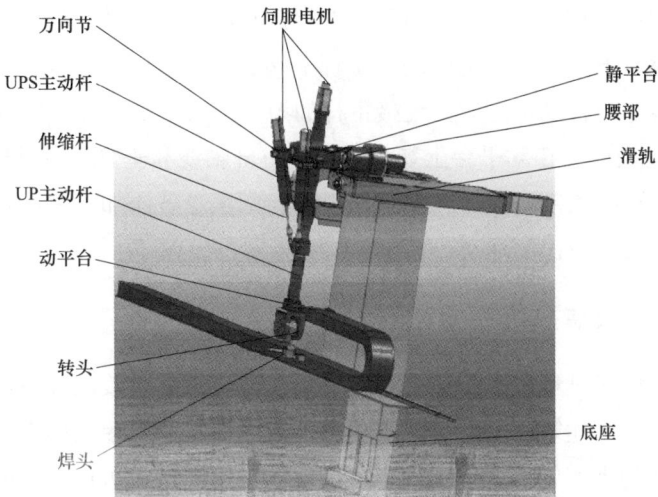

图 6-5　焊接机器人的基本结构

固定了两根导轨，在套筒的上下槽内滑动。在主杆侧面开有槽孔，当主杆相对于套筒移动时，内圈的舌状突出部分保持在槽孔内滑动，从而限制了主杆绕自身轴线的转动。

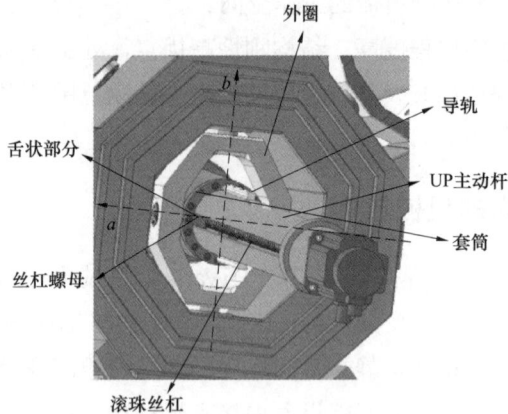

图 6-6　UP 链的局部结构

两条 UPS 主动杆的结构完全相同。它们通过万向节连接在静平台上，伸缩杆外套筒的上端装有伺服电机，杆内部装有滚珠丝杠和推杆。其中，丝杠螺母和推杆固定连接，作为运动部件。当电机通过联轴器带动滚珠丝杠旋转时，推杆相对于伸缩杆外壁移动，这样就可以调节整个伸缩杆的长度。伸缩杆的套筒由同轴线的两个轴销和万向节连接，伸缩杆绕此轴可以相对外圈转动，外圈又通过同轴线的两个轴销和机架相连，外圈相对于机架绕此轴线旋转，从而伸缩杆可以相对于机架在两个垂直方向上自由的转动。主杆下端和动平台固接，因此动平台可以沿着主杆的轴线方向移动，还因为连接主杆的万向节实现 2 自由度转动，所以动平台具有 3 个自由度。在动平台上装有一个绕主杆轴线和垂直于主杆轴线转动的 2 自由度转头，再在腰部添加 1 转动，在滑轨与底座上各添加 1 移动自由度，使得该机构实现空间 8 自由度运动。

6.4.3　机器人末端执行器姿态规划

机器人的焊接过程中为保证平稳、平顺，在正常的焊接过程中让末端执行器的姿态是水平并与建筑钢垂直。从实际工程应用出发，焊接过程中经常会遇到转折点，图 6-7 为上海中心大厦工程中巨柱现场对接焊接转折点模拟图。为了防止在焊接转折点过程中机器人与焊接钢架结构发生干涉，末端执行器在进入转折点前应该有一定的倾斜角。倾斜角过大，则末端执行器没法进入下一面焊接。倾斜角过小，则机器人可能与建筑钢结构发生干涉，故需对末端执行器姿态进行规划。

　　下面以其中一个转弯点 A 为例进行末端执行器姿态分析（图 6-8）。在 A-B 段的远离转折点部分，末端执行器以水平垂直与钢架的位姿进行焊接，到达转折点 A 时，若还是以水平垂直的位姿进行焊接，则在 A-C 段无法进入焊接。若倾斜过大，则与动平台连接的转台会与 A-B 段的钢架发生干涉。

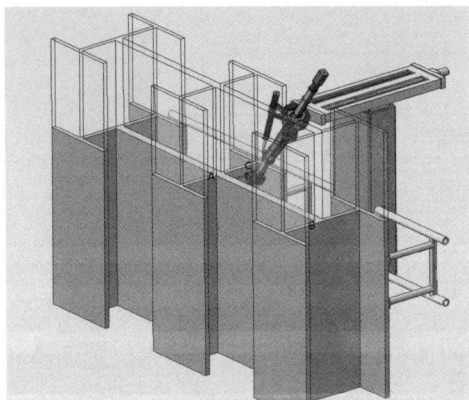

图 6-7　上海中心巨柱焊接模拟转折点　　图 6-8　末端执行器倾斜模型

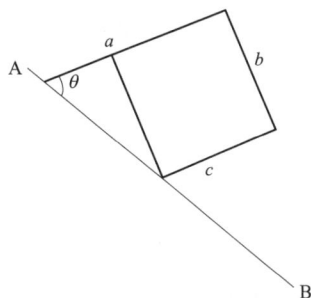

　　根据图 6-8 可计算出最大倾斜角，末端执行器的两杆长度分别为 a、b，c 为末端执行器在转台处的连接点与外边缘的距离。当转台外沿接触钢架时为末端执行器的最大倾斜角，此时

$$\tan \theta = \frac{b}{a-c}$$

即

$$\theta = \arctan \frac{b}{a-c}$$

　　在达到转折点 A 时以小于的倾斜角度进入，直到达到转折点。过了转折点以同样的倾斜角继续运动 b 距离，以保证不会发生干涉，运动 b 距离之后逐渐回到水平垂直的位姿。其他的转折点以同样的过程进行焊接。

　　图 6-9 为机器人末端执行器姿态控制系统主程序流程。首先对控制系统进行初始化，然后检测是否回零，确定回零之后再进行焊接和状态检测等。

　　通过微动调整控制功能，实现界面操作指令对机械手末端位置和姿态的微动调整（Jog Adjustment）。依据调整对象的不同，可以分为单轴调整和末端调整，

```
             ┌──────────┐
             │  系统上电  │
             └────┬─────┘
                  │
             ┌────┴─────┐
             │  系统初始化 │
             └────┬─────┘
                  │
        ┌────►┌────┴─────┐
        │     │  机械手回零 │
        │     └────┬─────┘
        │          │
    否  │     ◇────┴─────◇
        └─────│  回零结束   │
              ◇────┬─────◇
        ┌──────────┼──────────┐
   ┌────┴────┐ ┌───┴───┐  ┌───┴────┐
   │ 正解位姿显示│ │ 持续运行│  │ 检测开关状态│◄──┐
   └─────────┘ └───────┘  └───┬────┘  │否
                               │是      │
                          ◇────┴────◇  │
                          │  执行动作  │──┘
                          ◇─────────◇
```

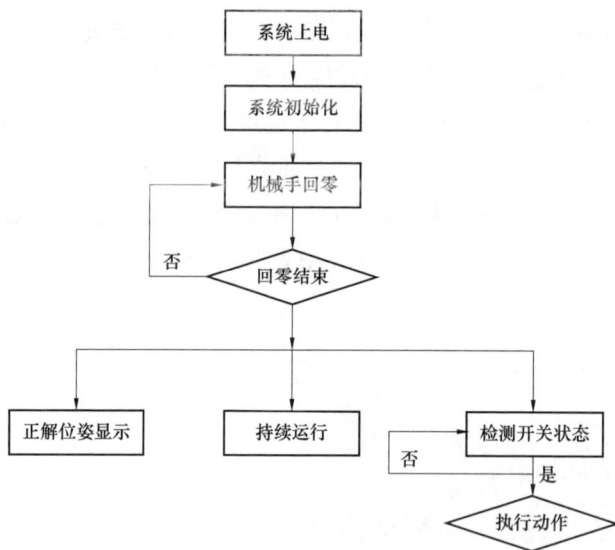

图 6-9　控制系统主程序流程

单轴调整主要针对腰部、滑块、底座的调整，末端调整又可分为位置调整和姿态调整；依据调整方式，又分为手动调整和指定位置自动调整。

　　单轴调整相对来说比较简单，只需要给出目标位置、运动速度和最大加减速度值用于控制指定电机运行。

　　下面介绍末端位置和姿态调整功能的实现方法。由于此种微调方法是直接对机械手的末端执行器的位置和姿态进行微动调整，所以需要将所获得的界面操作指令从操作空间映射到关节空间，即需要通过逆解模型和插补获得关节空间轨迹数据，然后对多电机进行协调同步控制，进而实现机械手末端位置和姿态的微动调整控制。在电机运动的同时，将电机运行过程中的数据反馈给界面程序，通过正解算法并将末端执行器的位置和姿态显示于界面控件中。该功能的流程如图 6-10 所示。

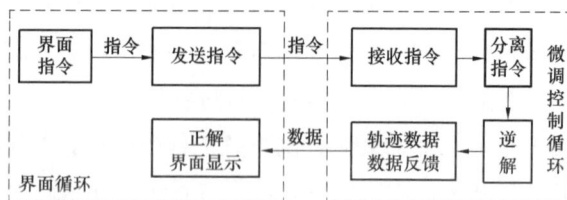

```
┌─────────────────────┐  ┌──────────────────────────────┐
│ ┌────┐ 指令 ┌──────┐ │指令│ ┌──────┐ ┌──────┐         │微
│ │界面│────►│发送指令│─┼──┼►│接收指令│►│分离指令│          │调
│ │指令│     └──────┘ │  │ └──────┘ └───┬──┘          │控
│ └────┘             │  │              │              │制
│ ┌──────┐   ┌──────┐ │数据│ ┌──────┐ ┌──┴──┐          │循
│ │正解  │◄──│轨迹数据│◄┼──┼─│轨迹数据│◄│ 逆解 │          │环
│ │界面显示│   │数据反馈│ │  │ └──────┘ └─────┘          │
│ └──────┘   └──────┘ │  │                             │
│ 界面循环             │  └──────────────────────────────┘
└─────────────────────┘
```

图 6-10　微动调整功能流程

　　机器人数字化焊接技术，不仅确保了构件焊接的精度，同时有效减小了人为因素的差错，降低了人工操作强度，大幅降低了钢结构重要节点的制作成本，提高了构件加工的生产效率，保证了钢结构工程高质量高效率的焊接施工。通过针对大型后壁钢板开发的坡口规划软件和数据库，建立了典型坡口的数据库，实现焊枪坡口的自动化排道和焊接电流、电压参数自动调整。

根据板厚和焊道长度要求，焊工通过人机界面设定焊道长度，依据层数、道数调用坡口排道程序，解决钢结构板材的连续焊接，能够一键实现全坡口的自动焊接，适用于钢结构现场平、横、立、仰等位置的自动焊接。

6.5　钢结构数字化焊接机器人工程应用

1. 上海中心大厦伸臂桁架焊接

上海中心大厦桁架层是工程焊接的难点和重点，材质为 Q390GJC，其伸臂桁架的立焊逢最长约 4m，板厚达 140mm，仅此一条焊缝就，须两名焊工连续焊接近 40h。上海中心大厦共有 8 道桁架层，每道有长度 2～4m、板厚 80～140mm 的焊缝 50 条以上。由于现场焊接量相当大，常规的手工焊接效率不高且焊接质量不稳定。为提高现场焊接效率和质量，解决桁架层几百条大厚板、长焊缝的焊接难题，我们将焊接机器人技术应用到桁架层高空焊接（图 6-11）。

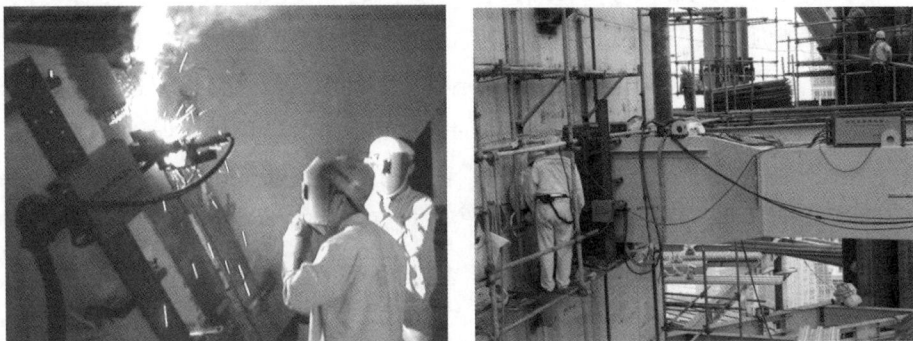

图 6-11　焊接机器人桁架层焊接

焊接操作工根据现场需要装配轨道长度，把自动焊匹配使用的焊接控制箱、焊接电源及送丝机，通过焊接电缆与焊接小车相连接，焊接保护气瓶通过气管与控制箱连接。焊接操作工利用焊接机器人示教功能对焊缝进行示教操作，保证焊接过程中熔池中心与焊缝中心一致，实现焊接参数的优化组合，可进行连续焊接。

2. 上海中心大厦电涡流阻尼器质量箱焊接

上海中心大厦电涡流阻尼器位于 125 层（标高 579.300m）以上，长和宽各为 10.8m，占据 125～131 层的整个大厅空间，高度约 27m，通过吊点在 131 层的 4 组 12 根钢索悬挂。阻尼器质量箱重约 1000t，采用 Q345B 钢材，板厚 80mm，质量箱上盖板共四条焊缝，单条焊缝长度近 9m，焊接位置为平焊，非常适宜自动化焊接机器人施工。通过对称布置两台焊接机器人协同焊接，在保证焊接质量和进度的条件下，降低焊接应力和变形（图 6-12）。

图 6-12　阻尼器质量箱体焊接

3. 昆山中环跨线桥现场双枪焊接机器人焊接

建筑钢结构焊接机器人可沿着固定轨道往复运行，轨迹重复性高，易于实现跟踪控制，系统稳定可靠，效率较高，适用于预制及现场全位置焊接。可解决建筑工程中厚壁、长焊缝、多种焊接位置的钢结构安装现场自动化焊接问题。

双枪焊接机器人成功应用于昆山中环跨线桥现场焊接施工中（图 6-13）。在相同位置和条件下与手工焊接方法相比较，具有明显的优势：

图 6-13　昆山中环桥面板现场焊接施工

（1）采用 10m 长焊接轨道，使整条焊缝的焊接接头大幅减少 90%。

（2）焊接质量优异，表面成型美观，焊缝与母材过渡平滑，无损检测合格率 100%。

（3）焊接效率高，在焊接的同时，焊工可以完成焊缝的焊渣清理等工作，焊接过程可实现连续作业。与气保焊手工焊接相比，焊接效率提高 100%以上。

（4）工人劳动强度低，焊接机器人操作焊工只需调整好焊接参数，完成焊缝的示教工作，焊接机器人可以自动进行焊缝的往复焊接。

实践表明，该全位置焊接机器人系统操作方便，可控性好，焊接工作过程稳定，焊缝成形好，焊接质量高，能满足钢结构工程现场自动焊接施工作业的需要。

4. 混联五轴焊接机器人在上海中心工程中的应用

混联五轴焊接机器人上海中心大厦工程钢结构构件的焊接生产中。通过机器人数字化焊接技术，确保了构件制作的精度，同时有效减小了人为因素的差错，降低了人工操作强度，大幅降低了钢结构重要节点的制作成本，提高了构件加工的生产效率，保证了建筑钢结构工程高质量、高效率的施工。

5. 上海中心大厦工程幕墙滑移支座球面焊接不锈钢层

上海中心大厦工程幕墙垂直滑移支座轴体，主要规格繁多，焊接要求高，焊接工作量大，人工焊接难度大且焊材浪费严重。人工焊接完的半成品由于规则性差，对机加工造成大量的工作量，而机器人焊接出来的半成品规则有序，可以减少车床加工的工作量。通过焊接工艺研究，以最优化的焊接参数（电流、电压、焊接速度）配合连续在轴体表面均匀对焊一层不锈钢防锈层。既保证轴体的质量要求，又大幅度降低轴体的成本（图 6-14～图 6-16）。

6. 上海中心大厦鳍装桁架现场焊接

图 6-14　机器人焊接支座

混联五坐标焊接机器人也具有大管径多管相贯的空间焊缝轨迹跟踪技术，上海中心大厦 119～121 层钢管对接接口焊接中成功应用了这一技术，高质量地完成了该类节点高空自动焊接（图 6-17）。

图 6-15 机器人焊接完成的半成品

图 6-16 机加工完成的成品

图 6-17 焊接机器人在高空进行焊接作业

7. 焊接机器人群组施工

某工程水管直径（3.8m）、厚板（40mm），采用陶瓷衬垫，单面焊接双面成型。大截面焊接配备 3 台柔性轨道焊接机器人（组）协同作业，实现焊接参数及工艺优化、参数智能精确调整下的结构施工变形量控制（图 6-18）。

图 6-18　群组焊接施工

　　齿轮传动的磁吸附式轨道，机器人本体结构精巧，适应长距离焊接，实现了焊接末端执行机构能实现多自由度组合，适应不同规格异形截面构件的轨迹渐变焊缝自动焊接。同时，具备焊缝坡口自动排道和参数自动存储调用等智能化功能，通过两台及以上机器人（组）协同作业而实现高效、快速焊接。

第 7 章

钢结构一体化建造管理技术

7.1 概　　述

随着国民经济和建筑技术的飞速发展，体现现代建筑艺术的体系复杂、形态新颖的异型空间建筑结构，大跨度建筑结构及超高层建筑结构不断出现，这类大型建筑通常形式新颖、体量庞大、空间关系复杂（图 7-1）。传统的"按图施工""各自为战"的施工技术及管理模式已远不能满足其现代化的施工要求，必须采用具有协同和联动功能的一体化建造技术来实现钢结构专业内部的协同，以及钢结构与相关专业之间的联动。

(a)

(b)

(c)

图 7-1　现代异形建筑

（a）上海世博物馆；（b）上海国家会展中心；（c）上海中心大厦

钢结构深化设计、加工制作和现场安装一体化，是将钢结构建造的产业链进行联动，实现专业内的一体化协同。通过一体化深化设计确保深化设计的效率和正确率，通过一体化加工制作确保构件制作的精度和质量，通过一体化施工管理确保构件安装的精度和工效。同时，通过基于 BIM 的信息化模拟预拼装技术可以实现构件安装与后道工序构件加工的精度匹配，通过信息化管理平台可以实现钢结构产品信息的精确传递和共享。

钢结构与其他专业一体化，是将钢结构与其他有界面关系的专业进行联动，实现专业之间的一体化协同。其中，钢结构幕墙一体化和钢结构屋面一体化是最为典型的代表。通过一体化策划，确定技术路线、划分施工界面、排设施工流程和总进度计划；通过一体化深化设计，发现并解决钢结构与幕墙系统的设计图纸存在的碰撞和工艺空间不足等问题，提高整体工程深化设计的准确性；通过一体化施工管理，实现相关专业连接件与钢结构的整体加工和高精度安装，以及前后道工序的合理搭接、精度匹配和资源共享。

7.2　钢结构与幕墙一体化管理技术

建筑信息模型技术有别于目前的 CAD 技术，它是以三维数字技术为基础，集成了建筑工程各种相关信息的工程数据模型，能够为建造全生命周期提供准确的信息和数据。

大型复杂建筑工程专业系统界面众多，钢结构与幕墙界面和工序关系往往关联度最大，具有如下特点：① 空间关系极为复杂，常规运用的 CAD 技术无法清晰地表明专业间的相互关系；② 钢结构幕墙系统往往被赋予一定的功能，施工精度要求较高，传统的施工技术和工艺无法达到其严格的要求。需要借助 BIM 的参数化、信息化、数据化的优势将钢结构幕墙系统建造的各个重要环节进行联动，全面实施钢结构与幕墙一体化管理技术，确保工程顺利高效推进。

7.2.1　一体化前期策划技术

策划工作是工程实施的第一步也是最为重要的一步，工作的深度和成效将决定整个钢结构幕墙工程建造的成败。策划的主要工作就是通过对结构特征、设计出图深度、施工进度及质量要求等各方面因素进行综合分析，确定施工技术路线、划分施工界面、排设施工流程、确定施工总进度计划。

策划时主要考虑如下几大因素：① 空间关系复杂程度，主要包括钢结构与幕墙的空间关系及相互界面；② 设计图纸深度是否达到各专业深化设计的要求，是否存钢结构与幕墙系统的碰撞和工艺空间不足等问题；③ 钢结构与幕墙之间的施工精度需求问题；④ 工程中是否存在需要科研攻关的技术难题。通过对上述因素的全面分析，可以客观提炼出钢结构幕墙建造的指导思想，并形成一整套的前期策划报告，包括工程特征分析、主要技术路线和指导思想、项目团队组建、施工界面划分、施工流程、重点施工工艺、施工工期等内容，为后面工作的开展奠定基础。例如，在上海中心大厦钢结构幕墙工程前期策划时，通过工程实际情况的分析研究，总结出"空间关系特别复杂、设计图纸中存在众多"软硬"碰撞、外幕墙钢支撑结构与玻璃板块的施工精度匹配难"等问题（图7-2、图7-3），于是提出了基于 BIM 的"一体化深化设计、一体化工程管理"的施工技术路线，为钢结构幕墙工程的开展提供了指导思想。并在钢结构幕墙功能分析的基础上，对关系密切的专业界面进行了划分和界定，从而确定了各工序的相互关系、施工流程，避免了各道工序之间等工、扯皮等现象，确保了工程进度和质量（图7-4）。

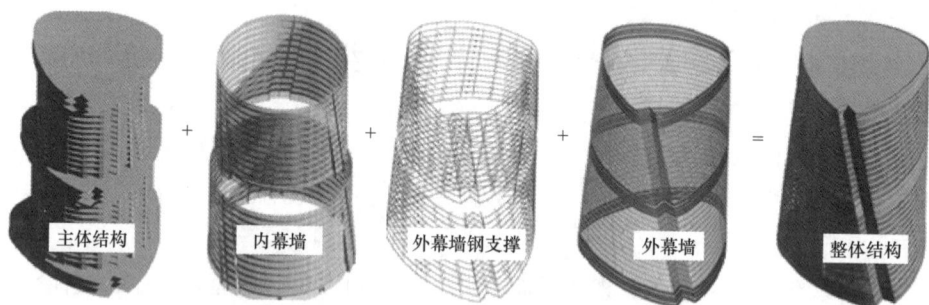

主体结构　　＋　　内幕墙　　＋　　外幕墙钢支撑　　＋　　外幕墙　　＝　　整体结构

图7-2　上海中心整体结构组成（标准分区）

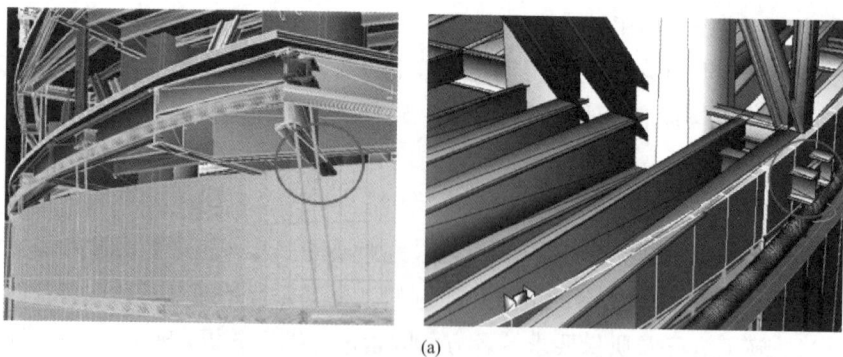

(a)

图7-3　上海中心钢结构幕墙系统软硬碰撞示意（一）

（a）外幕墙与主体钢结构典型硬碰撞

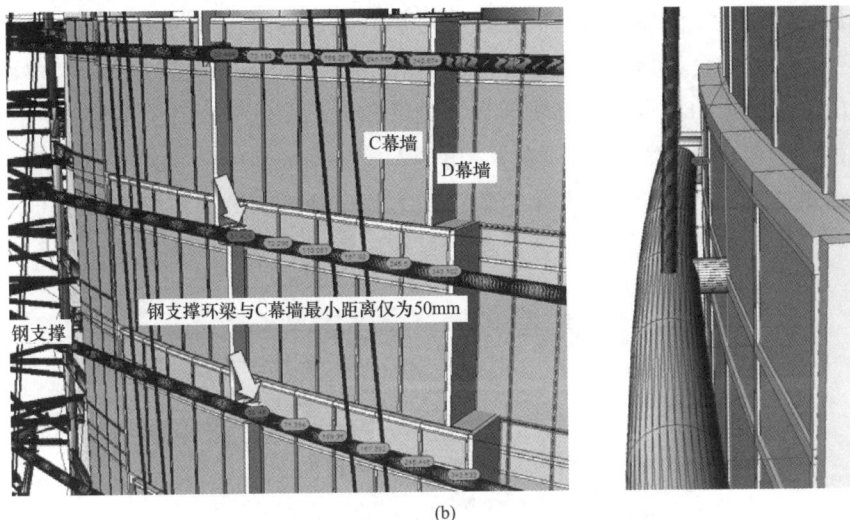

(b)

图 7-3　上海中心钢结构幕墙系统软硬碰撞示意（二）

（b）内幕墙与钢支撑结构典型软碰撞

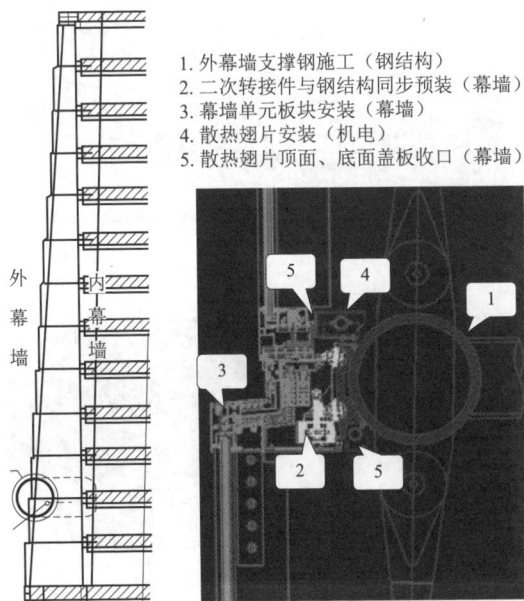

1. 外幕墙支撑钢施工（钢结构）
2. 二次转接件与钢结构同步预装（幕墙）
3. 幕墙单元板块安装（幕墙）
4. 散热翅片安装（机电）
5. 散热翅片顶面、底面盖板收口（幕墙）

图 7-4　上海中心钢结构幕墙标准节点施工界面划分

7.2.2　一体化深化设计技术

大型复杂钢结构幕墙工程的设计出图深度无法达到专业系统深化设计的要

求，且存在众多空间碰撞及空间尺寸不足等问题，如果按照传统的按图深化、按图施工，工程建设将是寸步难行。借助BIM强大的空间表现能力，以及参数化、信息化、数据化的特点，能够实现设计图纸和深化图纸间的有机衔接。通过基于BIM的"建模、合模、分析、修改、出图"等一系列深化设计工作，全面解决碰撞及空间尺寸不足等问题，并生成构件加工制作的准确模型和图纸。补设计图纸深度不足的同时，提高深化设计效率。

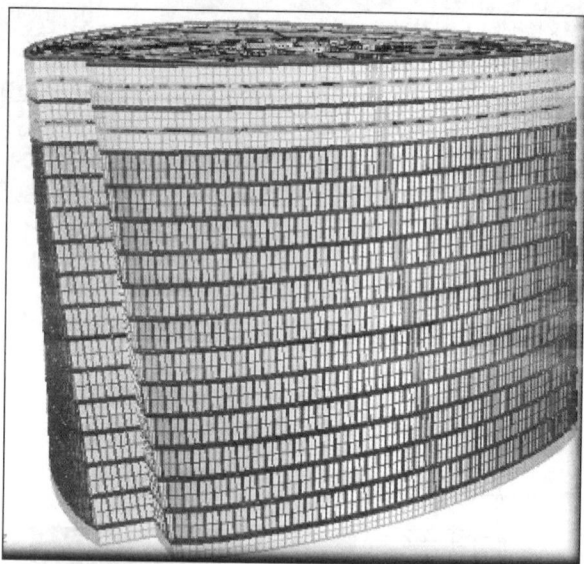

图7-5　主楼标准分区的多专业系统合模

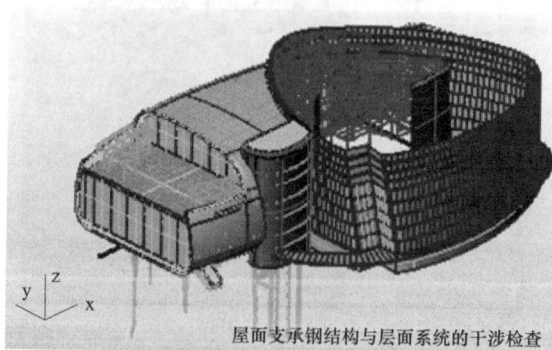

屋面支承钢结构与层面系统的干涉检查

图7-6　裙房钢结构–幕墙–屋面合模

上海中心大厦的工程实践证明，一体化深化设计工作卓有成效，在整个施工过程中，幕墙系统中未发生一起钢结构与幕墙及相关专业系统的碰撞问题，极大

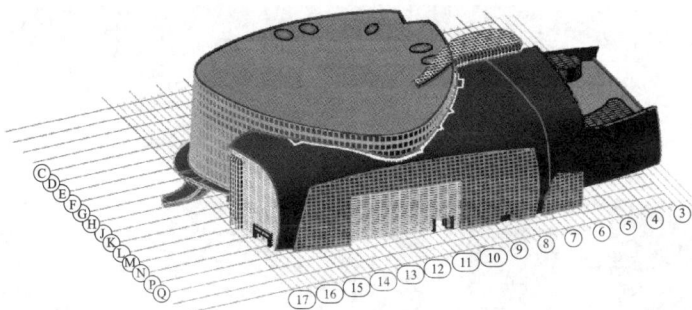

图 7-7　裙房幕墙及屋面 BIM 模型

地提高了施工效率，同时降低了施工成本。图 7-5 为上海中心大厦主楼多专业系统 BIM 合模后的分区整体模型，图 7-6 为裙房钢结构–幕墙–屋面工程的 BIM 合模情况，通过合模检查和空间关系分析，将原设计存在的问题逐个在模型中进行解决。图 7-7 为根据 BIM 合模调整后的正确定位建立的模型。

7.2.3　一体化施工管理技术

如果说一体化策划是明确了工程建造指导思想，一体化深化设计若提供了理论模型，那么一体化施工就是在指导思想的引导下将理论模型转化为最终建筑产品。大型复杂钢结构幕墙系统不仅仅是一个常规意义上的建筑结构，更是一个高精度、高难度、高标准的产品，只有采用通过多专业系统的"设计、加工、安装"一体化的施工联动技术，才能打造精品工程。

在上海中心大厦外幕墙钢结构幕墙系统实施中，由于外幕墙支承骨架为柔性悬挂钢支撑结构，具有变形控制和施工精度要求高的特点，这些功能需求和施工特征已经超出常规幕墙系统的标准，施工难度巨大。

最终，综合运用 BIM 技术将钢结构幕墙的"深化设计、加工制作和现场安装"进行技术协同和联动管理，达到了钢结构幕墙安装成型精度控制的目标。在加工制作阶段，通过静态预拼装技术对发现加工超差的构件进行整改，确保钢支撑和幕墙板加工制作精度（图 7-8）。在钢支撑及幕墙转接件施工阶段 ［图 7-9（a）、（b）］，通过预变形及精调工艺确保钢支撑施工质量，通过对转接件控制点位的实测数据与 BIM 理论数据的预拼装模拟，在幕墙挂板施工前将 1 次和 2 次标准转接件精调到位，对于局部超差较大的标准转接件采用非标转接件替换处理；在幕墙挂板施工阶段 ［图 7-9（c）］，仅需要进行板块精度的微调，即可达到幕墙系统设计的最终成型要求。

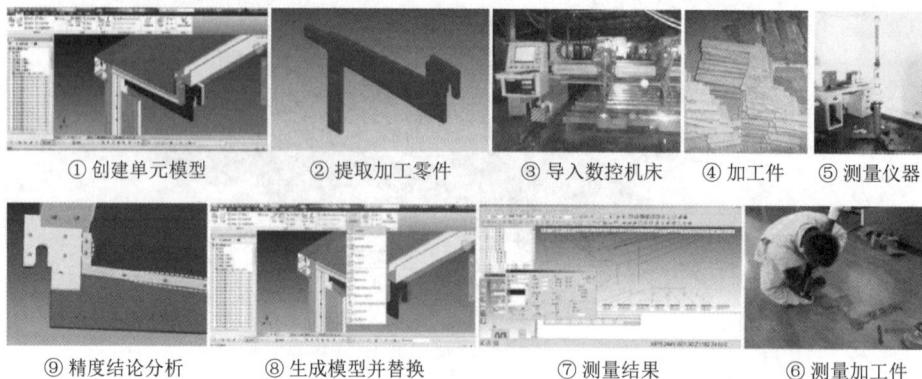

①创建单元模型 ②提取加工零件 ③导入数控机床 ④加工件 ⑤测量仪器

⑨精度结论分析 ⑧生成模型并替换 ⑦测量结果 ⑥测量加工件

图7-8 外幕墙单元板异形钢制牛腿数字化加工流程

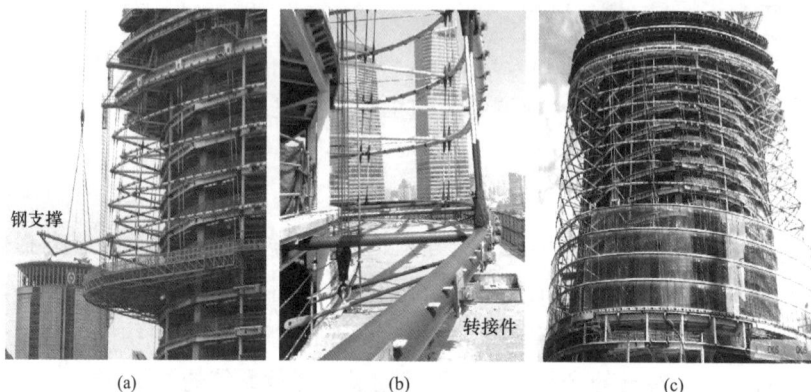

钢支撑

转接件

(a) (b) (c)

图7-9 幕墙钢支撑、转接件及板块施工
(a)钢支撑施工;(b)幕墙转接件施工;(c)幕墙板块施工

7.3 钢结构与屋面、机电一体化管理技术

大型复杂大跨度建筑工程中,除了钢结构与幕墙关系密切之外,钢结构与屋面也存在着界面和工序上的关联度,施工难度大,精细化管理尤其高,主要具有如下特点:① 大跨度结构的屋面建筑曲面复杂多变,其形状都有曲面函数的表达,且与钢结构及屋面附属的天沟、天窗等系统的空间关系极为复杂,常规运用的CAD技术难以清晰和直观的表达系统之间的相互关系;② 屋面及附属系统与钢结构施工紧密相关,施工精度和施工流程控制是关键要素,传统的施工技术和工艺无法达到其严格的要求;③ 为了满足大跨度公共建筑的通风、消防及屋面排水的要求,屋面下往往布置了大量管线,这些管线穿插布置于钢结构中。需要借助

BIM 的参数化、信息化、数据化的优势将钢结构、屋面系统、机电建造的各个重要环节进行联动，全面实施钢结构与屋面、机电一体化管理技术，确保工程顺利高效推进。

7.3.1　一体化深化技术

1. 钢结构和屋面一体化深化

在建筑钢结构设计中，将施工设计划分为施工图设计和详图设计两个阶段。前者由结构设计完成，后者以前者为依据，由钢结构加工厂深化编制完成，并直接作为加工与安装的依据。屋面的设计也是分为两个阶段，施工图由建筑设计完成，深化图由屋面专业单位完成。

钢结构施工图都是二维图纸的形式，深度上一般只绘出构件布置、构件截面及主要节点构造。钢结构详图设计主要为构造设计，即桁架、支撑等节点板的设计与放样，通常采用 TEKLA 软件进行三维深化，再表达成二维构件图供加工厂加工。屋面的深化并不像钢结构那样完全采用三维深化，而是二维与三维相结合。许多屋面系统的外皮造型复杂由多个双曲面构成。如何控制好建筑的造型，实现建筑师的预想，是屋面工程的关键。常规的二维图纸无法准确表达，这是就要借助于能实现复杂曲面表达的 Rhino 软件来建模，有时还要辅助以 Grasshopper 进行参数化建模。

以上海国家会展中心为例，单层展厅钢屋盖为空间倒三角钢桁架，跨度达 108m。钢桁架间距 18m（图 7–10）。屋面采用金属屋面主要包括直立锁边面板系统、檐口复合铝板系统、天沟系统、瀑布穿孔铝板系统等几部分（图 7–11）。

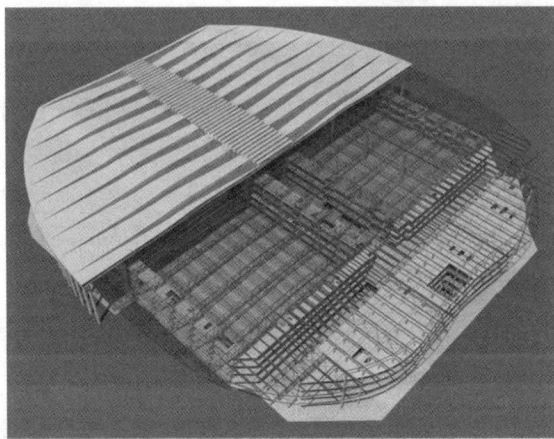

图 7–10　单层展厅屋盖体系

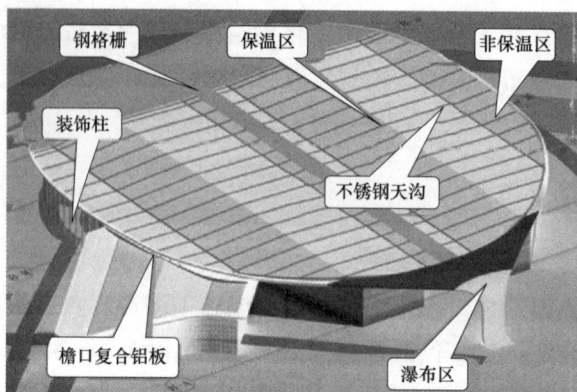

图 7-11 金属屋面的组成

直立锁边面板系统由压型钢板底板、防水透气膜、保温岩棉、二次防水板和直立锁边铝镁锰合金面板组成。屋盖钢桁架上弦杆上按 1.5m 间距布置有檩条，直立锁边面板系统最下一层的压型钢板底板就固定在这些檩条上（图 7-12）。

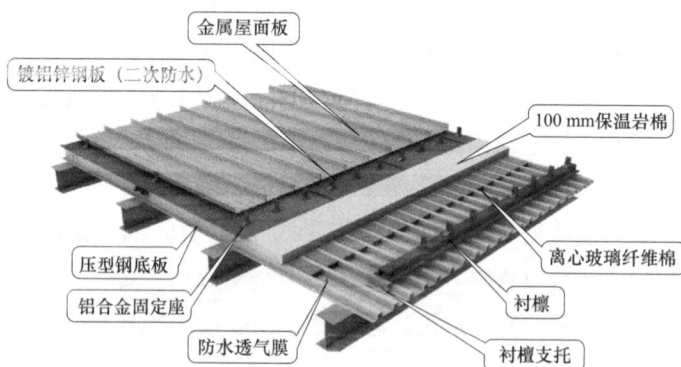

图 7-12 直立锁边系统

对于大型公共建筑项目，通常钢结构作为主体结构的一部分是与总包同步招标。而屋面工程作为专业工程往往以暂定金额的形式放在总承包管理范畴中，待总承包单位进场后进行二次招标。这样的招标顺序是受到了出图的制约，也是主次结构施工顺序的结果。这也意味着屋面专业单位晚于钢结构单位进场，屋面的深化工作晚于钢结构深化。

在上海国展项目中提出了 BIM 技术分阶段应用的理念。在屋面等专业单位进场之前，利用屋面的表皮模型与钢结构模型进行合模检验，对钢结构深化设计进行调整。这部分工作由总承包单位 BIM 工作人员完成，按建筑设计要求建立的屋面表皮模型，并通过在 NAVISWORKS 平台设定相关的构件尺寸要求与施工安装尺度要求和钢结构三维深化模型来进行碰撞检查。

屋面与钢结构碰撞较多的情况就是钢结构或主檩条穿出檐口，或者天沟支架侵入天沟底层（图 7-13）。在没有三维建模辅助深化设计的项目中，这种类型的问题往往是等待屋面正式施工时才会慢慢凸显出来的安装上的问题，比如水沟因某处钢管突起而不得不修改该处天沟的处理方法，或者不得不压缩天沟的构造厚度，甚至于整体提高天沟的标高，使得天沟还要

图 7-13　主檩条穿出屋面

重新验算其排水能力是否还足以满足项目的排水要求。

屋面合模检查另一类发现较多的问题是檩条缺失，包括支撑天沟支架的檩条以及檐口包边铝板的檩条。对于造型复杂的屋面表皮，只有在三维模型中才能设置与其位置相匹配的檩条。借助于 BIM 技术，尤其是屋面专业进场前的提前介入，可以在钢结构深化设计过程中发现结构主导的钢结构设计和建筑主导屋面设计之间空间关系不匹配的问题，通过模型里切除多余部分钢结构或对钢结构布置进行调整、优化，满足建筑的要求。三维深化和合模的目的就是查找设计图纸上存在的"错、漏、碰、缺"等问题，提前发现设计失误并在施工前加以解决，减少设计修改和现场返工。

在屋面专业单位进场后，钢结构模型可以作为屋面深化的基础。在以钢结构数据为前提条件下，深化屋面最大限度地减少了碰撞的可能性，大大减少了协调工作量，并通过 BIM 模型的即时更新应对安装误差和设计变更等特殊情况。

在钢结构安装完成后，可能存在卸载或者是由于应安装要求，杆件留有余量，导致实际安装的钢结构出现了一些不可控的安装误差，与理论建立的 BIM 模型有出入。通过调整 BIM 模型，提出较强操作性的现场解决方案，尽量避免高空修整。上海国展中心屋面造型复杂，屋面檐口呈中间宽、两头收分的形态，而且收分的弧度各有不同（图 7-14）。

图 7-14　金属屋面造型

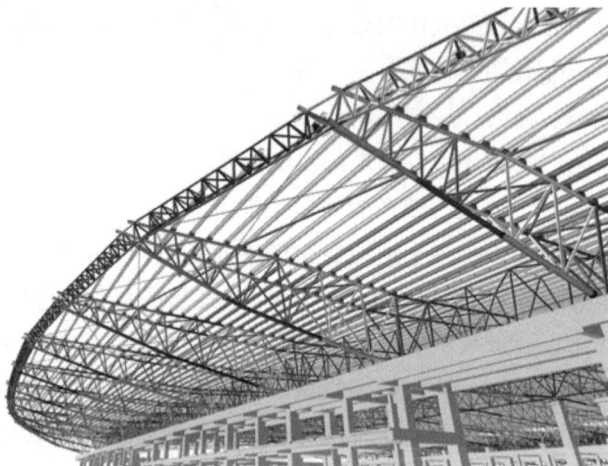

图 7-15　钢结构三维轴测

　　而主钢结构由于体量非常大，尽管钢架采取分段拼装工艺，在工厂预制后仍然无法运输至现场进行吊装，故所有钢架直接在现场焊接制作。钢架外挑的部分通常在端头会预留一定长度供屋面安装调整用。这样边桁架安装完成后，在屋面安装前钢桁架端头部分需要根据图纸判断是否会侵入屋面，然后现场全部切除。由于上海国展屋面高度高达 43m，而且钢桁架外挑部分下方完全悬空（图 7-15），需要工人进行高空切割作业，施工风险大。通过采用按现场施工实测调整过的 BIM 模型来进行碰撞检查（图 7-16），直观获得碰撞定性分析。通过排查，共检查出 4 个发生碰撞的主钢架端头（图 7-17）。然后，在模型内直接测量出需要切割的端头量及切割方向，提供解决方案，避免高空修改。

图 7–16　钢结构局部大样

图 7–17　钢结构与屋面碰撞示意

2. 钢结构和机电一体化深化设计

上海国展项目中，为满足展厅大跨度消防的需求，展厅设有自动灭火系统、排烟设施。为提高灭火效果，采用了自动消防炮替代常规的多层管网水喷淋系统。为满足展厅暖通的需要，单层展厅均为定风量全空气低速送风系统并采用旋流风口顶送风形式。展厅内空调送风管采用大口径双层螺旋风管，分布在倒三角桁架内的下部，其直径为 800～2000mm。而机械排烟系统的排风兼排烟风管采用大口径单层螺旋风管，分布在倒三角桁架内的上部，其直径为 1000～1400mm（图 7–18）。

倒三角管桁架除了具有良好的结构稳定性和大跨度的承载力外，其内部的空间往往也为大型风管和消防管线的布置提供了条件。这些管线排布的深化也是一体化深化设计必须统筹考虑的内容，需要考虑管线与桁架钢管的关系，避免相关碰撞的发生（图 7–19）。

图 7-18 钢桁架内管线的布置

图 7-19 桁架内管线与桁架碰撞

传统的二维平面图深化，由于缺乏全视角的视图，在深化时往往容易忽视掉一些空间的相互关系。通过 BIM 三维可视化模型，以结构桁架模型为基准进行吊架的预施工模拟，可更直观地看到风管与桁架的空间位置关系，从而使风管支吊架的设置更合理。风管施工前，通过 BIM 技术生成综合管线布置图、风管预制加工图、支架加工图等。风管加工车间及现场项目部根据 BIM 深化图纸，分别进行风管工厂化预制及现场组装。

7.3.2 一体化施工技术

在整个屋盖系统的组成中，屋面是附着在钢结构屋架之上，而机电管线则是穿插在钢结构屋盖的大跨度桁架之中。常规的屋盖体系施工，钢结构、屋盖和机电管线是独立施工，即钢结构吊装完成后，上部进行屋盖施工，下部搭设脚手布设机电管线。但像上海国家会展中心这样的超大型场馆，净空达到近 40m，脚手搭设量非常之大，而且会影响地面的施工。同时，螺旋风管最大口径达 2000mm，其为镀锌薄钢板材料，一榀桁架中单根空调总管总量近 10t，高空运输十分困难，危险性较大。

整个屋盖体系的施工同样需要以钢桁架吊装为主线进行钢结构与机电的一体化施工，即分为地面拼装和高空安装两个阶段，与钢结构吊装同步进行。倒三角钢桁架总长 108m，重量达 180t，桁架高 4～6.5m，宽 4.5～5m，桁架分段超高超宽超长。根据一体化施工技术路线，制定了"桁架杆件工厂预制、现场场外小拼、场内扩大组拼"的制作拼装工艺。同时，在场内大拼的时候进行风管主管的安装，并与钢桁架同步吊装，大大减少了高空安装风管的数量，降低了施工难度与风险（图 7-20）。

图 7-20　钢桁架及风管同步吊装

综合考虑施工工序搭接以及屋盖温度变形的控制，屋盖分区域流水施工。一个区域桁架吊装完成后，即分区卸载并铺设檩条。此时，该区域主钢结构完成，可以移交施工面给屋面和安装专业单位。

尽管桁架中风管主管已经与桁架同步就位，但主管接头和支管的安装仍然涉及大量高空安装。在风管的高空施工方法中，主要需要解决人员的操作平台及风管的吊装机具。单层展厅风管安装高度接近 40m，若采用传统脚手架施工方案，则脚手架的搭设及拆除工作量巨大且占用大量地面空间，影响其他专业施工进度。

方案比选后，采用了一种"悬挂式移动升降平台"作为操作平台进行安装。此方案的特点在于创造一个空中的操作平台，使工作人员能像在地面上操作一样完成高空安装。同时，移动升降平台制作、安装、拆除及运输都较脚手架快数倍，而且不会长时间占用地面空间，平台提升后地面其他专业可继续施工，互不影响。

"移动式升降平台"由钢平台系统、升降系统、移动系统组成。该"系统"采用"工厂化制作、现场组合拼装、垂直提升就位、单元高空组合、作业高度调节"的技术路线，以满足主风管对接和支管安装的要求，即可以按纵向、多条按序作业，又可以分块、分段或单条独立作业（图7-21）。

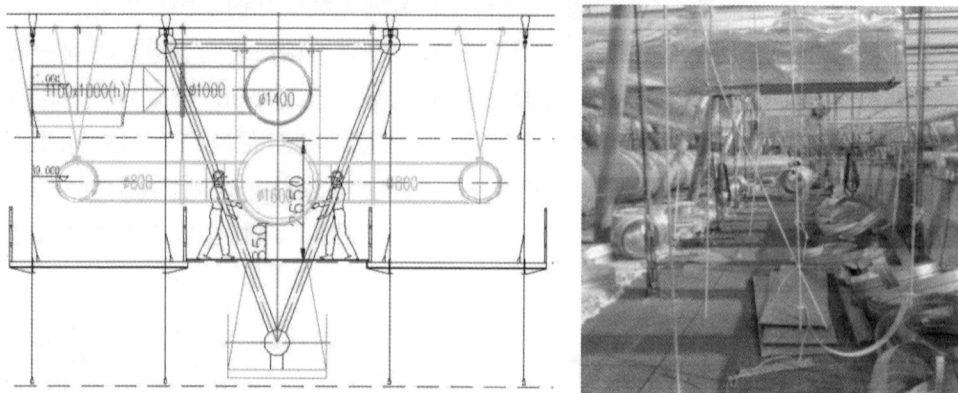

图7-21　移动式升降平台

移动升降平台通过钢丝绳固定在钢屋架檩条之上。考虑到钢屋架的承载能力及施工安全，现场避免在檩条之上的屋面施工与檩条之下的风管安装同步进行。也就是待一个区域桁架的风管安装完毕，移动升降平台降至地面后再进行所在区域的屋面施工。在檩条上铺设完成屋面压型钢板底板后，就形成了一个安全的施工平台，然后完成屋面系统的施工。

通过一体化的深化设计和施工管理，就将钢结构、机电、屋面等各专业组织起来，统一管理，预先解决各专业工序搭接涉及的诸多技术及现场施工问题，避免了各个专业施工单位各自为政的传统施工方式带来的各种隐患，提高了一体化施工的管理水平。

7.4　钢结构与混凝土结构一体化管理技术

钢结构作为建筑物有机整体的一部分，并不是孤立的存在，它和土建等其他专业也有着非常密切的关系，在项目的深化和施工过程中需要协同考虑。及时发现并处理好不同工种施工界面、施工顺序、现场可操作性等多方面的问题，才能保证项目的顺利实施。借助于 BIM 建筑信息模型平台，将钢结构、土建等相关专业的三维空间模型进行数据整合与分析，解决不同专业间的空间软硬碰撞问题。与钢结构发生关系的各相关专业单位需提前介入，把与钢结构相关的连接节点事先深化完成，在钢结构深化设计图纸上反映并在加工制作厂内完成，做到设计施工一体化。

钢结构与土建专业的连接及配合主要有以下几种：

（1）为便于施工，钢梁上的楼板往往采用压型钢板或钢筋桁架楼承板代替模板并避免搭设脚手架，再通过现场焊接栓钉固定钢板。栓钉可以传递剪力，防止混凝土楼板和钢梁间的滑移，使两者共同工作。钢结构深化中，需要考虑压型钢板和钢筋桁架楼承板的布置。通常，钢梁为压型钢板和钢筋桁架楼承板的搁置提供支撑，在一些关系复杂的部位，如楼板降板区域、钢结构混结构边界、楼板悬挑距离过大部位等等，均需有针对性地设置辅助钢结构作为支点（图 7–22 和图 7–23）。

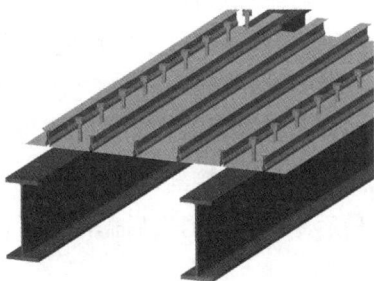

图 7–22　压型钢板

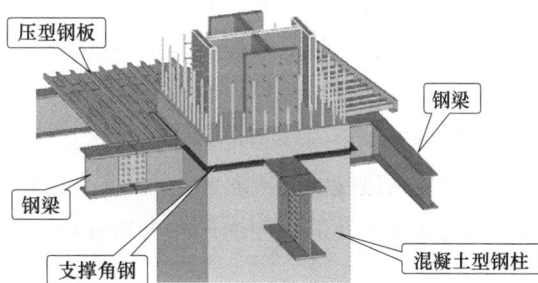

图 7–23　压型钢板在柱边的搁置

（2）对于钢骨混凝土组合结构梁柱节点部位，必然会遇到混凝土内钢筋穿过节点与钢骨相碰的问题。一般采用在钢构件上开孔或是焊接钢筋接驳器、钢筋搭接板等方式来保证钢筋的连续性及可靠性。在箍筋设置困难区域，甚至采用环带钢板取代（图 7–24）。

（3）钢管混凝土柱是在钢管柱内采用混凝土填芯，将钢结构与混凝土两者的受力特性很好地结合起来，从而节省钢材。对于钢管混凝土柱，结构深化需结合钢管内混凝土的浇筑工艺。钢管内混凝土浇筑多采用高位抛落免振捣法，为保证混凝土的通过，横膈板上设有流淌孔和排气孔，管壁上也会设观察孔（图 7–25）。为保证钢管内混凝土的密实度，防止混凝土抛落时的离析，有时也采用从钢管底部泵入的顶升法。钢管柱深化时，钢管柱的下部管壁上需开孔洞作为导管输送混

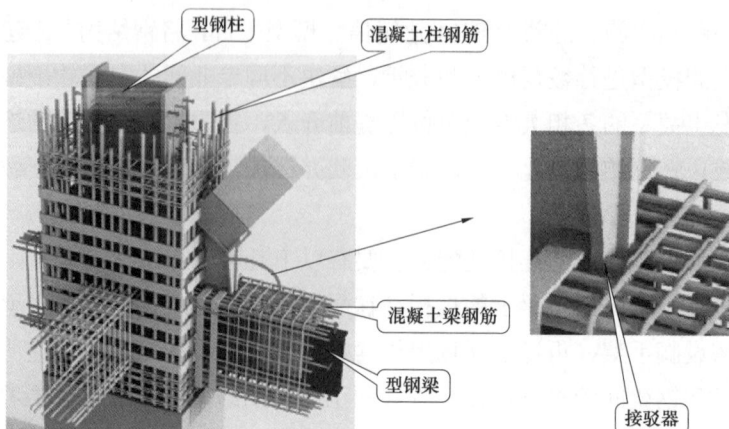

型钢柱与配筋效果图

图 7-24　型钢柱的三维深化

凝土的入口，钢管顶部需设溢流钢管和排气孔（图 7-25）。

（4）受到运输条件和吊装设备能力的限制，需要对钢柱进行分段加工，由此导致现场需进行柱的对接焊工作。一些结构伸缩缝的位置与两根柱子的距离很近，后施工的钢柱现场对接焊接时，靠近邻柱一侧的操作空间不够。此时需考虑各单体柱的现场施工前后状态定下施工方案。后安装的柱对接处开人孔，人孔开设位置在与邻柱软碰撞面的侧面或对面，并且在软碰撞面侧的柱对接剖口需开在内侧，施工人员从开人孔的一侧进入柱内侧进行焊接，最后施工人员退出后盖，上后盖板，进行最后的焊接（图 7-26）。

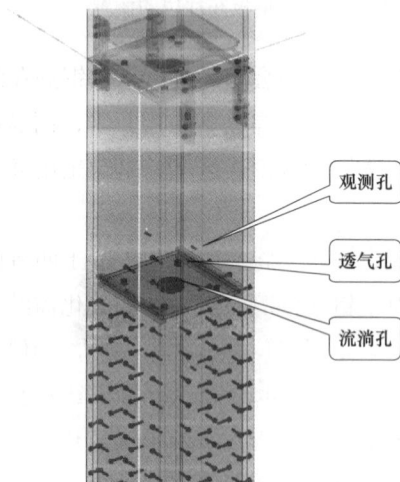

图 7-25　钢管混凝土柱的三维深化

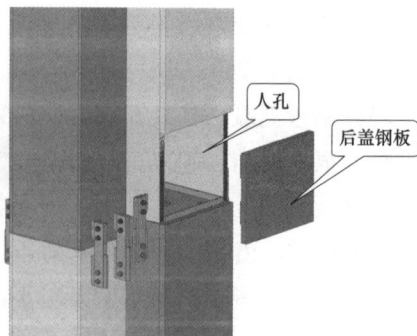

图 7-26　钢管柱人孔的设置

综上所述，利用数字化 BIM 技术，把钢结构建造和其他专业进行一体化深化设计、一体化建造管理、一体化质量管理，从而实现钢结构全生命周期的可视化、数字化管理，推动建造过程向数字化、一体化方向发展。

参 考 文 献

［1］ 曾旭东，王大川，陈辉. RHINOCEROS&GRASSHOPPER 参数化建模［M］. 武汉：华中科技大学出版社，2011.

［2］ 吴欣之，胡玉银. 建筑钢结构施工新技术及应用［M］. 北京：中国电力出版社，2011.

［3］ JDJ/T F50—2011 公路桥涵施工技术规范［S］. 北京：人民交通出版社，2011.

［4］ JTG D64—2015 公路钢结构桥梁设计规范［S］. 北京：人民交通出版社，2015.

［5］ CJJ 2–2008 城市桥梁工程施工与质量验收规范［S］. 北京：中国建筑工业出版社，2008.

［6］ 史永吉，方兴，王辉，等. 钢桥面板的设计、制造、安装与疲劳［EB/OL］.

［7］ 罗永峰，叶智武，陈晓明，等. 空间钢结构施工过程监测关键参数及测点布置研究［J］. 建筑结构学报，2014，35（11）：108–115.

［8］ 叶智武. 大跨度空间钢结构施工过程分析及监测方法研究［D］. 上海：同济大学出版社，2015.

［9］ 胡玉银. 超高层建筑结构施工控制（二）［J］. 建筑施工，2011，33（4）：336–339.

［10］ 陈晓明，郑俊，吴欣之. 特殊高耸钢结构施工预变形研究——广州新电视塔钢结构安装［J］. 施工技术，2007，29（10）：779–781.

［11］ 吴欣之，严时汾，罗仰祖，等. 国家大剧院特大型壳体钢结构安装施工技术［J］. 建筑施工，2005，27（6）：1–5.

［12］ 郭小农，罗永峰，沈祖炎. 国家大剧院钢网壳预起拱方案验算和施工过程跟踪分析［J］. 工业建筑，2004（Z）：70–76.

［13］ Zhou Feng，Chen Xiaoming. Key techniques for construction of long–span steel structure atop of metro station［C］. Proceedings of the 11th pacific structural steel conference. Shanghai：China architecture and building press，2016：1342–1347.

［14］ 胡玉银，吴欣之. 建筑施工新技术及应用［M］. 北京：中国电力出版社，2011.

［15］ 高振锋，伍小平，王云飞. 超大型钢结构施工控制技术研究［R］. 广州：全国钢结构施工技术交流会，2008.

［16］ 薛龙，焦向东，蒋力培，等. 浅谈特种焊接机器人的研究现状与进展［C］. 中国机械工程学会. Proceedings of International Forum on Welding Technology in Energy Engineering. Shanghai，2005：428–432.

［17］ 蒋力培，焦向东，薛龙，等. 大型钢制球罐的高效自动焊关键技术研究［J］. 机械工程学报，2003，39（08）：146–150.

［18］ 薛龙，李明利，焦向东，等. 无导轨多层焊自动跟踪微机控制系统研究［J］. 中国机械工程，2002，13（09）：799–801.